Engineering Mathematics

공업수학

미분방정식의 이해

| 김동균 · 김동률 지음 |

KM 경문사

머리말

공학과 관련된 대부분의 이론적인 사항들은 수학의 발전에 따라서 성립된 것이 대다수이다. 따라서 공학적인 문제를 해결하는 중요한 수단으로써 수학은 필수불가결한 요소이다. 대학 교과과정에서 미분방정식은 공업수학의 중요한 분야로서 다루기도 하며, 때로는 독립된 과목으로 이수하도록 하고 있다.

하지만 저자의 강의 경험에서 수학에 대한 막연한 부담감 등으로 인하여 중요한 수단으로 사용되어야 할 미분방정식을 어렵게 생각하는 학생들이 있다고 느꼈다. 미분방정식의 이론에 대한 설명도 중요하지만 문제해결 방법 및 과정 또한 중요하다고 생각되었다.

본서는 기초수학의 부족 등을 이유로 문제풀이 과정에서 어려움을 느끼는 학생들에게 다소나마 도움을 주기 위해 집필하였으며, 다음과 같은 특징을 가지고 있다.

1. 기초가 부족한 학생들을 위한 혼자서도 학습할 수 있는 자습서로써 활용할 수 있도록 구성하였다.
2. 일반적이고 엄밀한 정리는 증명 과정을 생략하였다.
3. 연습문제를 포함한 모든 문제에 대한 상세한 풀이 과정을 제시하였다.
4. 문제풀이 과정에서 기초수학 공식을 적절한 위치에 Note로 제시하였다.

다른 과목도 마찬가지이지만, 미분방정식은 단일 교재만으로는 부족하며, 여러 문헌을 참조하여 다양한 문제와 해결 방법을 접해보는 것을 권장한다.

아울러 '수학이 과연 어디에 사용되는가?', '수학은 실용적인 학문인가?'라는 의문은 전공과목에 대한 이해 정도에 따라 수학의 필요성을 절감하면서 자연스럽게 해소될 것이라고 생각한다.

본서를 통해서 미분방정식을 이해하는 데 조금이나마 도움이 되었으면 하는 것이 저자의 바람이다.

끝으로 원고 집필 중에도 격려와 성원을 보내준 사랑하는 가족과 부족한 원고를 거두어 출판에 협조해주신 도서출판 경문사 관계자분들에게 감사를 드리는 바이다.

2023년 8월

저자

차 례

부록

CHAPTER 0
미분방정식의 개요

물리 시스템 또는 공학 시스템의 특성을 기술하는 미분방정식은 공학 관련 학문의 기본이 되는 매우 중요한 역할을 한다. 그 이유는 물리적인 특성이나 공학적인 특성을 나타내는 법칙이나 원리들이 대부분 미분방정식의 형태로 표시되기 때문이다. 따라서 기계공학, 전기・전자 공학을 비롯한 대부분의 공학 관련 학문에서는 미분방정식을 이용하여 해석하고자 하는 시스템의 특성을 규정지어야 한다. 따라서 미분방정식의 작성이나 그 해석은 전공과 관련된 학습에서 아주 중요한 사항 중의 하나이다.

1. 미분방정식의 종류

① **상미분방정식**(ordinary differential equation) — $\dfrac{dy}{dx},\ \dfrac{d^2y}{dx^2},\ \cdots$

② **편미분방정식**(partial differential equation) — $\dfrac{\partial z}{\partial x},\ \dfrac{\partial z}{\partial y},\ \dfrac{\partial^2 z}{\partial x^2},\ \cdots$

ex. 1 $\dfrac{dy}{dx} - y = 0$ 또는 $y' - y = 0$ $\Rightarrow$ 상미분방정식

ex. 2 $\dfrac{\partial u}{\partial x} - \dfrac{\partial u}{\partial y} = 0$ (독립변수 2개) $\Rightarrow$ 편미분방정식

ex. 3 $y' - y = 0$ $\Rightarrow$ 1계 1차 상미분방정식

NOTE
- **계수**(order) : 미분방정식에 포함되어 있는 최고계의 도함수의 계수
- **차수**(degree) : 최고계의 도함수의 차수

ex. 4 $(y')^2 - y = 0$ $\Rightarrow$ 1계 2차 상미분방정식

ex. 5 $(y'')^2 - (y')^3 + y = 0$ $\Rightarrow$ 2계 2차 상미분방정식

(계와 차의 우선순위)

ex. 6 $y'' = \sqrt{1 + y'^2}$ ⇒ 2계 2차 상미분방정식

(정수지수化)

ex. 7 $\left(\frac{dy}{dx}\right)^2 = \frac{dx}{dy} + 1$ ⇒ 1계 3차 상미분방정식

(미분 형태 주의!)

> **NOTE**
> - 1계 상미분방정식의 표현 ▶상미분방정식, 상미방, 미방
>
> $$F(x, y, y') = 0 \text{ 또는 } y' = f(x, y)$$
>
> - 미분방정식의 해를 구한다. ▶ x, y의 관계를 구하는 것
> - 선형(linear): 종속변수 y 혹은 그 모든 도함수를 포함한 항이 모두 1차인 미분방정식
> - 비선형(nonlinear): 1차 이외의 것이 포함되어 있는 미분방정식

ex. 8 $yy' + 2y = 1 + x^2$ ⇒ 1계 1차 비선형 상미분방정식

> **NOTE** 1계 미분의 형태는 다음 두 가지 형식을 필요에 따라 적절히 사용한다.
> - y' : 라그랑주(Lagrange) 표기법
> - $\frac{dy}{dx}$: 라이프니츠(Leibniz) 표기법

2. 미분방정식의 작성

공학이나 물리학에서는 해석하는 대상에 따라 여러 가지 형태의 미분방정식이 나타난다. 공학 문제에서는 해석하고자 하는 대상의 특성에 따라 수학적 모델을 작성하는 과정과 이 과정에서 주어진 방정식을 해결하여 시스템의 성질을 분석하거나 이 결과를 응용하는 해석과정이 있다. 예를 들어 주어진 시스템이 다음과 같은 미분방정식으로 표현된다고 가정한다.

$$\frac{dy}{dx} = 3x$$

양변을 x에 대하여 적분하여 정리한다.

$$y = \int 3x\,dx = \frac{3}{2}x^2 + c$$

이 결과를 주어진 시스템의 각종 조건(초기조건, 경계조건 등)에 따라 해를 구할 수 있다. 일반적으로 특정한 조건이 없는 해의 형태를 **일반해**(general solution)라 하고, 조건 등이 주어진 경우(즉, 상수값(c)를 구할 수 있는 경우)를 **특수해**(particular solution)라고 한다. 특수한 경우로 일반해와 특수해도 아닌 해를 **특이해**(singular soluon)라고 한다.

위와 같은 과정을 정리하면 다음과 같다.

ex. 1 $y = e^x,\ y = 2e^x,\ y = 3e^x,\ \ldots$ 이 해가 되는 미분방정식을 작성하시오.

sol 미분하여 그 자신이 되는 함수 ☞ 지수함수

$y = c \cdot e^x$ 라고 가정('c'는 상수)

양변을 미분하면 $y' = c \cdot e^x$, 좌변으로 이항하여 정리하면 다음과 같다.

$y' - c \cdot e^x = 0,\ y = c \cdot e^x$이므로 $y' - y = 0$

$\therefore$ 문제의 조건을 만족하는 미분방정식은 $y' - y = 0$

ex. 2 $y = cx^2$이 해가 되도록 미분방정식을 작성하시오.

sol 양변을 미분한다. $y' = 2cx$ ☞ $\therefore c = \dfrac{y'}{2x}$

원 식에 대입하여 정리한다. ☞ $y = \dfrac{y'}{2x} \cdot x^2$

$\therefore y' = \dfrac{2y}{x}$

ex. 3 $y^2 = cx$이 해가 되도록 미분방정식을 작성하시오.

sol 양변을 미분한다. $2yy' = c$ ☞ $\therefore c = 2yy'$

원 식에 대입하여 정리한다. ☞ $y^2 = 2yy' \cdot x$

$\therefore\ y' = \dfrac{y}{2x}$

ex. 4 $y = c_1 e^x + c_2 e^{2x}$ 이 해가 되도록 미분방정식을 작성하시오.

sol 적분변수가 두 개이므로 미분을 두 번 수행하여 변수를 구한다.

$$y' = c_1 e^x + 2c_2 e^{2x} \qquad \cdots ①$$

$$y'' = c_1 e^x + 4c_2 e^{2x} \qquad \cdots ②$$

① 식 − ② 식

$y' - y'' = -2c_2 e^{2x}$ ☞ $\therefore\ c_2 = \dfrac{y' - y''}{-2e^{2x}}$

① 식에 대입하여 정리한다. ☞ $\therefore\ c_1 = \dfrac{2y' - y''}{e^x}$

$y = 2y' - y'' - \dfrac{y'}{2} + \dfrac{y''}{2}$ ☞ $\therefore\ y = -\dfrac{y''}{2} + \dfrac{3y'}{2}$

$\therefore\ y'' - 3y' + 2y = 0$

공학 문제에서 입 · 출력 관계

공학 문제에서의 미분방정식에 대한 해의 성질은 다음과 같이 설명할 수 있다.

미분방정식은 주로 시스템에 관련된 입력변수(input variable)와 시스템의 목표치를 나타내거나 모델의 결과값인 출력변수(output variable)로 표현할 수 있다.

따라서 입력변수는 주로 힘, 열량 등의 에너지 형태로 주어지는 경우가 많고, 출력은 동일하거나 다른 형태의 변수로 주어지는 경우가 대부분이다. 이러한 관계를 그림으로 표현하면 다음과 같다.

CHAPTER 01

변수분리형 미분방정식과 해법

정의 $y' = \dfrac{g(x)}{f(y)} \Leftrightarrow \dfrac{dy}{dx} = \dfrac{g(x)}{f(y)} \quad \Rightarrow \quad dx \cdot g(x) = dy \cdot f(y)$

- 라이프니츠 형태로 변형하여 변수별 $(x,\ y)$로 분리 가능한 미분방정식
- Separable Differential Equations

해법 $dx \cdot g(x) \;=\; dy \cdot f(y)$에서 양변을 '$x$'에 대해서 적분

일반해 $\int g(x)\,dx = \int f(y)\,\dfrac{dy}{dx}\,dx$ ▶ 우변은 $\int f(y)\,dy$ 형태와 동일

- 변수 분리형 미분방정식의 일반해
- 각각의 변수에 대해서 적분한 형태
- 초기조건이 주어진 경우 ⇨ 특수해

ex. 1 $y' = k \cdot y$ (k는 상수)

sol $\dfrac{dy}{dx} = k \cdot y$ ☞ 라이프니츠 표기법으로 변형

양변에 dx를 곱하여 정리 ☞ $\dfrac{dy}{dx} \cdot dx = k \cdot y \cdot dx$ ⇨ $dy = k \cdot y \cdot dx$

$$\therefore \frac{1}{y}\,dy = k \cdot dx$$

양변을 적분 ☞ $\int \dfrac{1}{y}\,dy = \int k \cdot dx$

$$\ln|y| = k \cdot x + C_1 \quad ☞ \quad |y| = C_2 \cdot e^{kx}$$

$$\therefore \begin{cases} y = c_2 \cdot e^{kx} & (y > 0) \\ y = -c_2 \cdot e^{kx} & (y < 0) \end{cases}$$

ex. 2 $y' = \dfrac{\sin x}{e^y}$

sol $\dfrac{dy}{dx} = \dfrac{\sin x}{e^y}$ ☞ $dy \cdot e^y = \sin x \cdot dx$

양변을 적분하여 정리 ☞ $-\cos x - e^y = C_1$

$$\cos x + C_2 = e^y$$

$$\therefore y = \ln(\cos x + C_2)$$

ex. 3 $(x-1)\,dy - y\,dx = 0$

sol 양변을 $y \cdot (x-1)$로 나누어 정리 ☞ 변수 분리형 미분방정식으로 변형

$$\frac{1}{y}\,dy - \frac{1}{x-1}\,dx = 0$$

$\int \frac{1}{y}dy - \int \frac{1}{x-1}dx = C_1$ ☞ 양변을 적분하여 정리

$$\ln|y| - \ln|x-1| = C_1 \Rightarrow \ln\frac{y}{(x-1)} = C_2$$

$$\therefore y = C_3 \cdot (x-1)$$

ex. 4 $y' = 2xy,\ y(0) = 1$

sol $\frac{dy}{dx} = 2xy$ ☞ 라이프니츠 표기법으로 변형

$\frac{dy}{y} = 2x\,dx$ ☞ 변수 분리 형태로 변형

$\int \frac{1}{y}\,dy = \int 2x\,dx$ ☞ 양변 적분

$$\ln|y| = x^2 + C_1 \Rightarrow y = C_1 \cdot e^{x^2}$$

$y(0) = 1$ 대입 ⇨ $\therefore C_1 = 1$

$\therefore y = e^{x^2}$ ▶ 주어진 미분방정식의 특수해

ex. 5 $\frac{dy}{dx} = -\frac{x^2}{y},\ y(0) = 0$

sol $y \cdot dy = -x^2 \cdot dx \Rightarrow y \cdot dy + x^2 \cdot dx = 0$

$\int y\,dy + \int x^2\,dx = C_1$ ☞ 양변 적분

$$\frac{1}{2}y^2 + \frac{1}{3}x^3 = C_1$$

$$y(0) = 0 \Rightarrow \therefore C_1 = 0$$

$\therefore \frac{1}{3}x^3 + \frac{1}{2}y^2 = 0$ ▶ 주어진 미분방정식의 특수해

ex. 6 $\frac{dy}{dx} - y^2 = 0,\ y(0) = 1$에서 $y(p) = 2$를 만족하는 p는?

sol $dy - y^2 \cdot dx = 0$ ☞ 양변 $\times\, dx$

$$\frac{dy}{y^2} - dx = 0$$ ☞ 양변 ÷ y^2

$$\int \frac{1}{y^2}\, dy - \int dx = C_1$$ ☞ 양변 적분

$$-\frac{1}{y} - x = C_1 \Rightarrow \frac{1}{y} + x = C_2 \ (\text{단, } C_2 = -C_1)$$

$$y(0) = 1 \Rightarrow \therefore C_2 = 1$$

$$\therefore x + \frac{1}{y} = 1$$

$$y(p) = 2 \Rightarrow p + \frac{1}{2} = 1$$

$$\therefore p = -\frac{1}{2}$$

ex. 7 $(1,2)$를 통과하면서, (x, y)의 접선의 기울기 $\dfrac{2x}{y^2}$를 갖는 곡선의 방정식은?

sol $\dfrac{dy}{dx} = \dfrac{2x}{y^2}$ ☞ 접선의 기울기

$2x \cdot dx - y^2 \cdot dy = 0$ ☞ 변수 분리 형태로 변형

$\displaystyle\int 2x\, dx - \int y^2\, dy = C_1$ ☞ 양변 적분

$$\therefore x^2 - \frac{1}{3} y^3 = C_1$$

$$y(0) = 2 \Rightarrow \therefore C_1 = -\frac{8}{3}$$

$$\therefore x^2 - \frac{1}{3} y^3 = -\frac{8}{3}$$

ex. 8 $(1,2)$을 지나는 미분방정식 $x \cdot \dfrac{dy}{dx} = y^2 - y$의 해를 구하시오.

(tip: 유리함수의 적분)

sol 주어진 미분방정식을 변수 분리 형태로 변형

$$\frac{1}{y^2 - y} \cdot dy = \frac{1}{x} \cdot dx$$

$$\int \frac{1}{y(y-1)}\, dy = \int \frac{1}{x}\, dx$$ ☞ 부분분수

$$\int \left(-\frac{1}{y} + \frac{1}{y-1} \right) dy = \int \frac{1}{x}\, dx$$

NOTE $\dfrac{1}{y(y-1)} = \dfrac{A}{y} + \dfrac{B}{y-1}$

$$-\ln|y| + \ln|y-1| = \ln|x| + C$$

$$\Rightarrow \quad \ln\left|\frac{y-1}{y}\right| = \ln|x| + C$$

$$= \ln C \cdot x$$

$$\therefore \frac{y-1}{y} = C \cdot x$$

$(1, 2)$을 지나므로 $y(1) = 2$을 대입 $\Rightarrow \quad \therefore c = \frac{1}{2}$

$$\therefore \frac{y-1}{y} = \frac{1}{2}x$$

ex. 9 $(0, 1)$을 지나는 미분방정식 $\cos^2 x \cdot \dfrac{dy}{dx} = \sin x \cos^2 y$의 해를 구하시오.

sol $\sin x \cos^2 y \cdot dx = \cos^2 x \cdot dy$

$$\sin x \cdot \frac{1}{\cos^2 x} \cdot dx - \frac{1}{\cos^2 y} \cdot dy = 0$$

$$\frac{1}{\cos x} \cdot \tan x \cdot dx - \frac{1}{\cos^2 y} \cdot dy = 0$$

$$\sec x \tan x \cdot dx - \sec^2 y \cdot dy = 0$$

$\sec x - \tan y = C$ ☞ 양변 적분

$y(0) = 1$ 대입 $\therefore C = 0$

$$\therefore \sec x - \tan y = 0$$

ex. 10 $(0, 0)$을 지나는 미분방정식 $\sqrt{1-x^2} \cdot dy = (1+y^2) \cdot dx$의 해를 구하시오.

sol $\dfrac{1}{1+y^2} \cdot dy - \dfrac{1}{\sqrt{1-x^2}} \cdot dx = 0$

$$\int \frac{1}{1+y^2} \cdot dy - \int \frac{1}{1-x^2} \cdot dx = C$$

$$\tan^{-1} y + \sin^{-1} x = C$$

$y(0) = 0$ 대입 $\therefore C = 0$

$$\therefore \tan^{-1} y + \sin^{-1} x = 0$$

> **NOTE** $\displaystyle\int \frac{1}{1+x^2} \cdot dx = \tan^{-1} x$
>
> $\displaystyle\int \frac{1}{\sqrt{1-x^2}} \cdot dx = \sin^{-1} x$

연 습 문 제

1. $2(1-y^2)xy\,dx + (1+x^2)(1+y^2)dy = 0$

sol 주어진 미분방정식을 변수 분리형으로 변형

$$\frac{2x}{(1+x^2)}\cdot dx + \frac{1+y^2}{y(1-y^2)}\cdot dy = 0$$

> NOTE $\frac{1+y^2}{y(1-y^2)} \Rightarrow \frac{A}{y} + \frac{By}{1-y^2}$

$$\frac{2x}{(1+x^2)}\cdot dx + \left(\frac{1}{y} - \frac{2y}{1-y^2}\right)\cdot dy = 0$$

$\ln(1+x^2) + \ln y - \ln(y^2-1) = C_1$ ☞ 양변 적분

$\therefore\ y(1+x^2) = C_2(y^2-1)$, 단 $C_2 = e_1^C$

2. $\frac{y^2}{x}\cdot y' = 2 + x^2$

sol $\frac{y^2}{x}\cdot\frac{dy}{dx} = 2 + x^2 \quad \Rightarrow \quad y^2\cdot dy = (2x + x^3)\cdot dx$

$\frac{1}{3}y^3 = x^2 + \frac{1}{4}x^4 + C_1$ ☞ 양변 적분

$\therefore\ y^3 = 3x^2 + \frac{3}{4}x^4 + C_2$

3. $y' + y = y(\cos x + 1)$

sol $\frac{dy}{dx} + y = y(\cos x + 1) = y\cdot\cos x + y$

$\therefore\ \frac{dy}{dx} = y\cdot\cos x$ ☞ 좌·우변의 관계

$\frac{1}{y}\cdot dy = \cos x\cdot dx$ ☞ 변수 분리

$\therefore\ \ln y = \sin x + C$

4. $e^{x+y}\cdot\frac{dy}{dx} = 3x$

sol $e^y\cdot\frac{dy}{dx} = 3x\cdot e^{-x}$

> NOTE $\int u\cdot v' = u\cdot v - \int u\cdot v'$

$e^y\cdot dy = 3x\cdot e^{-x}\cdot dx$ ☞ 양변 적분

$$e^y = -3x \cdot e^{-x} + 3\int e^{-x} \cdot dx$$

$$e^y = -3x \cdot e^{-x} - 3e^{-x} + C$$

$$\therefore\ e^y = -3e^{-x} \cdot (x+1) + C$$

5. $y' = e^x \cdot y^2$

sol $\dfrac{dy}{dx} = e^x \cdot y^2 \quad \Rightarrow \quad \dfrac{1}{y^2} \cdot dy = e^x \cdot dx$

$-\dfrac{1}{y} = e^x + C_1$ ☞ 양변 적분

$\therefore\ y = -e^{-x} + C$

6. $y' = 2\pi(2 + y^2)$

sol $\dfrac{dy}{dx} = 2\pi(1 + y^2)$

$\dfrac{1}{1+y^2} \cdot dy = 2\pi \cdot dx$

$\tan^{-1} y = 2\pi x + C$ ☞ 양변 적분

$\therefore\ y = \tan(2\pi x + C)$

7. $y' = 2\sqrt{1 - y^2}$

sol $\dfrac{dy}{dx} = 2\sqrt{1-y^2} \quad \Rightarrow \quad \dfrac{1}{\sqrt{1-y^2}} \cdot dy = 2 \cdot dx$

$\sin^{-1} y = 2x + C$

$\therefore\ y = \sin(2x + C)$

8. $y' + y^2 = 1$

sol $\dfrac{dy}{dx} + y^2 = 1 \quad \Rightarrow \quad \dfrac{du}{dx} = 1 - y^2$

$\dfrac{1}{1-y^2} \cdot dy = dx \quad \Rightarrow \quad \dfrac{1}{2} \cdot \left(\dfrac{1}{1+y} + \dfrac{1}{1-y}\right) \cdot dy = dx$

$\ln|1+y| - \ln|1-y| = x + C$ ☞ 양변 적분

$\therefore\ \dfrac{1+y}{1-y} = C \cdot e^x$

9. $(x \cdot \ln x) \cdot y' = 2y$

sol $(x \cdot \ln x) \cdot \dfrac{dy}{dx} = 2y \quad \Rightarrow \quad \dfrac{1}{y} \cdot dy = \dfrac{2}{x \cdot \ln x} \cdot dx$

$\ln|y| = 2\ln|\ln x| + C$ ☞ 양변 적분

$\therefore\ y = c \cdot \ln|x|$

10. $y' \cdot \sin 2x = y \cdot \cos 2x$

sol $\dfrac{1}{y} \cdot dy = \dfrac{\cos 2x}{\sin 2x} \cdot dx$

$\ln|y| = \dfrac{1}{2} \cdot \ln|\sin 2x| + C$ ☞ 양변 적분

$\therefore\ y = x \cdot \sqrt{\sin 2x}$

11. $y' + 2\csc y = 0$

sol $\dfrac{dy}{dx} + 2\csc y = 0$

$\sin y \cdot dy = -2 \cdot dx$

$-\cos y = -2x + C$ ☞ 양변 적분

$\therefore\ y = \cos^{-1}(2x + c)$

12. $\dfrac{dy}{dx} + (y-1)\cos x = 0$

sol $\dfrac{1}{y-1} \cdot dy + \cos x \cdot dx = 0$

$\ln|y-1| + \sin x = C$ ☞ 양변 적분

$\therefore\ y = 1 + C \cdot e^{-\sin x}$

13. $(1 + x^2) \cdot dy + (1 + y^2) \cdot dx = 0$

sol $\dfrac{1}{1+y^2} \cdot dy + \dfrac{1}{1+x^2} \cdot dx = 0$

$\tan^{-1} y + \tan^{-1} x = C$ ☞ 양변 적분

$\tan(\tan^{-1} y + \tan^{-1} x) = \tan C$

> **NOTE** $\displaystyle\int \frac{1}{1+x^2} dx = \tan^{-1} x$

$$\frac{\tan(\tan^{-1}x)+\tan(\tan^{-1}y)}{1-\tan(\tan^{-1}x)+\tan(\tan^{-1}y)} = C$$

$$\frac{x+y}{1-xy} = C \quad \Rightarrow \quad \therefore\ y = \frac{C-x}{1+C\cdot x}$$

14. $y' = xy^2 - x$

sol $\dfrac{1}{y^2-1}\cdot dy = x\cdot dx$

$$\left(\frac{1}{y-1} - \frac{1}{y+1}\right)\cdot dy = 2x\cdot dx$$

$$\ln|y-1| - \ln|y+1| = x^2 + C$$

$$\frac{y-1}{y+1} = C\cdot e^{x^2}$$

15. $y' = \dfrac{\sin^2 x}{\sin y}$

sol $\sin y\cdot dy - \sin^2 x\cdot dx = 0$

$-\cos y - \dfrac{1}{2}x + \dfrac{1}{2}\sin x\cos x = C$ ☞ 양변 적분

$$\therefore\ 2\cos y - \sin x\cos x + x = C$$

16. $y' = \cos(x-y) - \cos(x+y)$

sol $y' = 2\sin x\sin y$ ☞ 주어진 식을 정리

$$\frac{1}{\sin y}\cdot dy = 2\sin x\cdot dx$$

$$\ln\left|\tan\frac{y}{2}\right| = -2\cos x + C$$

$$\therefore\ \left|\tan\frac{y}{2}\right| = C\cdot e^{-2\cos x} \quad \Rightarrow \quad y = 2\tan^{-1}(C\cdot e^{-2\cos x})$$

17. $x^2(y-1)dx + y^2(x+1)dy = 0$

sol $\dfrac{x^2}{x+1}dx + \dfrac{y^2}{y-1}dy = 0$

$$\left(x-1+\frac{1}{x+1}\right)dx + \left(y+1+\frac{1}{y-1}\right)dy = 0$$

> **NOTE**
> $\dfrac{x^2}{x-1} \Rightarrow x+1+\dfrac{1}{x-1}$
> $\dfrac{y^2}{y+1} \Rightarrow y-1+\dfrac{1}{y+1}$

$$\frac{1}{2}x^2 - x + \ln(x+1) + \frac{1}{2}y^2 + y + \ln(y-1) = C$$ ☞ 양변 적분

$$\therefore\ x^2 + y^2 + 2x - 2y + 2\ln(x+1)(y-1) = C$$

18. $\dfrac{dy}{dx} + (y+1)\cos x = 0$

sol $\dfrac{1}{y+1}dy + \cos x\,dx = 0$

$\ln(y+1) + \sin x = C$ ☞ 양변 적분

$\therefore\ y = C \cdot e^{-\sin x} - 1$

19. $4x\,dy - y\,dx = x^2\,dy$

sol $\dfrac{1}{x(x-4)}dx + \dfrac{1}{y}dy = 0$

$\left(\dfrac{1}{4(x-4)} - \dfrac{1}{4x}\right)dx + \dfrac{1}{y}dy = 0$

$\dfrac{1}{4}\ln(x-4) - \dfrac{1}{4}\ln x + \ln y = C$ ☞ 양변 적분

$\therefore\ (x-4)y^4 = C^x$

21. $\dfrac{dy}{dx} = \dfrac{1+y^2}{xy(1+x^2)}$

sol $\dfrac{y}{1+y^2}dy - \dfrac{1}{x(1+x^2)}dx = 0$

$\dfrac{y}{1+y^2}dy - \left(\dfrac{1}{x} - \dfrac{x}{1+x^2}\right)dx = 0$

$\dfrac{1}{2}\ln(1+y^2) - \ln x + \dfrac{1}{2}\ln(1+x^2) = C_1$

$\dfrac{\sqrt{1+y^2}\sqrt{1+x^2}}{x} = C_2\ (C_2 = e_1^C)$

$\therefore\ (1+x^2)(1+y^2) = Cx^2$

22. $(1+x^2)y^2 + (1-y^2)x^3y' = 0$

sol $\left(\dfrac{1}{x^3} + \dfrac{1}{x}\right)dx + \left(\dfrac{1}{y^3} - \dfrac{1}{y}\right)dy = 0$

$$-\frac{1}{2x^3} + \ln x - \frac{1}{2y^2} - \ln y = C$$

$$\therefore\ y = Cxe^{-\frac{1}{2}\left(\frac{1}{x^2}+\frac{1}{y^2}\right)}$$

23. $\dfrac{dy}{dx} = 3x^2(y+1),\ y(1) = 0$

sol $\dfrac{1}{y+1}\cdot dy = 3x^2\cdot dx \quad\Rightarrow\quad$ 적분 $\quad\Rightarrow\quad \ln|y+1| = x^3 + C$

$y(0) = 1$ 대입 $\therefore\ C = \ln 2$

$\therefore\ \ln|y+1| = x^3 + \ln 2$

24. $\dfrac{dy}{dx} = \dfrac{x^2+1}{y},\ y(1) = 2$

sol $y\cdot dy = (x^2+1)\cdot dx \quad\Rightarrow\quad$ 적분 $\quad\Rightarrow\quad \dfrac{1}{2}y^2 = \dfrac{1}{3}x^3 + x + C$

$y(1) = 2$ 대입 $2 = \dfrac{1}{3} + 1 + C,\ \therefore\ C = \dfrac{2}{3}$

$\therefore\ \dfrac{1}{2}y^2 = \dfrac{1}{3}x^3 + x + \dfrac{2}{3}$

25. $\dfrac{dy}{dx} = \dfrac{x-2}{y+2},\ y(1) = 1$

sol $(y+2)\cdot dy = (x-2)\cdot dx$

$\dfrac{1}{2}y^2 + 2y = \dfrac{1}{2}x^2 - 2x + C$ ☞ 양변 적분

$y(1) = 1$ 대입 $\therefore\ c = 4$

$\therefore\ y^2 + 4y = x^2 - 4x + 8$

26. $y' = \dfrac{x}{y},\ y(1) = 0$

sol $y\cdot dy = x\cdot dx \quad\Rightarrow\quad$ 적분 $\quad\Rightarrow\quad \dfrac{1}{2}y^2 = \dfrac{1}{2}x^2 + C$

$y(1) = 0$ 대입 $\therefore\ C = -\dfrac{1}{2}$

$\therefore\ y^2 = x^2 - 1$

27. $\dfrac{dy}{dx} = \dfrac{\sin^2 x}{y}$, $y(0) = 1$

sol $y \cdot dy = \sin^2 x \cdot dx$

> **NOTE** $\sin^2 x = \dfrac{1}{2}(1 - \cos 2x)$

$y \cdot dy = \dfrac{1}{2}(1 - \cos 2x) \cdot dx$

$\dfrac{1}{2}y^2 = \dfrac{1}{2}(x - \sin 2x) + C$

$\therefore\ y^2 = x - \dfrac{1}{2}\sin 2x + C$

28. $y^3 \cdot y' + x^3 = 1$, $y(1) = 0$

sol $y^3 \cdot \dfrac{dy}{dx} + x^3 = 1 \quad \Rightarrow \quad y^3 \cdot dy = (1 - x^3) \cdot dx$

$\dfrac{1}{4}y^4 = x - \dfrac{1}{4}x^4 + C$ ☞ 양변 적분

$y(1) = 0$ 대입 $\therefore\ C = -\dfrac{3}{4}$

$\therefore\ \dfrac{1}{4}y^4 = x - \dfrac{1}{4}x^4 - \dfrac{3}{4}$

29. $\sqrt{1+x}\,dy = (1 + y^2)\,dx$, $y(0) = 1$

sol $\dfrac{1}{1+y^2}dy - \dfrac{1}{\sqrt{1+x}}dx = 0$

$\tan^{-1} y - 2\sqrt{1+x} = C$ ☞ 양변 적분

$y(1) = 0$ 대입 $\therefore\ C = 0$

$\therefore\ \tan^{-1} y - 2\sqrt{1+x} = 0$

30. $y' + e^{-y}\cos x = 0$, $y(0) = 0$

sol $e^y\,dy + \cos x\,dx = 0$

$e^y - \sin x = C$ ☞ 양변 적분

$y(0) = 0$ 대입 $\therefore\ C = 1$

$\therefore\ y = \ln(1 + \sin x)$

CHAPTER 02
동차형 미분방정식과 해법

1. 동차함수의 정의

이변수함수 $f(x,y)$에 대하여

정의

$$f(tx,\ ty) = t^n f(x,\ y)$$

▶ 덧셈, 뺄셈, 곱셈 : 지수가 동일

▶ 상수 : 동차함수 아님

을 만족할 때, $f(x,y)$를 n차의 동차함수(Homogeneous Function)라 한다.

ex. 1 $f(x,y) = x^3 + y^3$ 는 동차함수인가?

sol $x = tx,\ y = ty$로 치환하여 대입

$f(tx,ty) = (tx)^3 + (ty)^3$

$= t^3(x^3 + y^3) \Rightarrow t^3 \cdot f(x,y)$

$\therefore\ f(x,y)$는 3차의 동차함수

> **NOTE** 덧셈, 뺄셈인 경우 지수가 동일해야 함.

ex. 2 $f(x,y) = x^3 \cdot y^2$ 는 동차함수인가?

sol $x = tx,\ y = ty$로 치환하여 대입

$f(tx,ty) = (tx)^3 \cdot (ty)^2$

$= t^5(x^3 \cdot y^2) \Rightarrow t^5 \cdot f(x,y)$

$\therefore\ f(x,y)$는 5차의 동차함수

> **NOTE** 곱셈인 경우 각 지수의 합이 동차함수

ex. 3 $f(x,y) = x^2 + y^2 + 2$ 는 동차함수인가?

sol $x = tx,\ y = ty$로 치환하여 대입

$f(tx,ty) = (tx)^2 + (ty)^2 + 2$

$\Rightarrow t^2(x^2 + y^2) + 2 \neq t^2 f(x,y)$

$\therefore\ f(x,y)$는 동차함수가 아님.

> **NOTE** 미분방정식에 상수가 포함되어 있는 경우 동차함수가 될 수 없다.

2. 동차형미분방정식의 해법

정의

1계 미분방정식 $M(x,y)\,dx + N(x,y)\,dy = 0$
여기서 $M(x,y)$, $N(x,y)$이 반드시 같은 차수(n)의 동차함수일 때,
이러한 미분방정식을 n차의 동차형 미분방정식이라고 한다.

해법

$M(x,y)\,dx + N(x,y)\,dy = 0$이 n차의 '동차형미분방정식'일 때,
$y = ux$, $x = vy$로 치환하면, 항상 변수 분리형 미분방정식으로
변환되어 변수 분리형 미분방정식의 해법으로 해를 구할 수 있다.

ex. 1 $2xyy' + x^2 - y^2 = 0$

sol $2xy\dfrac{dy}{dx} + x^2 - y^2 = 0$

$\underbrace{(x^2 - y^2)}_{M(x,y)}dx + \underbrace{2xy}_{N(x,y)}dy = 0$ (변수 분리 불가!!)

$y = ux$로 치환하여 미분 $\Rightarrow$ $dy = x\,du + u\,dx$

원 식에 대입하여 전개 $\Rightarrow$ $(x^2 - u^2x^2)\,dx + 2x \cdot ux(x\,du + u\,dx) = 0$

독립변수에 따라 정리 $\Rightarrow$ $(x^2 - u^2x^2 + 2u^2x^2)\,dx + 2ux^3\,du = 0$

$\Rightarrow$ $(x^2 + u^2x^2)\,dx + 2ux^3\,du = 0$

$\Rightarrow$ $x^2(1 + u^2)\,dx + 2ux^3\,du = 0$ (양변 $\div\, x^3$)

$\Rightarrow$ $\dfrac{(1+u^2)}{x}\,dx + 2u\,du = 0$ (양변 $\div\,(1+u^2)$)

$\Rightarrow$ $\dfrac{1}{x}\,dx + \dfrac{2u}{(1+u^2)}\,du = 0$ (변수 분리 가능)

양변 적분 $\Rightarrow$ $\ln x + \ln(1 + u^2) = C_1$, $\ln x(1 + u^2) = C_1$

$x(1 + u^2) = C_2$, $u = \dfrac{y}{x}$ 대입하여 전개, $x\left(\dfrac{x^2 + y^2}{x^2}\right) = C_2$

$\therefore\ x^2 + y^2 = C_2\,x$

ex. 2 $(x^2 + y^2) \cdot dx - 2xy \cdot dy = 0$

sol 변수 분리가 불가능하므로 차수확인 ⇒ 2차의 동차함수

$y = ux$로 치환하여 미분 ⇒ $dy = x\,du + u\,dx$

원 식에 대입하여 전개 ⇒

$(x^2 + u^2 x^2) \cdot dx - 2ux^2 \cdot (x\,du + u\,dx) = 0$

$(x^2 - u^2 x^2) \cdot dx - 2x^3 u \cdot du$ ⇒

$x^2(1 - u^2) \cdot dx - 2x^3 u \cdot du = 0$

$\frac{1}{x} \cdot dx - \frac{2u}{1-u^2} \cdot du = 0$ (변수 분리 가능)

$\ln x + \ln(1 - u^2) = C_1 \Rightarrow \ln(x \cdot (1-u^2)) = C_1$

$\therefore x \cdot (1 - u^2) = C_2 \quad \Rightarrow u = \frac{y}{x}$ 대입하여 전개

$\therefore x^2 - y^2 = C_2 \cdot x$

ex. 3 $2x^3 y\,dx + (x^4 - y^4)dy = 0$

sol ① $y = ux$로 치환 ⇒ $dy = x\,du + u\,dx$

$2x^3 \cdot ux\,dx + (x^4 + x^4 \cdot u^4)(x\,du + u\,dx) = 0$

식의 정리 ⇒ $(3ux^4 + u^5 x^4) \cdot dx + (x^5 + x^5 u^4)du = 0$

$x^4(3u + u^5)dx + x^5(1 + u^4)du = 0$

$\frac{1}{x} \cdot dx + \frac{1+u^4}{(3u + u^5)} \cdot du = 0$

$\int \frac{1}{x}dx + \int \frac{1+u^4}{3u+u^5}du = 0$ ☞ 복잡한 형태의 유리함수 적분

> **NOTE** 주어진 미분방정식의 해를 구하는 데 많은 시간이 소요될 가능성

② $x = vy$로 치환 ⇒ $dx = y\,dv + v\,dy$

$2v^3 y^4(y\,dv + v\,dy) + (v^4 y^4 + y^4)dy = 0$

식의 정리 ⇒ $2v^3 y^5\,dv + (3v^4 y^4 + y^4)dy = 0$

$2v^3 y^5\,dv + y^4(3v^4 + 1)dy = 0$

$\frac{2v^3}{3v^4 + 1} \cdot dv + \frac{1}{y} \cdot dy = 0$ ⇒ 적분

$$\Rightarrow \int \frac{2v^3}{3v^4+1} \cdot dv + \int \frac{1}{y} \cdot dy = 0$$

$$\frac{1}{6} \ln(3v^4+1) + \ln y = \ln C_1$$

$$\ln(3v^4+1) \cdot y^6 = \ln C_1$$

$v = \dfrac{x}{y}$ 대입 $\Rightarrow$ $3 \cdot \left(\dfrac{x^4}{y^4} + 1 \right) \cdot y^6 = C_2$

$$\therefore (3x^4 + y^4)y^2 = C_3$$

NOTE $\int \dfrac{2v^3}{3v^4+1} \cdot dv$ ▶ 적분을 위한 변환 $= \dfrac{1}{6} \int \dfrac{12v^3}{3v^4+1} \cdot dv = \dfrac{1}{6} \ln(3v^4+1)$

※ 동차형미분방정식에서 $y = ux$, $x = vy$ 중 어느 것을 선택할 것인가?

☞ 미분방정식의 해를 구하는 과정에서 계산의 편리가 기준

NOTE $M(x,y)$, $N(x,y)$ 中 형태에 따라 선택!!

▶ $M(x,y)$ 단순형 $\Rightarrow$ $y = ux$

▶ $N(x,y)$ 단순형 $\Rightarrow$ $x = vy$

3. 치환변수 분리형 미분방정식

해법 주어진 미분방정식이 변수 분리형, 동차형으로도 해를 구할 수 없을 경우 적당한 치환과정을 거쳐 변수 분리형 미분방정식으로 변환되어 변수 분리형 미분방정식의 해법으로 해를 구할 수 있다.

ex. 1 다음 초깃값 문제를 만족하는 해는?

$$xy' = y + x \cdot e^{\frac{y}{x}}, \quad y(1) = 1$$

sol 변수 분리 확인 (×) ☞ 동차형 확인 (×) ☞ 치환으로 해결 시도!!

치환을 위해 ☞ 양변 $\times \dfrac{1}{x}$

$$y' = \frac{y}{x} + e^{\frac{y}{x}} \quad \Rightarrow \quad \frac{y}{x} = u\text{로 치환} \quad \Rightarrow \quad y = u \cdot x$$

$$\frac{dy}{dx} = y',\ y' = u' \cdot x + u \quad \Rightarrow \quad u' \cdot x + u = u + e^{u}$$

$$\frac{du}{dx} \cdot x = e^{u} \quad \Rightarrow \quad \frac{1}{e^{u}} \cdot du = \frac{1}{x} \cdot dx$$ ☞ 변수 분리형 미분방정식

$$\int e^{-u} du = \int \frac{1}{x}\, dx \quad \Rightarrow \quad -e^{-u} = \ln x + C_1$$

$$\therefore \ln x + e^{-\frac{y}{x}} = C_1$$ ☞ $u = \frac{y}{x}$ 대입

ex. 2 $\frac{dy}{dx} = \cos(x + y),\ y(0) = \frac{\pi}{3}$

sol '$x + y = u$'로 치환

$1 + \frac{dy}{dx} = \frac{du}{dx}$ ☞ 치환방정식 양변 미분

$$\frac{dy}{dx} = y',\ \frac{du}{dx} = u'$$

☞ 미분 형태를 라이프니츠 표기법$\left(\frac{dy}{dx}\right)$에서 라그랑주 표기법($y'$)로 변형

$$\therefore y' = u' - 1$$

$$u' - 1 = \cos u,\ u' = \cos u + 1$$

$$\frac{du}{dx} = 1 + \cos u \quad \Rightarrow \quad \frac{1}{(1 + \cos u)} \cdot du = dx$$

$$\int \frac{1}{(1 + \cos u)} \cdot du = \int dx$$

NOTE

① $\tan\left(\frac{u}{2}\right) = t$

② 분모, 분자 $(1 - \cos u)$를 곱함 中 선택 ⇒ ③ 선택

③ $\cos^2\left(\frac{u}{2}\right) = \frac{1 + \cos u}{2}$

$$\int \frac{1}{2 \cdot \cos^2\left(\frac{u}{2}\right)} du = x + C_1 \quad \Rightarrow \quad \frac{1}{2}\int \sec^2\left(\frac{u}{2}\right) du = x + C_1$$

$\frac{u}{2} = t$로 치환 ⇒ $u = 2t$ ⇒ 양변 미분

$$\Rightarrow du = 2 \cdot dt \Rightarrow \frac{1}{2}\int \sec^2 t \cdot 2\,dt$$

$$\therefore \int \sec^2 t\,dt \quad \Rightarrow \quad \tan(t) \quad \Rightarrow \quad \tan\left(\frac{u}{2}\right)$$

$$\therefore \tan\left(\frac{u}{2}\right) = x + C_1 \quad \Rightarrow \quad \tan\left(\frac{x+y}{2}\right) = x + C_1$$

$$y(0) = \frac{\pi}{3}\ ;\ C_1 = \tan\left(\frac{\pi}{6}\right) \Rightarrow \therefore \tan\left(\frac{x+y}{2}\right) = x + \tan\left(\frac{\pi}{6}\right)$$

미분방정식의 형태에 따른 치환

$(ax + by + c)dx + (Ax + By + C)dy = 0$에서

(i) $\frac{a}{A} = \frac{b}{B} = \frac{c}{C} = k$ (비례상수)인 경우 ⇒ 비례 관계 만족

$a = kA,\ b = kB,\ c = kC$ 이므로

$\therefore (kAx + kBy + kC)dx + (Ax + By + C)dy = 0$

$(Ax + By + C)(k \cdot dx + dy) = 0$

$\therefore k \cdot dx + dy = 0 \quad \Rightarrow \quad kx + y = C$

ex. 3 $(2x + 3y + 4)dx + (4x + 6y + 8)dy = 0$

sol 미분방정식의 관계

$M(x, y) = 2x + 3y + 4 \quad \Rightarrow$

$N(x, y) = 4x + 6y + 8 \quad N(x, y) = 2 \times M(x, y)$

$\therefore$ 비례 관계 만족

$(2x + 3y + 4) \cdot (dx + 2 \cdot dy) = 0$

$dx + 2 \cdot dy = 0$ ☞ $\because 2x + 3y + 4 \neq 0$

$\therefore x + 2y = C$

(ii) $\frac{a}{A} = \frac{b}{B} \neq \frac{c}{C},\ \frac{a}{A} = \frac{b}{B} = k$이라면,

$a = kA,\ b = kB$ 이므로, $ax + by = k(Ax + By)$이다.

ex. 4 $(4x + 2y - 1)dx + (2x + y + 1)dy = 0$

sol $M(x, y)$에서 $4x + 2y$, $N(x, y)$에서

$2x + y$ ⇒ 부분적인 비례 관계가 성립

$2x + y = u$ ⇒ 양변을 변수에 따라 미분 ⇒ $2\,dx + dy = du$

$dy = du - 2 \cdot dx$

주어진 식에 대입 ⇒ $(2u - 1)\,dx + (u + 1)(du - 2\,dx) = 0$

$\therefore\ -3\,dx + (u + 1)\,du = 0$

$-3x + \dfrac{1}{2}u^2 + u = C_1$ ☞ 양변 적분

$-3x + \dfrac{1}{2}(2x + y)^2 + 2x + y = C_1$

$\therefore\ \dfrac{1}{2}(2x + y)^2 - x + y = C_1$

(iii) $\dfrac{a}{A} \neq \dfrac{b}{B}$ 인 경우

⇒ 치환 1 ☞ 동차형미분방정식 ☞ 치환 2 ☞ 변수 분리형

$$\begin{aligned} ax + by + c &= 0 \\ Ax + By + C &= 0 \end{aligned}$$ 의 연립방정식을 만족하는 해를 (x_0, y_0)라 한다.

이제, $\boxed{x = X + x_0,\ y = Y + y_0}$로 치환, $dx = dX$, $dy = dY$ ($\because x_0, y_0$ 는 상수)

$[a(X + x_0) + b(Y + y_0) + c]\,dX + [A(X + x_0) + B(Y + y_0) + C]\,dY = 0$

$[aX + bY + (ax_0 + by_0 + c)]\,dX + [AX + BY + (Ax_0 + By_0 + C]\,dY = 0$

'$Y = UX$'로 치환 ⇒ 변수 분리형

> **NOTE** 치환 ☞ 동차형미분방정식 ☞ 치환 ☞ 변수 분리형미분방정식

ex. 5 $(2x - 5y + 3)\,dx - (2x + 4y - 6)\,dy = 0$ (tip: 부분분수)

sol $2x - 5y + 3 = 0$과 $2x + 4y - 6 = 0$을 만족하는 해

⇒ $x = 1$, $y = 1$

$x = X + 1$, $y = Y + 1$이라고 가정

$dx = dX$, $dy = dY$

$\therefore\ (2X - 5Y)\,dX - (2X + 4Y)\,dY = 0$ ☞ 1차의 동차형 미분방정식

$Y = UX$로 치환 ⇒ $dY = X\,dU + U\,dX$

$(2X - 5UX)\,dX - (2X + 4UX)(X\,dU + U\,dX) = 0$

$$(2X - 7UX - 4U^2X)\,dX - (2X^2 + 4Ux^2)\,dU = 0$$

$$X(2 - 7U - 4U^2)\,dX - X^2(2 + 4U)\,dU = 0$$

$$\frac{1}{X}\,dX + \left(\frac{4U+2}{4U^2+7U-2}\right)dU = 0$$ ☞ 양변을 X^2으로 나누어 정리

$$\int \frac{1}{X}\,dX + \frac{4}{3}\int \frac{1}{4U-1}\,dU + \frac{2}{3}\int \frac{1}{U+2}\,dU = C_1$$

NOTE

$$\int \frac{4U+2}{4U^2+7U-2}\,dU \;\Rightarrow\; \int \frac{4U+2}{(4U-1)(U+2)}\,dU$$

부분분수로 정리

$$\frac{A}{4U-1} + \frac{B}{U+2} = \frac{4U+2}{(4U-1)(U+2)}$$

▶ 양변 × $(4U-1)$ & $U = \frac{1}{4}$ 대입 $\Rightarrow$ $A = \frac{4}{3}$

▶ 양변 × $(u+2)$ & $U = -2$ 대입 $\Rightarrow$ $B = \frac{2}{3}$

$$\therefore \ln X + \frac{1}{3}\ln(4U-1) + \frac{2}{3}\ln(u+2) = C_2$$

$$\ln\left[X^3(4U-1)(U+2)^2\right] = \ln C_3$$

$$\therefore X^3(4U-1)(U+2)^2 = C_3 \;\Rightarrow\; X^3\left(4\left(\frac{Y}{X}\right) - 1\right)\left(\frac{Y}{X} + 2\right)^2 = C_3$$

$$(4Y - X)(Y + 2X)^2 = C_3$$

$x = X + 1,\ y = Y + 1$이므로

$$(4(y-1) - x + 1)(y - 1 + 2x - 2)^2 = C_3$$

$$(4y - 4 - x + 1)(y + 2x - 3)^2 = C_3$$

$$\therefore (4y - x - 3)(y + 2x - 3)^2 = C_3$$

연 습 문 제

1. $2 \cdot \dfrac{dy}{dx} = \dfrac{x}{y} + \dfrac{y}{x}$

sol $\dfrac{y}{x} = u \Rightarrow y = u\,x \;\Rightarrow$ 양변 미분

$$\Rightarrow dy = x\,du + u\,dx \Rightarrow \frac{dy}{dx} = x \cdot \frac{du}{dx} + u$$

주어진 식에 대입 $\;\Rightarrow\; 2\left(u + x \cdot \dfrac{du}{dx}\right) = \dfrac{1}{u} + u$

$2\,u + 2\,x \cdot \dfrac{du}{dx} = \dfrac{1}{u} + u \quad\Rightarrow\quad 2\,x \cdot \dfrac{du}{dx} = \dfrac{1-u^2}{u}$

$\dfrac{u}{1-u^2} \cdot du = \dfrac{1}{2x} \cdot dx \quad\Rightarrow$ 변수 분리형 미분방정식

$-\dfrac{1}{2}\ln\left(1-u^2\right) = \dfrac{1}{2}\ln x + C_1$ ☞ 양변 적분

$\ln\left(\dfrac{1}{1-\dfrac{y^2}{x^2}}\right) = \ln x + C_1$ ☞ $u = \dfrac{y}{x}$ 대입

$\dfrac{x^2}{x^2-y^2} = C_2 \cdot x \quad\Rightarrow\quad \therefore\ x^2 - y^2 = C_2 \cdot x$

2. $\dfrac{dy}{dx} = \dfrac{y}{x+y}$

sol $\dfrac{dy}{dx} = 1 + \dfrac{x}{y} \quad\Rightarrow$ 주어진 식의 변형

$u = \dfrac{x}{y} \quad\Rightarrow\quad x = u\,y \quad\Rightarrow$ 양변 미분 $\Rightarrow\quad \dfrac{dx}{dy} = u + y \cdot \dfrac{du}{dy}$

$u + y \cdot \dfrac{du}{dy} = 1 + u$ ☞ 주어진 식과 비교

$du = \dfrac{1}{y}\,dy \quad\Rightarrow$ 양변 적분 $\Rightarrow\quad \ln y = u + C$

$\therefore\ \ln y = \dfrac{x}{y} + C_2$

3. $\dfrac{dy}{dx} = \dfrac{x+y}{x}$

sol $\dfrac{dy}{dx} = 1 + \dfrac{y}{x} \quad \Rightarrow$ 주어진 식의 변형

$u = \dfrac{y}{x} \quad \Rightarrow \quad y = ux \quad \Rightarrow$ 양변 미분 $\Rightarrow \quad \dfrac{dy}{dx} = u + x \cdot \dfrac{du}{dx}$

$u + x \cdot \dfrac{du}{dx} = 1 + u \quad \Rightarrow \quad du = \dfrac{1}{x} \cdot dx$

$u = \ln x + C$ ☞ 양변 적분

$\therefore \dfrac{y}{x} = \ln x + C$

4. $(x+y) \cdot \dfrac{dy}{dx} = y$

sol $\left(\dfrac{x}{y} + 1\right) \cdot \dfrac{dy}{dx} = 1$ ☞ 양변 $\div\, y$

$v = \dfrac{x}{y} \quad \Rightarrow \quad x = vy \quad \Rightarrow$ 양변 미분 $\Rightarrow \quad \dfrac{dx}{dy} = v + y \cdot \dfrac{dv}{dy}$

$v + y \cdot \dfrac{dv}{dy} = 1 + v$

$dv = \dfrac{1}{y} \cdot dy \quad \Rightarrow \quad \ln y = v + C \quad \Rightarrow \quad \ln y = \dfrac{x}{y} + C$

5. $xy' + 2y = 3x$

sol $y' + 2 \cdot \dfrac{y}{x} = 3, \; \dfrac{y}{x} = u \quad \Rightarrow \quad \dfrac{dy}{dx} = u + x \cdot \dfrac{du}{dx}$

$u + x \cdot \dfrac{du}{dx} + 2u = 3 \quad \Rightarrow \quad \dfrac{1}{3(1-u)} \cdot du = \dfrac{1}{x} \cdot dx$

$-\dfrac{1}{3} \ln(1-u) = \ln x + C_1 \quad \Rightarrow \quad \therefore 1 - \dfrac{y}{x} = C_2 \cdot x^3$

6. $xy' = (y-x)^3 + y$

sol $y' = \dfrac{y}{x} + \dfrac{(y-x)^3}{x}, \; \dfrac{y}{x} = u \quad \Rightarrow \quad \dfrac{dy}{dx} = u + x \cdot \dfrac{du}{dx}$

$u + x \cdot \dfrac{du}{dx} = u + \dfrac{(ux-x)^3}{x} \quad \Rightarrow \quad x \cdot \dfrac{du}{dx} = x^2(u-1)^3$

$$\frac{1}{(u-1)^3}\cdot du = x\cdot dx \Rightarrow \text{양변 적분} \Rightarrow \int \frac{1}{(u-1)^3}\cdot du = \int x\cdot dx$$

$$-\frac{1}{2}(u-1)^{-2} = \frac{1}{2}x^2 + C_1 \quad \Rightarrow \quad -\frac{1}{2}\left(\frac{y}{x}-1\right)^{-2} = \frac{1}{2}x^2 + C_1$$

$$\therefore\ y = x + x\,(C_1 - x^2)^{-\frac{1}{2}}$$

7. $x^2 y' = x^2 - xy + y^2$

sol $y' = 1 - \dfrac{y}{x} + \left(\dfrac{y}{x}\right)^2,\ \dfrac{y}{x} = u \quad \Rightarrow \quad \dfrac{dy}{dx} = u + x\cdot\dfrac{du}{dx}$

$$u + x\cdot\frac{du}{dx} = 1 - u + u^2 \quad \Rightarrow \quad x\cdot\frac{du}{dx} = 1 - 2u + u^2$$

$$\frac{1}{(u-1)^2}\cdot du = \frac{1}{x}\cdot dx \quad \Rightarrow \quad \frac{1}{u-1} = \ln x + C_1$$

$$\frac{1}{1-\dfrac{y}{x}} = \ln x + C_1 \quad \Rightarrow \quad \therefore\ y = x - \frac{x}{\ln x + C_1}$$

8. $xy' - y = 3x^4\sin^2\left(\dfrac{y}{x}\right)$

sol $y' - \dfrac{y}{x} = 3x^3\cdot\sin^2\left(\dfrac{y}{x}\right),\ \dfrac{y}{x} = u$

$$\Rightarrow \quad \frac{dy}{dx} = u + x\cdot\frac{du}{dx}$$

$$u + x\cdot\frac{du}{dx} - u = 3x^3\sin^2 u$$

$$\frac{du}{dx} = 3x^2\sin^2 u \quad \Rightarrow \quad \frac{1}{\sin^2 u}\cdot du = 3x^2\cdot dx$$

$$\int \csc^2 u\,du = \int 3x^2\,dx$$

$$\Rightarrow \quad -\cot u = x^3 + C$$

$$\therefore\ -\cot\left(\frac{y}{x}\right) = x^3 + C$$

> **NOTE**
> $\displaystyle\int \csc^2 x\,dx = -\cot x$
>
> $\displaystyle\int \sec^2 x\,dx = \tan x$

9. $xyy' = y^2 + (x^2+1)^{-1}\cdot x^3$

sol $\left(\dfrac{y}{x}\right)y' = \left(\dfrac{y}{x}\right)^2 + (x^2+1)^{-1}\cdot x$ ☞ 양변 $\div\ x^2$

$$\frac{y}{x} = u \quad \Rightarrow \quad \frac{dy}{dx} = u + x \cdot \frac{du}{dx}$$

$$u \cdot \left(u + x \cdot \frac{du}{dx} \right) = u^2 + (x^2+1)^{-1} \cdot x$$

$$\therefore\ u \cdot \frac{du}{dx} = (x^2+1)^{-1}$$

$$\Rightarrow \int u\, du = \int \frac{1}{x^2+1}\, dx$$

> **NOTE** $\displaystyle\int \frac{1}{1+x^2}\, dx = \tan^{-1} x$

$$\frac{1}{2} u^2 = \tan^{-1} x + C$$

$$\Rightarrow \frac{1}{2} \left(\frac{y}{x} \right)^2 = \tan^{-1} x + C$$

$$\therefore\ y = x \cdot (2 \tan^{-1} x + C)^{\frac{1}{2}}$$

10. $(x - 2y) \cdot \dfrac{dy}{dx} = 2x - y$

sol $\left(1 - 2 \cdot \dfrac{y}{x}\right) \dfrac{dy}{dx} = 2 - \dfrac{y}{x},\ \dfrac{y}{x} = u \quad \Rightarrow \quad \dfrac{dy}{dx} = u + x \cdot \dfrac{du}{dx}$

$$(1 - 2u)\left(u + x \cdot \frac{du}{dx} \right) = 2 - u$$

$$x \cdot \frac{du}{dx} = \frac{2-u}{1-2u} - u = \frac{2u^2 - 2u + 2}{1 - 2u} \quad \Rightarrow \quad \frac{1-2u}{2u^2 - 2u + 2}\, du = \frac{1}{x}\, dx$$

$-\dfrac{1}{2} \ln (u^2 - u + 1) = \ln x + C_1$ ☞ 양변 적분

$$-(u - u^2 - 1) = x^2 \cdot C_2 \quad \Rightarrow \quad \left(\frac{y}{x} - \frac{y^2}{x^2} - 1 \right) = x^2 \cdot C_2$$

$$\therefore\ x^2 - xy + y^2 = C_2$$

11. $xy' = x \cdot \sin\left(\dfrac{y}{x}\right) + \dfrac{y}{x}$

sol $\dfrac{dy}{dx} = \sin\left(\dfrac{y}{x}\right) + \dfrac{y}{x},\ \dfrac{y}{x} = u$

$$\Rightarrow \frac{dy}{dx} = u + x \cdot \frac{du}{dx}$$

> **NOTE** $\displaystyle\int \csc x\, dx = \ln|\csc x - \cot x|$
> $\displaystyle\int \sec x\, dx = \ln|\sec x - \tan x|$

$$u + x \cdot \frac{du}{dx} = \sin u + u$$

$$\frac{1}{\sin u} \cdot du = \frac{1}{x} \cdot dx$$

$\ln|\csc u - \cot u| = \ln x + C_1$ ☞ 양변 적분

$$\therefore \csc \frac{y}{x} - \cot \frac{y}{x} = C_2 \cdot x$$

12. $x \cdot \dfrac{dy}{dx} = x - 3y$

sol $\dfrac{dy}{dx} = 1 - 3\left(\dfrac{y}{x}\right),\ \dfrac{y}{x} = u \ \Rightarrow\ \dfrac{dy}{dx} = u + x \cdot \dfrac{du}{dx}$

$$u + x \cdot \frac{du}{dx} = 1 - 3u \ \Rightarrow\ x \cdot \frac{du}{dx} = 1 - 4u$$

$$\frac{1}{1-4u} \cdot du = \frac{1}{x} \cdot dx \ \Rightarrow\ -\frac{1}{4}\ln|1 - 4u| = \ln x + C_1$$

$$1 - 4u = C_2 \cdot x^4 \ \Rightarrow\ \therefore x = C_2 \cdot \left(1 - 4\frac{y}{x}\right)^{-\frac{1}{4}}$$

13. $x^3 \cdot \dfrac{dy}{dx} = x^2 y - y^3$

sol $\dfrac{dy}{dx} = \dfrac{y}{x} - \left(\dfrac{y}{x}\right)^3,\ \dfrac{y}{x} = u \ \Rightarrow\ \dfrac{dy}{dx} = u + x \cdot \dfrac{du}{dx}$

$$u + x \cdot \frac{du}{dx} = u - u^3 \ \Rightarrow\ -\frac{1}{u^3}du = \frac{1}{x}dx$$

$$\frac{1}{2u^2} = \ln x + C_1 \ \Rightarrow\ \therefore \frac{1}{2} \cdot \left(\frac{x}{y}\right)^2 = \ln x + C_1$$

14. $\dfrac{dy}{dx} = \dfrac{(x + y)^2}{x^2}$

sol $\dfrac{dy}{dx} = \dfrac{x^2 + 2xy + y^2}{x^2} = 1 + 2 \cdot \dfrac{y}{x} + \left(\dfrac{y}{x}\right)^2,\ \dfrac{y}{x} = u$

$$\Rightarrow\ \frac{dy}{dx} = u + x \cdot \frac{du}{dx}$$

$$x \cdot \frac{du}{dx} + u = 1 + 2u + u^2 \ \Rightarrow\ x \cdot \frac{du}{dx} = u^2 + u + 1$$

$$\frac{1}{u^2 + u + 1} \cdot du = \frac{1}{x} \cdot dx$$

좌변항의 적분을 위해 식을 변형

$u^2+u+1 \quad \Rightarrow$

$$\left(u+\frac{1}{2}\right)^2+\left(\frac{\sqrt{3}}{2}\right)^2$$

NOTE $\displaystyle\int \frac{1}{x^2+a^2}dx = \frac{1}{a}\tan^{-1}\left(\frac{x}{a}\right)$

$\displaystyle\int \frac{1}{x^2-a^2}dx = -\frac{1}{a}\coth^{-1}\left(\frac{x}{a}\right)$

$$\therefore\ \frac{2}{\sqrt{3}}\tan^{-1}\left(\frac{u+\frac{1}{2}}{\frac{\sqrt{3}}{2}}\right) = \ln x + C_1$$

$$\therefore\ \frac{2}{\sqrt{3}}\tan^{-1}\left(\frac{2y+3}{\sqrt{3}\,x}\right) = \ln x + C_1$$ ☞ $\frac{y}{x} = u$를 대입하여 정리

15. $\dfrac{dy}{dx} = \dfrac{2y^2+x^2}{x^2}$

sol $\dfrac{dy}{dx} = 2\left(\dfrac{y}{x}\right)^2+1,\ \dfrac{y}{x} = u \quad \Rightarrow \quad \dfrac{dy}{dx} = u + x\cdot\dfrac{du}{dx}$

$$x\cdot\frac{du}{dx}+u = 2u^2+1 \quad \Rightarrow \quad x\cdot\frac{du}{dx} = 2u^2-u+1$$

$$\frac{1}{2u^2-u+1}\cdot du = \frac{1}{x}\cdot dx$$

$$\frac{1}{2}\left(\frac{1}{\left(u-\frac{1}{4}\right)^2+\left(\frac{\sqrt{7}}{4}\right)^2}\right)du = \frac{1}{x}\cdot dx$$

$$\therefore\ \frac{2}{\sqrt{7}}\tan^{-1}\left(\frac{4u-1}{\sqrt{7}}\right) = \ln x + C_1$$

$$\therefore\ \frac{2}{\sqrt{7}}\tan^{-1}\left(\frac{4y-x}{\sqrt{7}\,x}\right) = \ln x + C_1$$

16. $\dfrac{dy}{dx} = \dfrac{2x+y}{x-y}$

sol $\dfrac{dy}{dx} = \dfrac{2+\frac{y}{x}}{1-\frac{y}{x}},\ \dfrac{y}{x} = u \quad \Rightarrow \quad \dfrac{dy}{dx} = u + x\cdot\dfrac{du}{dx}$

$$x\cdot\frac{du}{dx}+u = \frac{2+u}{1-u} \quad \Rightarrow \quad x\cdot\frac{du}{dx} = \frac{u^2+2}{1-u}$$

$$\left(\frac{1-u}{u^2+2}\right)du = \frac{1}{x}dx \quad \Rightarrow \quad \left(\frac{1}{u^2+2}-\frac{u}{u^2+2}\right)du = \frac{1}{x}dx$$

$$\therefore\ \sqrt{2}\tan^{-1}\left(\frac{y}{\sqrt{2}\,x}\right) - \frac{1}{2}\ln|y^2+2x^2| = C$$

17. $x^2 \cdot \dfrac{dy}{dx} = x^2 + y^2$

sol $\dfrac{dy}{dx} = 1 + \left(\dfrac{y}{x}\right)^2, \ \dfrac{y}{x} = u \quad \Rightarrow \quad \dfrac{dy}{dx} = u + x \cdot \dfrac{du}{dx}$

$$x \cdot \dfrac{du}{dx} + u = 1 + u^2 \quad \Rightarrow \quad \dfrac{1}{u^2 - u + 1} du = \dfrac{1}{x} dx$$

$$\therefore \ \dfrac{2}{\sqrt{3}} \tan^{-1}\left(\dfrac{2y - x}{\sqrt{3}\,x}\right) = \ln x + C$$

18. $(x + 2y)\dfrac{dy}{dx} = y - 3x, \ y(1) = 6$

sol $\dfrac{dy}{dx} = \dfrac{y - 3x}{x + 2y} \quad \Rightarrow \quad \dfrac{\dfrac{y}{x} - 3}{1 + 2 \cdot \dfrac{y}{x}}, \ \dfrac{y}{x} = u \quad \Rightarrow \quad \dfrac{dy}{dx} = u + x \cdot \dfrac{du}{dx}$

$$x \cdot \dfrac{du}{dx} + u = \dfrac{u - 3}{1 + 2u} \quad \Rightarrow \quad x \cdot \dfrac{du}{dx} = \dfrac{-2u^2 - 3}{1 + 2u}$$

$$\dfrac{1 + 2u}{-2u^2 - 3} \cdot du = \dfrac{1}{x} \cdot dx \ \Rightarrow \ -\int \dfrac{1}{2u^2 + 3} du - \int \dfrac{2u}{2u^2 + 3} du = \ln x + C_1$$

$$-\dfrac{1}{\sqrt{6}} \tan^{-1}\left(\dfrac{2y}{\sqrt{6}\,x}\right) - \dfrac{1}{2} \ln \left| 2\left(\dfrac{y}{x}\right)^2 + 3 \right| - \ln|x| = C_1$$

$$\dfrac{1}{\sqrt{6}} \tan^{-1}\left(\dfrac{\sqrt{6}\,y}{3x}\right) + \dfrac{1}{2} \ln|2y^2 + 3x^2| = C_1$$

$$y(1) = 6 \ ; \ C_1 = \dfrac{1}{\sqrt{6}} \tan^{-1}(2\sqrt{6}) + \dfrac{1}{2} \ln 75$$

$$\therefore \ \dfrac{1}{\sqrt{6}} \tan^{-1}\left(\dfrac{\sqrt{6}\,y}{3x}\right) + \dfrac{1}{2} \ln|2y^2 + 3x^2| = \dfrac{1}{\sqrt{6}} \tan^{-1}(2\sqrt{6}) + \dfrac{1}{2} \ln 75$$

19. $xy' = x + y, \ y(1) = 0$

sol $x \cdot \dfrac{dy}{dx} = x + y \Rightarrow \dfrac{dy}{dx} = 1 + \dfrac{y}{x}, \ \dfrac{y}{x} = u \Rightarrow \dfrac{dy}{dx} = u + x \cdot \dfrac{du}{dx}$

$$u + x \cdot \dfrac{du}{dx} = 1 + u \quad \Rightarrow \quad du = \dfrac{1}{x} \cdot dx \quad \Rightarrow \quad u = \ln x + C_1$$

$$\dfrac{y}{x} = \ln x + C_1 \quad \Rightarrow \quad y = x \cdot \ln x + C_1 \cdot x$$

$$y(1) = 0 \ ; \ C_1 = 0$$

$$\therefore \ y = x \cdot \ln x$$

20. $x y' = 2(x + y),\ y(1) = 0$

sol $x \cdot \dfrac{dy}{dx} = 2x + 2y \Rightarrow \dfrac{dy}{dx} = 2 + 2 \cdot \dfrac{y}{x},\ \dfrac{y}{x} = u$

$$\Rightarrow \frac{dy}{dx} = u + x \cdot \frac{du}{dx}$$

$$u + x \cdot \frac{du}{dx} = 2 + 2u \quad \Rightarrow \quad \frac{1}{u+2} \cdot du = \frac{1}{x} \cdot dx$$

$$\ln(2 + u) = \ln x + C_1 \Rightarrow \frac{2 + \frac{y}{x}}{x} = C_2 \quad \Rightarrow \quad \therefore y = C_2 x^2 - 2x$$

$y(1) = 0\ ;\ \therefore C_2 = 2$

$\therefore y = 2x^2 - 2x$

21. $y y' = x^3 + \dfrac{y^2}{x},\ y(1) = 2$

sol $y' = \dfrac{x^3}{y} + \dfrac{y}{x},\ \dfrac{y}{x} = u \quad \Rightarrow \quad \dfrac{dy}{dx} = u + x \cdot \dfrac{du}{dx}$

$$u + x \cdot \frac{du}{dx} = \frac{x^2}{u} + u \quad \Rightarrow \quad u \cdot du = x \cdot dx$$

$$\frac{1}{2}u^2 = \frac{1}{2}x^2 + C_1 \quad \Rightarrow \quad \left(\frac{y}{x}\right)^2 = x^2 + C_2$$

$y(1) = 2\ ;\ 2^2 = 1 + C_2 \quad \Rightarrow \quad \therefore C_2 = 3$

$\therefore y^2 = x^2(x^2 + 3)$

22. $x y y' = 2y^2 + 2x^2,\ y(1) = 2$

sol $y' = \dfrac{2y^2}{xy} + \dfrac{2x^2}{xy} \Rightarrow y' = 2 \cdot \left(\dfrac{y}{x}\right) + 2 \cdot \left(\dfrac{x}{y}\right),\ \dfrac{y}{x} = u$

$$\Rightarrow \frac{dy}{dx} = u + x \cdot \frac{du}{dx}$$

$$u + x \cdot \frac{du}{dx} = 2u + \frac{2}{u} \Rightarrow x \cdot \frac{du}{dx} = u + \frac{2}{u}$$

$$\Rightarrow \frac{u}{u^2+2} \cdot du = \frac{1}{x} \cdot dx$$

$$\frac{1}{2}\ln|u^2 + 2| = \ln x + C_1 \quad \Rightarrow \quad u^2 + 2 = C_2 \cdot x^2$$

$$\left(\frac{y}{x}\right)^2 + 2 = C_2 \cdot x^2 \quad \Rightarrow \quad y^2 = C_2 \cdot x^4 - 2x^2$$

$y(1) = 2$; $4 = C_2 - 2$, $\therefore\ C_2 = 6$

$\therefore\ y^2 = 6x^4 - 2x^2$

23. $y' = \dfrac{y+x}{y-x}$, $y(0) = 1$

sol $\dfrac{dy}{dx} = \dfrac{\frac{y}{x}+1}{\frac{y}{x}-1}$, $\dfrac{y}{x} = u \Rightarrow \dfrac{dy}{dx} = u + x \cdot \dfrac{du}{dx}$

$u + x \cdot \dfrac{du}{dx} = \dfrac{u+1}{u-1} \quad \Rightarrow \quad x \cdot \dfrac{du}{dx} = \dfrac{-u^2+2u+1}{u-1}$

$\dfrac{u-1}{-u^2+2u+1} \cdot du = \dfrac{1}{x} \cdot dx$

$-\dfrac{1}{2} \cdot \ln|-u^2+2u+1| = \ln x + C_1$ ☞ 양변 적분

$-u^2+2u+1 = C_2 \cdot x^{-2} \quad \Rightarrow \quad -\left(\dfrac{y}{x}\right)^2 + 2\left(\dfrac{y}{x}\right) + 1 = C_2 \cdot x^{-2}$

$\therefore\ -y^2 + 2xy + x^2 = C_2$

$y(0) = 1$; $\therefore\ C_2 = -1$

$\therefore\ y^2 - 2xy - x^2 = 1$

24. $y' = \dfrac{y-x}{y+x}$, $y(1) = 1$

sol $\dfrac{dy}{dx} = \dfrac{\frac{y}{x}-1}{\frac{y}{x}+1}$, $\dfrac{y}{x} = u \quad \Rightarrow \quad \dfrac{dy}{dx} = u + x \cdot \dfrac{du}{dx}$

$u + x \cdot \dfrac{du}{dx} = \dfrac{u-1}{u+1} \quad \Rightarrow \quad x \cdot \dfrac{du}{dx} = -\dfrac{u^2+1}{u+1}$

$\dfrac{u+1}{u^2+1} \cdot du = -\dfrac{1}{x} \cdot dx$

$$\Rightarrow \int \frac{u}{u^2+1}du + \int \frac{1}{u^2+1}du = -\int \frac{1}{x}dx + C_1$$

$\dfrac{1}{2}\ln|u^2+1| + \tan^{-1}u = -\ln x + C_1$

$\dfrac{1}{2}\ln\left|\left(\dfrac{y}{x}\right)^2 + 1\right| + \tan^{-1}\left(\dfrac{y}{x}\right) = -\ln x + C_1$

$y(1) = 1;\ \frac{1}{2}\ln 2 + \tan^{-1}1 = -\ln 1 + C_1$

$\Rightarrow \quad \therefore\ C_1 = \frac{1}{2}\ln 2 + \frac{\pi}{4}$

$\therefore\ \ln\left(x^2 + y^2\right) + 2\tan^{-1}\left(\frac{y}{x}\right) = \ln 2 + \frac{\pi}{2}$

25. $x \cdot \frac{dy}{dx} = \sqrt{x^2 + y^2} + y,\ y(3) = 0$

sol $\frac{dy}{dx} = \sqrt{1 + \left(\frac{y}{x}\right)^2} + \frac{y}{x},\ \frac{y}{x} = u \quad \Rightarrow \quad \frac{dy}{dx} = u + x \cdot \frac{du}{dx}$

$u + x \cdot \frac{du}{dx} = \sqrt{1+u^2} + u \quad \Rightarrow \quad \frac{1}{\sqrt{1+u^2}} \cdot du = \frac{1}{x} \cdot dx$

$\therefore\ \sqrt{x^2+y^2} + y = C_1 \cdot x^2$

$y(3) = 0\ ;\ \therefore\ C_1 = \frac{1}{3}$

$\therefore\ \sqrt{x^2+y^2} + y = \frac{1}{3} \cdot x^2$

26. $x \cdot \frac{dy}{dx} = y + 4\sqrt{xy},\ y(e) = 4e$

sol $\frac{dy}{dx} = \frac{y}{x} + 4\sqrt{\frac{y}{x}},\ \frac{y}{x} = u \quad \Rightarrow \quad \frac{dy}{dx} = u + x \cdot \frac{du}{dx}$

$u + x \cdot \frac{du}{dx} = u + 4\sqrt{u} \quad \Rightarrow \quad \frac{1}{4\sqrt{u}} \cdot du = \frac{1}{x} \cdot dx$

$\sqrt{u} = 2\ln x + C_1 \quad \Rightarrow \quad \sqrt{\frac{y}{x}} = 2\ln x + C_1$

$y(e) = 4e\ ;\ \therefore\ C_1 = 0$

$\therefore\ \sqrt{\frac{y}{x}} = 2 \cdot \ln x$

27. $x \cdot \frac{dy}{dx} = y + \sqrt{x^2 - y^2},\ y(1) = \frac{\pi}{6}$

sol $\frac{dy}{dx} = \frac{y}{x} + \sqrt{1 - \left(\frac{y}{x}\right)^2},\ \frac{y}{x} = u \quad \Rightarrow \quad \frac{dy}{dx} = u + x \cdot \frac{du}{dx}$

$u + x \cdot \frac{du}{dx} = u + \sqrt{1-u^2} \quad \Rightarrow \quad \frac{1}{\sqrt{1-u^2}} \cdot du = \frac{1}{x} \cdot dx$

$$\sin^{-1} u = \ln x + C_1 \quad \Rightarrow \quad \sin^{-1}\left(\frac{y}{x}\right) = \ln x + C_1$$

$$y(1) = \frac{\pi}{6} \ ; \ \therefore \ C_1 = \frac{1}{2}$$

$$\therefore \ \sin^{-1}\left(\frac{y}{x}\right) = \ln x + \frac{1}{2}$$

28. $\dfrac{dy}{dx} = \dfrac{x-y}{x+y}, \ y(1) = 1$

sol $\dfrac{dy}{dx} = \dfrac{1-\dfrac{y}{x}}{1+\dfrac{y}{x}}, \ \dfrac{y}{x} = u \quad \Rightarrow \quad \dfrac{dy}{dx} = u + x \cdot \dfrac{du}{dx}$

$$u + x \cdot \frac{du}{dx} = \frac{1-u}{1+u} \quad \Rightarrow \quad x \cdot \frac{du}{dx} = \frac{-u^2 - 2u + 1}{1+u}$$

$$\frac{1+u}{-u^2-2u+1} \cdot du = \frac{1}{x} \cdot dx$$

$$-\frac{1}{2} \ln|-u^2 - 2u + 1| = \ln x + C_1$$

$$x \cdot \sqrt{-u^2 - 2u + 1} = C_1 \quad \Rightarrow \quad -y^2 - 2xy + x^2 = C_1$$

$$y(1) = 1 \ ; \ C_1 = 2$$

$$\therefore \ y^2 + 2xy - x^2 = 2$$

29. $\dfrac{dy}{dx} = \dfrac{x-3y-7}{x-4}$

sol $x - 3y - 7 = 0$과 $x - 4 = 0$을 만족하는 해(x_0, y_0)

$x_0 = 4$, $y_0 = -1 \quad \Rightarrow \quad x = X + 4, \ y = Y - 1$로 치환

$$\frac{dY}{dX} = \frac{X+4-3Y+3-7}{X+4-4} = \frac{X-3Y}{X} = 1 - 3 \cdot \frac{Y}{X}$$

$\dfrac{Y}{X} = U \quad \Rightarrow$ 양변 미분 $\Rightarrow \quad \dfrac{dY}{dX} = U + X \cdot \dfrac{dU}{dX}$

$$U + X \cdot \frac{dU}{dX} = 1 - 3U \quad \Rightarrow \quad \frac{1}{1-4U} \cdot dU = \frac{1}{X} \cdot dX$$

$-\dfrac{1}{4} \cdot \ln(1 - 4U) = \ln X + C_1$ ☞ 양변 적분

$$(1 - 4U)^{-\frac{1}{4}} = C_2 \cdot X$$

$$\therefore \left(1 - 4 \cdot \frac{y+1}{x-4}\right)^{-\frac{1}{4}} = C_2 \cdot (x-4)$$

30. $\dfrac{dy}{dx} = \dfrac{x+2y+7}{-2x+y-9}$

sol $x+2y+7=0$과 $-2x+y-9=0$을 만족하는 해(x_0, y_0)

$x_0 = -5,\ y_0 = -1 \Rightarrow x = X-5,\ y = Y-1$로 치환

$$\frac{dY}{dX} = \frac{X+2Y}{-2X+Y} = \frac{\left(1+2\cdot\frac{Y}{X}\right)}{\left(-2+\frac{Y}{X}\right)},\ \frac{Y}{X} = U \Rightarrow \text{양변 미분}$$

$$\Rightarrow \frac{dY}{dX} = U + X\cdot\frac{dU}{dX}$$

$$U + X\cdot\frac{dU}{dX} = \frac{1+2U}{-2+U} \Rightarrow X\cdot\frac{dU}{dX} = \frac{-U^2+4U+1}{-2+U}$$

$$\Rightarrow \frac{-2+U}{-U^2+4U+1}\cdot dU = \frac{1}{X}\cdot dX$$

$$-\frac{1}{2}\cdot\ln(-U^2+4U+1) = \ln X + C_1$$ ☞ 양변 적분

$$-U^2+4U+1 = C_2\cdot X^{-2} \Rightarrow -\left(\frac{Y}{X}\right)^2 + 4\left(\frac{Y}{X}\right) + 1 = C_2\cdot\frac{1}{X^2}$$

$$\therefore X^2+4XY-Y^2 = C_2$$

$$\therefore (x+5)^2 + 4(x+5)(y+1) - (y+1)^2 = C_2$$

31. $\dfrac{dy}{dx} = \dfrac{x-2y+2}{x-y+3}$

sol $x-y=u \Rightarrow y = x-u \Rightarrow \dfrac{dy}{dx} = 1 - \dfrac{du}{dx}$

$$1 - \frac{du}{dx} = \frac{u+2}{u+3} \Rightarrow \frac{du}{dx} = \frac{1}{u+3}$$

$$\therefore \frac{1}{2}u^2 + 3u = C_1 + x$$

$$\therefore \frac{1}{2}(x-y)^2 + 2x - 3y = C_1$$

> **NOTE** $\dfrac{du}{dx} = \dfrac{1}{u+3}$
> $\Rightarrow (u+3)\cdot du = dx$

32. $\dfrac{dy}{dx} = \dfrac{3x+y-1}{6x+2y-3}$

sol $3x + y = u \quad \Rightarrow \quad y = -3x + u \quad \Rightarrow \quad \dfrac{dy}{dx} = -3 + \dfrac{du}{dx}$

$$-3 + \frac{du}{dx} = \frac{u-1}{2u-3} \Rightarrow \frac{du}{dx} = \frac{7u-10}{2u-3} \quad \Rightarrow \quad \frac{2u-3}{7u-10} \cdot du = dx$$

$$\left(\frac{2u}{7u-10} - \frac{3}{7u-10} \right) \cdot du = dx$$

$$\therefore \ -\ln|21x + 7y - 10| + 14y = 7x + C$$

33. $\dfrac{dy}{dx} = \dfrac{3x-y-9}{x+y+1}$

sol $3x-y-9=0$과 $x+y+1 = 0$을 만족하는 해 (x_0, y_0)

$x_0 = 2$, $y_0 = -3 \quad \Rightarrow \quad x = X + 2,\ y = Y - 3$로 치환

$$\frac{dY}{dX} = \frac{3X-Y}{X+Y} = \frac{\left(3 - \frac{Y}{X}\right)}{\left(1+\frac{Y}{X}\right)},\ \frac{Y}{X} = U \Rightarrow \text{양변 미분}$$

$$\Rightarrow \frac{dY}{dX} = U + X \cdot \frac{dU}{dX}$$

$$U + X \cdot \frac{dU}{dX} = \frac{3-U}{1+U} \Rightarrow X \cdot \frac{dU}{dX} = \frac{-U^2-2U+3}{1+U}$$

$$\Rightarrow \frac{1+U}{-U^2-2U+3} \cdot dU = \frac{1}{X} \cdot dX$$

$-\dfrac{1}{2} \cdot \ln(-U^2+4U+1) = \ln X + C_1$ ☞ 양변 적분

$$-U^2+4U+1 = C_2 \cdot X^2 \Rightarrow -\left(\frac{Y}{X}\right)^2 - 2\left(\frac{Y}{X}\right) + 3 = C_2 \cdot \frac{1}{X^2}$$

$$\therefore \ 3X^2-2XY-Y^2 = C_2$$

$$\therefore \ 3(x-2)^2 - 2(x-2)(y+3) - (y+3)^2 = C_2$$

34. $y' = \cot(x+y) - 1$

sol $x + y = u \Rightarrow 1 + \dfrac{dy}{dx} = \dfrac{du}{dx} \Rightarrow \dfrac{dy}{dx} = \dfrac{du}{dx} - 1$

$$\frac{du}{dx} - 1 = \cot u - 1 \Rightarrow \frac{du}{dx} = \cot u$$

NOTE $\cot x = \dfrac{1}{\tan x}$

$$\Rightarrow \tan u \cdot du = dx$$

$$-\ln|\cos u| = x + C_1 \quad \Rightarrow \quad \ln|\cos u| = -x + C_2$$

$$\ln|\cos(x+y)| = -x + C_2$$

$$\therefore \cos(x+y) = C_3 \cdot e^{-x}$$

35. $y' = (y-x)^2$

sol $y - x = u \Rightarrow dy - dx = du \Rightarrow \dfrac{dy}{dx} - 1 = \dfrac{du}{dx} \Rightarrow \dfrac{du}{dx} + 1 = u^2$

$$\frac{du}{dx} = u^2 - 1 \Rightarrow \frac{1}{u^2-1} \cdot du = dx$$

$$\Rightarrow -\frac{1}{2} \cdot \left(\frac{1}{u+1} - \frac{1}{u-1} \right) \cdot du = dx$$

$$-\frac{1}{2} \cdot \ln \left| \frac{u+1}{u-1} \right| = x + C_1$$

$$\therefore \frac{u+1}{u-1} = C_2 \cdot e^{-2x}$$

$$\therefore \frac{y-x+1}{y-x-1} = C_2 \cdot e^{-2x}$$

36. $\dfrac{dy}{dx} = (x+y-2)^2$

sol $x + y - 2 = u \Rightarrow 1 + \dfrac{dy}{dx} = \dfrac{du}{dx} \Rightarrow \dfrac{du}{dx} - 1 = u^2$

$$\Rightarrow \frac{du}{dx} = u^2 + 1$$

$$\frac{1}{u^2+1} \cdot du = dx \quad \Rightarrow \quad \tan^{-1} u = x + C_1$$

$$\therefore \tan^{-1}(x+y-2) = x + C_1 \quad \Rightarrow \quad x + y - z = \tan(x + C_1)$$

$$\therefore y = \tan(x + C_1) - x + 2$$

37. $\dfrac{dy}{dx} = (3y+2)^2$

sol $3y + 2 = u \Rightarrow 3 \cdot \dfrac{dy}{dx} = \dfrac{du}{dx} \Rightarrow \dfrac{dy}{dx} = \dfrac{1}{3} \cdot \dfrac{du}{dx} \Rightarrow \dfrac{1}{3} \cdot \dfrac{du}{dx} = u^2$

$$\frac{1}{u^2} \cdot du = 3 \cdot dx$$

$$\therefore\ -\frac{1}{u} = 3x + C_1$$

$$\therefore\ 9xy + 6x + C_2 y = C_3$$

38. $y' = (6y - y^2 - 8)^{\frac{1}{2}}$

sol $y' = (-(y-2)(y-4))^{\frac{1}{2}}$

$$u = y - 3 \quad \Rightarrow \quad \frac{du}{dx} = \frac{dy}{dx}$$

$$\frac{dy}{dx} = (1 - u^2)^{\frac{1}{2}} = \frac{du}{dx}$$

$$\frac{1}{\sqrt{1-u^2}} \cdot du = dx$$

$$\Rightarrow \quad \sin^{-1} u = x + C_1$$

$$\therefore\ u = \sin(x + C_1)$$

$$\therefore\ y = \sin(x + C_1) + 3$$

NOTE

$$u = y - 3$$

$$y' = -(u+3-2)(u+3-4)^{\frac{1}{2}}$$

$$\frac{dy}{dx} = (1 - u^2)^{\frac{1}{2}}$$

$$\int \frac{1}{\sqrt{1-u^2}} du = \sin^{-1} u$$

CHAPTER 3
완전미분방정식과 해법

$Z = f(x, y)$ ▶ f_x, f_y 가 모두 연속에 대하여 $f_x(x, y)$, $f_y(x, y)$ ☞ 편도함수

정의 $f_x(x, y)dx + f_y(x, y)dy = dZ$

▶ Z의 전미분(Total Differential)

▶ 포텐셜 함수(Potential Function)

$Z = C$ (상수), $f(x, y) = C$이므로

$f_x(x, y)dx + f_y(x, y)dy = 0$ ▶ $M(x, y)dx + N(x, y)dy = 0$ (미분형식)

ex. 1 $x y^2\, dx + x^2 y\, dy = 0$의 전미분과 일반해는?

sol $M(x, y)$을 x에 대해서 편미분, $N(x, y)$를 y에 대해서 편미분

$d\left(\frac{1}{3}x^3 y^3\right) = C$ ⇒ 전미분 형태, 일반해는 $\frac{1}{3}x^3 y^3 = C$ 즉, $x^3 y^3 = C$이다.

정의 $M(x, y)\,dx + N(x, y)\,dy = 0$ ☞ $(M\,dx + N\,dy = 0)$에서 좌변이 어떤 함수의 전미분과 같을 때, 이러한 미분형식을 **'완전하다(exact)'**라고 하며, 이러한 미분방정식을 **'완전미분방정식(Exact Differential Equation)'**이라고 한다.

$f(x, y) = C$ ⇒ $f_x(x, y)dx + f_y(x, y)dy = 0$ ☞ 변수별로 편미분

▶ 편미분의 방법은 '부록 3. 편미분의 기초' 참조

정리 1계 미분방정식 $M\,dx + N\,dy = 0$

'완전미분방정식'이 되는 필요충분조건

$$\frac{\partial M}{\partial y} = \frac{\partial N}{\partial x}$$

ex. 2 $x y^2\, dx + x^2 y\, dy = 0$은 완전미분방정식인가?

sol $M = x y^2$, $M = x y^2$ ⇒ $\frac{\partial M}{\partial y} = 2xy$, $\frac{\partial N}{\partial x} = 2xy$

$\therefore \frac{\partial M}{\partial y} = \frac{\partial N}{\partial x}$ ☞ 완전미분방정식이다.

ex. 3 $(5x^2 - 2xy^2)\,dx + N(x, y)\,dy = 0$이 완전미분방정식일 때, $N(x, y)$의 적합한 식의 형태는?

① $5x^2 - 2x^2y$ ② $5y^2 - 2x^2y$

③ $5x^2 + 2x^2y$ ④ $5y^2 - 2x^2y$

ex. 4 $(x^3 + kxy + y)\,dx + (y^3 + x^2 + x)\,dy = 0$이 완전미방이 되기 위한 k는?

sol $kx + 1 = 2x + 1$, $\therefore\ k = 2$

ex. 5 다음 중 완전미분방장식은?

① $x\,dy + y^2\,dx = 0$

② $2xy\,dy = (x^2 + y^2)\,dx$

③ $\sinh x\,dx + \cosh y\,dy = 0$

④ $(3x^2y^2 + x + e^y)\,dx + (2x^3y + y + xe^y)\,dy = 0$

해법

$M\,dx + N\,dy = 0$ 이 완전미방이라면,

sol $f_x(x, y) = M(x, y)$ … ①

$f_y(x, y) = N(x, y)$ … ②

▶ $f(x, y) = \int M(x, y)\,dx + g(y)$ … ③

※ 여기서 $g(y)$는 상수를 포함한 다변수함수 ⇒ 임의의 형태라고 가정!!

③식을 y 에 대해서 편미분

▶ $f_y(x, y) = \dfrac{\partial}{\partial y}\int M(x, y)\,dx + g'(y) \Rightarrow N(x, y)$

$\therefore\ g'(y) = N(x, y) - \dfrac{\partial}{\partial y}\int M(x, y)\,dx$ … ④

④식을 적분하여 $g(y)$를 구한 후, ③식에 대입

$\therefore$ 일반해는 $f(x, y) = C$ 이다.

cf) $f(x, y)$는 포텐셜 함수(Potential Function)라고 한다.

ex. 6 $(2x + y - 3)\,dx + (x - 4y + 1)\,dy = 0$의 일반해는?

sol (i) 치환에 의한 방법 ⇒ (x_0, y_0), $x = X + x_0$, $y = Y + y_0$

(ii) 완전미분방정식이라면?

$M = 2x + y - 3,\ N = x - 4y + 1 \quad \Rightarrow \quad \frac{\partial M}{\partial y} = \frac{\partial N}{\partial x} = 1$ (완전미방)

▶ 일반해 $f(x, y) = \int (2x + y - 3)\,dx + g(y)$

$$= x^2 + xy - 3x + g(y)$$

$f_y(x, y) = x + g'(y) = x - 4y + 1 \quad \Rightarrow \quad N(x, y)$

$\therefore\ g'(y) = -4y + 1 \quad \Rightarrow \quad g(y) = -2y^2 + y + C_1$

★ 일반해는 $f_y(x, y) = x^2 + xy - 3x - 2y^2 + y + C_1$ ☞ 잘못된 표현

$\because\ f(x, y) = C$

$\therefore$ 일반해 : $x^2 + xy - 3x - 2y^2 + y = C_1$

ex. 7 $\ln y\,dx + (\frac{x}{y} + ax)\,dy = 0$

sol $\frac{\partial M}{\partial y} = \frac{1}{y}$, $\frac{\partial N}{\partial x} = \frac{1}{y} + a$이므로, $a = 0$ (완전미방조건)

$\ln y\,dx + (\frac{x}{y})\,dy = 0$

▶ 일반해 $f(x, y) = \int \ln y\,dx + g(y) \quad \Rightarrow \quad x\ln y + g(y)$

$f_y(x, y) = \frac{x}{y} = g'(y) = \frac{x}{y}$, $\therefore\ g'(y) = 0$, $g(y) = C$

$\therefore$ 일반해 : $x\ln y = C$

ex. 8 $(2y^2 + ye^{xy})\,dx + (4xy + xe^{xy} + 2y)\,dy = 0$

sol $\frac{\partial M}{\partial y} = \frac{\partial N}{\partial x} = 4y + e^{xy} + xye^{xy} \quad \Rightarrow$ 완전미방

▶ 일반해 $f(x, y) = \int (2y^2 + ye^{xy})\,dx + g(y)$

$$= 2xy^2 + e^{xy} + g(y)$$

$f_y(x, y) = 4xy + xe^{xy} + g'(y)$

$$= N(x, y) = 4xy + xe^{xy} + 2y$$

$\therefore\ g'(y) = 2y,\quad g(y) = y^2 + C$

$\therefore$ 일반해 : $2xy^2 + e^{xy} + y^2 = C$

ex. 9 $[2\cos(x+y) - 2x\sin(x+y)]dx - 2x\sin(x+y)dy = 0$

sol $\dfrac{\partial M}{\partial y} = \dfrac{\partial N}{\partial x} = -2\sin(x+y) - 2x\cos(x+y) \quad \Rightarrow$ 완전미방

▶ 일반해 $f(x, y) = \int [2\cos(x+y) - 2x\sin(x+y)]\,dx + g(y)$

$= -2x\cos(x+y) + g(y)$

$f_y(x, y) = -2x\sin(x+y) + g'(y) = N(x, y)$

$= -2x\sin(x+y)$

$\therefore\ g'(y) = 0,\ g(y) = C$

$\therefore$ 일반해 : $-2x\cos(x+y) = C$

ex. 10 $[-y\sin(xy) + 2x]dx + [3y^2 - x\sin(xy)]dy = 0$

sol $\dfrac{\partial M}{\partial y} = \dfrac{\partial N}{\partial x} = -\sin(xy) - xy\cos(xy) \Rightarrow$ 완전미방

▶ 일반해 $f(x, y) = \int [-y\sin(xy) + 2x]\,dx + g(y)$

$= x^2 + \cos(xy) + g(y)$

$f_y(x, y) = -x\sin(xy) + g'(y) = N(x, y)$

$= 3y^2 - x\sin(xy)$

$\therefore\ g'(y) = 3y^2,\ g(y) = y^3$

$\therefore$ 일반해 : $x^2 + \cos(xy) + y^3 = C$

ex. 11 $y^3dx + (3xy^2 - 1)dy = 0$, $y(-2) = 5$

sol $\dfrac{\partial M}{\partial y} = \dfrac{\partial N}{\partial x} = 3y^2 \quad \Rightarrow$ 완전미방

▶ $f(x, y) = \int y^3\,dx + g(y) = xy^3 + g(y)$

$f_y(x, y) = 3xy^2 + g'(y) = N(x, y) = 3xy^2 - 1$

$\therefore\ g'(y) = -1,\ g(y) = -y + C$

$\therefore$ 일반해 : $xy^3 - y = C$

초기조건 $y(-2) = 5$ 대입, $C = -255$

$\therefore\ xy^3 - y = -255$

간략해법 주어진 미분방정식이 완전미분방정식인 경우!!!
주어진 미분방정식을 눈으로 읽으면서 답을 구한다.

ex. 12 $y^3 dx + (3xy^2 - 1)dy = 0$

sol **〈ex. 6〉**과 동일한 문제이다. 해법은 간략해법을 적용하면 다음과 같다.

$$\int M\,dx = \int y^3\,dx = xy^3 \qquad \cdots ①$$

$$\int N\,dy = \int (3xy^2 - 1)\,dy = xy^3 - y \qquad \cdots ②$$

①과 ②의 결과를 비교하여 공통되는 부분은 하나만 선택하여 결과를 정리

$f(x, y) = xy^3 - y$ ☞ xy^3은 공통이므로 하나만 선택

∴ 일반해 : $xy^3 - y = C$

연 습 문 제

1. $(2y^2 + y \cdot e^{xy}) \cdot dx = (4xy + x \cdot e^{xy} + 2y) \cdot dy = 0$

sol $M = 2y^2 + y \cdot e^{xy},\ N = 4xy + x \cdot e^{xy}$

$\cdot\ \dfrac{\partial M}{\partial y} = 4y + e^{xy} + xye^{xy}$

$\cdot\ \dfrac{\partial N}{\partial x} = 4y + e^{xy} + xye^{xy}$

☞ 완전미분방정식

$F_x(x, y) = (2y^2 + y \cdot e^{xy})\,dx$

$F(x,y) = \int (2y^2 + y \cdot e^{xy})dx = 2xy^2 + e^{xy} + g(y)$ ☞ x에 대한 편적분

$F_y(x, y) = 4xy + x \cdot e^{xy} + g'(y)$ ☞ y에 대한 편미분

$F_y(x, y) = N(x, y) \Rightarrow \therefore g'(y) = 2y \Rightarrow g(y) = y^2 + C$

$\therefore F(x, y) = 2xy^2 + e^{xy} + y^2$

$\therefore$ 일반해 : $2xy^2 + e^{xy} + y^2 = C$

> **NOTE** 완전미분방정식 확인을 위한 편미분 ☞ 미분변수 외에는 상수로 취급
>
> $(f \cdot g)' = f' \cdot g + f \cdot g'$
>
> $(e^{f(x)})' = f'(x) \cdot e^{f(x)}$
>
> $\dfrac{\partial}{\partial y}(y \cdot e^{xy})$에서 y 외에는 전부 상수로 취급 ☞ 변수 'x'도 상수
>
> $\dfrac{\partial}{\partial y}(y \cdot e^{xy}) = y' \cdot e^{xy} + y \cdot (xy)' \cdot e^{xy} = e^{xy} + xy \cdot e^{xy}$

2. $(\cos(x + y) - x \cdot \sin(x+y)) \cdot dx - x \cdot \sin(x+y) \cdot dy = 0$

sol $M = 2y^2 + y \cdot e^{xy},\ N = 4xy + x \cdot e^{xy}$

$\cdot\ \dfrac{\partial M}{\partial y} = 4y + e^{xy} + xye^{xy}$

$\cdot\ \dfrac{\partial N}{\partial x} = 4y + e^{xy} + xye^{xy}$

☞ 완전미분방정식

$F_x(x, y) = (2y^2 + y \cdot e^{xy})\,dx$

$F(x,y) = \int (2y^2 + y \cdot e^{xy})dx = 2xy^2 + e^{xy} + g(y)$ ☞ x에 대한 편적분

$F_y(x, y) = 4xy + x \cdot e^{xy} + g'(y)$ ☞ y에 대한 편미분

$F_y(x, y) = N(x, y) \Rightarrow \therefore g'(y) = 2y$

$\Rightarrow g(y) = y^2 + C$

$\therefore F(x, y) = 2xy^2 + e^{xy} + y^2$

$\therefore$ 일반해 : $2xy^2 + e^{xy} + y^2 = C$

3. $(y + e^x) \cdot dx + x \cdot dy = 0$

sol $M = y + e^x,\ N = x$

- $\dfrac{\partial M}{\partial y} = 1$
- $\dfrac{\partial N}{\partial x} = 1$

☞ 완전미분방정식

$F_x(x, y) = (y + e^x)dx$

$F(x, y) = \int (y + e^x)dx = xy + e^x + g(y)$

$F_y(x, y) = x + g'(y)$

$F_y(x, y) = N(x, y) \Rightarrow \therefore g'(y) = 0 \Rightarrow g(y) = C$

$\therefore F(x, y) = xy + e^x$

$\therefore$ 일반해 : $xy + e^x = C$

4. $(2xy + 2x) \cdot dx + (x^2 + y^2) \cdot dy = 0$

sol $M = 2xy,\ N = x^2 + 3y^2$

- $\dfrac{\partial M}{\partial y} = 2x$
- $\dfrac{\partial N}{\partial x} = 2x$

☞ 완전미분방정식

$F_x(x, y) = (2xy + 2x)dx$

$F(x, y) = \int (2xy + 2x)dx = x^2y + x^2 + g(y)$

$F_y(x, y) = x^2 + g'(y)$

$F_y(x, y) = N(x, y) \Rightarrow \therefore g'(y) = 3y^2 \Rightarrow g(y) = y^3 + C$

$\therefore\ F(x, y) = x^2 y + x^2 + y^3$

$\therefore$ 일반해 : $x^2 y + x^2 + y^3 = C$

5. $(4xy + 2x^2) \cdot dx + (2x^2 + 3y^2) \cdot dy = 0$

sol $M = 4xy + 2x^2,\ N = 2x^2 + 3y^2$

$\cdot\ \dfrac{\partial M}{\partial y} = 4x$

$\cdot\ \dfrac{\partial N}{\partial x} = 4x$

☞ 완전미분방정식

$F_x(x, y) = (4xy + 2x^2)\,dx$

$F(x, y) = \int (4xy + 2x^2)dx = 2x^2 y + \dfrac{2}{3}x^3 + g(y)$

$F_y(x, y) = 2x^2 y + \dfrac{2}{3}x^3 + g'(y)$

$F_y(x, y) = N(x, y) \Rightarrow \therefore\ g'(y) = 3y^2 \Rightarrow g(y) = y^3 + C$

$\therefore\ F(x, y) = 2x^2 y + \dfrac{2}{3}x^3 + y^3$

$\therefore$ 일반해 : $2x^2 y + \dfrac{2}{3}x^3 + y^3 = C$

6. $(\cos y \cdot e^{x \cdot \cos y}) \cdot dx + (x \cdot \sin y \cdot e^{x \cdot \cos y}) \cdot dy = 0$

sol $M = \cos y \cdot e^{x \cdot \cos y},\ N = x \cdot \sin y \cdot e^{x \cdot \cos y}$

$\cdot\ \dfrac{\partial M}{\partial y} = -\sin y \cdot e^{x \cdot \cos y} - \cos y \cdot x \cdot \sin y \cdot e^{x \cdot \cos y}$

$\cdot\ \dfrac{\partial N}{\partial x} = -\sin y \cdot e^{x \cdot \cos y} - x \cdot \cos y \cdot \sin y \cdot e^{x \cdot \cos y}$

☞ 완전미분방정식

$F_x(x, y) = (\cos y \cdot e^{x \cdot \cos y})\,dx$

$F(x, y) = \int (\cos y \cdot e^{x \cdot \cos y})dx = e^{x \cdot \cos y} + g(y)$

$F_y(x, y) = -x \cdot \sin y \cdot e^{x \cdot \cos y} + g'(y)$

$F_y(x, y) = N(x, y) \Rightarrow \therefore\ g'(y) = 0 \Rightarrow g(y) = C$

$\therefore\ F(x, y) = e^{x \cdot \cos y}$

$\therefore$ 일반해 : $e^{x \cdot \cos y} = C$

7. $(3x^2 + 2y) \cdot dx + (3y + 2x) \cdot dy = 0$

sol $M = 3x^2 + 2y$, $N = 3y + 2x$

$$\left.\begin{array}{l} \cdot \dfrac{\partial M}{\partial y} = 2 \\ \cdot \dfrac{\partial N}{\partial x} = 2 \end{array}\right] \text{☞ 완전미분방정식}$$

$F_x(x, y) = (3x^2 + 2y)\,dx$

$F(x, y) = \int (3x^2 + 2y)dx = x^3 + 2xy + g(y)$

$F_y(x, y) = 2x + g'(y)$

$F_y(x, y) = N(x, y) \Rightarrow \therefore g'(y) = 3y \Rightarrow g(y) = \dfrac{3}{2}y^2 + C$

$\therefore F(x, y) = x^3 + 2xy + \dfrac{3}{2}y^3$

$\therefore$ 일반해 : $x^3 + 2xy + \dfrac{3}{2}y^3 = C$

8. $\left(\dfrac{2}{x} + y\right) \cdot dx + (2y^2 + x) \cdot dy = 0$

sol $M = \dfrac{2}{x} + y$, $N = 2y^2 + x$

$$\left.\begin{array}{l} \cdot \dfrac{\partial M}{\partial y} = 1 \\ \cdot \dfrac{\partial N}{\partial x} = 1 \end{array}\right] \text{☞ 완전미분방정식}$$

$F_x(x, y) = \left(\dfrac{2}{x} + y\right)dx$

$F(x, y) = \int \left(\dfrac{2}{x} + y\right)dx = 2 \cdot \ln|x| + xy + g(y)$

$F_y(x, y) = x + g'(y)$

$F_y(x, y) = N(x, y) \Rightarrow \therefore g'(y) = 2y^2 \Rightarrow g(y) = \dfrac{2}{3}y^3 + C$

$\therefore F(x, y) = 2 \cdot \ln|x| + xy + \dfrac{2}{3}y^3$

$\therefore$ 일반해 : $2 \cdot \ln|x| + xy + \dfrac{2}{3}y^3 = C$

9. $(e^x - y \cdot e^{xy}) \cdot dx + (e^y - x \cdot e^{xy}) \cdot dy = 0$

sol $M = e^x - y \cdot e^{xy},\ N = e^y - x \cdot e^{xy}$

$$\left.\begin{aligned} \cdot \frac{\partial M}{\partial y} &= e^{xy} - x \cdot y \cdot e^{xy} \\ \cdot \frac{\partial N}{\partial x} &= e^{xy} - x \cdot y \cdot e^{xy} \end{aligned}\right] \text{☞ 완전미분방정식}$$

$F_x(x, y) = (e^x - y \cdot e^{xy})\, dx$

$F(x, y) = \int (e^x - y \cdot e^{xy}) dx = e^x - e^{xy} + g(y)$

$F_y(x, y) = -x \cdot e^{xy} + g'(y)$

$F_y(x, y) = N(x, y) \Rightarrow \therefore g'(y) = e^y \Rightarrow g(y) = e^y + C$

$\therefore F(x, y) = e^x - e^{xy} + e^y$

$\therefore$ 일반해 : $e^x - e^{xy} + e^y = C$

10. $(16x^3 y - 2\sin x) \cdot dx + (4x^4 + \sin y) \cdot dy = 0$

sol $M = 16x^3 y - 2\sin x,\ N = 4x^4 + \sin y$

$$\left.\begin{aligned} \cdot \frac{\partial M}{\partial y} &= 16x^3 \\ \cdot \frac{\partial N}{\partial x} &= 16x^3 \end{aligned}\right] \text{☞ 완전미분방정식}$$

$F_x(x, y) = (16x^3 y - 2\sin x)\, dx$

$F(x, y) = \int (16x^3 y - 2\sin x) dx = 4x^4 y + 3\cos x + g(y)$

$F_y(x, y) = 4x^4 + g'(y)$

$F_y(x, y) = N(x, y) \Rightarrow \therefore g'(y) = \sin y$

$\Rightarrow g(y) = -\cos y + C$

$\therefore F(x, y) = 4x^4 y + 3\cos x - \cos y$

$\therefore$ 일반해 : $4x^4 y + 3\cos x - \cos y = C$

11. $(-y \cdot \sin(xy) + x) \cdot dx + (y^2 - x \cdot \sin(xy)) \cdot dy = 0$

sol $M = -y \cdot \sin(xy) + x,\ N = y^2 - x \cdot \sin(xy)$

$\cdot\ \dfrac{\partial M}{\partial y} = -\sin(xy) - xy\cdot\cos(xy)$

$\cdot\ \dfrac{\partial N}{\partial x} = -\sin(xy) - xy\cdot\cos(xy)$

☞ 완전미분방정식

$F_x(x,y) = (-y\cdot\sin(xy) + x)\,dx$

$F(x,y) = \int(-y\cdot\sin(xy) + x)dx = \cos(xy) + \frac{1}{2}x^2 + g(y)$

$F_y(x,y) = -x\cdot\sin(xy) + g'(y)$

$F_y(x,y) = N(x,y) \Rightarrow \therefore g'(y) = y^2 \Rightarrow g(y) = \frac{1}{3}y^3 + C$

$\therefore F(x,y) = \cos(xy) + \frac{1}{2}x^2 + \frac{1}{3}y^3$

$\therefore$ 일반해 : $\cos(xy) + \frac{1}{2}x^2 + \frac{1}{3}y^3 = C$

12. $(2xy - e^x)\cdot dx + (x^2 - e^y)\cdot dy = 0$

sol $M = 2xy - e^x,\ N = x^2 - e^y$

$\cdot\ \dfrac{\partial M}{\partial y} = 2x$

$\cdot\ \dfrac{\partial N}{\partial x} = 2x$

☞ 완전미분방정식

$F_x(x,y) = (2xy - e^x)\,dx$

$F(x,y) = \int(2xy - e^x)dx = x^2y - e^x + g(y)$

$F_y(x,y) = x^2 + g'(y)$

$F_y(x,y) = N(x,y) \Rightarrow \therefore g'(y) = -e^y \Rightarrow g(y) = -e^y + C$

$\therefore F(x,y) = x^2y - e^x - e^y$

$\therefore$ 일반해 : $x^2y - e^x - e^y = C$

13. $(2x\cdot\cos(2xy) - 2x^2y\cdot\sin(2xy))\cdot dx - 2x^3\cdot\sin(2xy)\cdot dy = 0$

sol $M = 2x\cdot\cos(2xy) - 2x^2y\cdot\sin(2xy),\ N = 2x^3\cdot\sin(2xy)$

$\cdot\ \dfrac{\partial M}{\partial y} = -4x^2\cdot\sin(xy) - 2x^2\cdot\sin(2xy) - 4x^3y\cdot\cos(2xy)$

$\cdot\ \dfrac{\partial N}{\partial x} = -6x^2\cdot\sin(xy) - 4x^3y\cdot\cos(2xy)$

☞ 완전미분방정식

$F_x(x, y) = (2x \cdot \cos(2xy) - 2x^2 y \cdot \sin(2xy))\, dx$

$F(x, y) = \int (2x \cdot \cos(2xy) - 2x^2 y \cdot \sin(2xy))dx$

$= x^2 \cdot \cos(2xy) + g(y)$

$F_y(x, y) = -2x^3 \cdot \sin(2xy) + g'(y)$

$F_y(x, y) = N(x, y) \Rightarrow \therefore g'(y) = 0 \Rightarrow g(y) = C$

$\therefore F(x, y) = x^2 \cdot \cos(2xy)$

$\therefore$ 일반해: $x^2 \cdot \cos(2xy) = C$

14. $(y^2 \cdot \cos x + x) \cdot dx + (2y \cdot \sin x + 3) \cdot dy = 0$

sol $M = y^2 \cdot \cos x + x,\ N = 2y \cdot \sin x + 3$

- $\frac{\partial M}{\partial y} = 2y \cdot \cos x$
- $\frac{\partial N}{\partial x} = 2y \cdot \cos x$

☞ 완전미분방정식

$F_x(x, y) = (y^2 \cdot \cos x + x)\, dx$

$F(x, y) = \int (y^2 \cdot \cos x + x)dx = y^2 \cdot \sin x + \frac{1}{2}x^2 + g(y)$

$F_y(x, y) = 2y \cdot \sin x + g'(y)$

$F_y(x, y) = N(x, y) \Rightarrow \therefore g'(y) = 3 \Rightarrow g(y) = 3y + C$

$\therefore F(x, y) = y^2 \cdot \sin x + \frac{1}{2}x^2 + 3y$

$\therefore$ 일반해 : $y^2 \cdot \sin x + \frac{1}{2}x^2 + 3y = C$

15. $(2xy \cdot e^{x^2}) \cdot dx + (e^{x^2} + 4) \cdot dy = 0$

sol $M = 2xy \cdot e^{x^2},\ N = e^{x^2} + 4$

- $\frac{\partial M}{\partial y} = 2x \cdot e^{x^2}$
- $\frac{\partial N}{\partial x} = 2x \cdot e^{x^2}$

☞ 완전미분방정식

$F_x(x, y) = (2xy \cdot e^{x^2})\, dx$

$F(x, y) = \int (2xy \cdot e^{x^2})dx y \cdot e^{x^2} + g(y)$

$F_y(x, y) = e^{x^2} + g'(y)$

$F_y(x, y) = N(x, y)$

$\Rightarrow \therefore g'(y) = 4$

$\Rightarrow \quad g(y) = 4y + C$

$\therefore F(x, y) = y \cdot e^{x^2} + 4y$

$\therefore$ 일반해: $y \cdot e^{x^2} + 4y = C$

NOTE $\int (2xy \cdot e^{x^2})dx = y \cdot \int 2x \cdot e^{x^2} dx$

$x^2 = t$로 치환 $\Rightarrow$ 양변 미분

$2x \cdot dx = dt \quad \Rightarrow \int e^t dt = e^t + C$

$\int (2xy \cdot e^{x^2})dx = y \cdot e^{x^2} + C$

16. $3dx + (-y^2 + 2e^y) \cdot dy = 0$

sol $M = y^2 \cdot \cos x + x, \; N = 2y \cdot \sin x + 3$

- $\dfrac{\partial M}{\partial y} = 0$
- $\dfrac{\partial N}{\partial x} = 0$

☞ 완전미분방정식

$F_x(x, y) = 3dx$

$F(x, y) = 3x + g(y)$

$F_y(x, y) = g'(y)$

$F_y(x, y) = N(x, y) \Rightarrow \therefore g'(y) = -y^2 + 2e^y$

$\Rightarrow g(y) = -\dfrac{1}{3}y^3 + 2e^y + C$

$\therefore F(x, y) = 3x - \dfrac{1}{3}y^3 + 2e^y$

$\therefore$ 일반해 : $3x - \dfrac{1}{3}y^3 + 2e^y = C$

17. $(-x + y \cdot e^{xy}) \cdot dx + (2y + x \cdot e^{xy}) \cdot dy = 0$

sol $M = -x + y \cdot e^{xy}, \; N = 2y + x \cdot e^{xy}$

- $\dfrac{\partial M}{\partial y} = e^{xy} + xy \cdot e^{xy}$
- $\dfrac{\partial N}{\partial x} = e^{xy} + xy \cdot e^{xy}$

☞ 완전미분방정식

$F_x(x, y) = (-x + y \cdot e^{xy})dx$

$F(x, y) = \int (-x + y \cdot e^{xy})dx = -\dfrac{1}{2}x^2 + e^{xy} + g(y)$

$F_y(x, y) = x \cdot e^{xy} + g'(y)$

$F_y(x, y) = N(x, y) \Rightarrow \therefore g'(y) = 2y \Rightarrow g(y) = y^2 + C$

$\therefore\ F(x, y) = -\dfrac{1}{2}x^2 + e^{xy} + y^2$

$\therefore$ 일반해: $-\dfrac{1}{2}x^2 + e^{xy} + y^2 = C$

18. $\dfrac{dy}{dx} = \left(\dfrac{2 - 3y^4}{3 + 12y^3}\right)$

sol $(2 - 3y^4) \cdot dx + (3 + 12xy^3) \cdot dy = 0$

$M = 2 - 3y^4,\ N = 3 + 12xy^3$

- $\dfrac{\partial M}{\partial y} = -12y^3$
- $\dfrac{\partial N}{\partial x} = -12y^3$

☞ 완전미분방정식

$F_x(x, y) = (2 - 3y^4)\,dx$

$F(x, y) = \int (2 - 3y^4)dx = 2x - 3xy^4 + g(y)$

$F_y(x, y) = -12xy^3 + g'(y)$

$F_y(x, y) = N(x, y) \Rightarrow \therefore\ g'(y) = -3 \Rightarrow g(y) = -3y + C$

$\therefore\ F(x, y) = 2x - 3xy^4 - 3y$

$\therefore$ 일반해 : $2x - 3xy^4 - 3y = C$

19. $\dfrac{dy}{dx} = \left(\dfrac{x \cdot \cos(2y - x) - \sin(2y - x) + 4}{2x \cdot \cos(2y - x)}\right)$

sol $(x \cdot \cos(2y - x) - \sin(2y - x) + 4) \cdot dx + (2x \cdot \cos(2y - x)) \cdot dy = 0$

$M = x \cdot \cos(2y - x) - \sin(2y - x) + 4,\ N = 2x \cdot \cos(2y - x)$

- $\dfrac{\partial M}{\partial y} = -2xy \cdot \sin(2y - x) - 2\cos(2y - x)$
- $\dfrac{\partial N}{\partial x} = -2\cos(2y - x) - 2xy \cdot \sin(2y - x)$

☞ 완전미분방정식

$F_x(x, y) = (x \cdot \cos(2y - x) - \sin(2y - x) + 4)\,dx$

$F(x, y) = \int (x \cdot \cos(2y - x) - \sin(2y - x) + 4)dx$

$= x \cdot \sin(2y - x) + g(y)$

$F_y(x, y) = -2x \cdot \cos(2y - x) + g'(y)$

$F_y(x, y) = N(x, y) \Rightarrow \therefore\ g'(y) = 0 \Rightarrow g(y) = C$

$\therefore\ F(x, y) = x \cdot \sin(2y - x)$

$\therefore$ 일반해: $x \cdot \sin(2y - x) = C$

20. $\dfrac{dy}{dx} = \dfrac{-e^y}{(1 + x \cdot e^y)}$

sol $(-e^y) \cdot dx + (1 + x \cdot e^y) \cdot dy = 0$

$M = -e^y,\ N = 1 + x \cdot e^y$

$\cdot\ \dfrac{\partial M}{\partial y} = -e^y$

$\cdot\ \dfrac{\partial N}{\partial x} = -e^y$

☞ 완전미분방정식

$F_x(x, y) = (-e^y)\, dx$

$F(x, y) = \int (-e^y) dx = -e^y \cdot x + g(y)$

$F_y(x, y) = -e^y \cdot x + g'(y)$

$F_y(x, y) = N(x, y) \Rightarrow \therefore\ g'(y) = -1 \Rightarrow g(y) = -y + C$

$\therefore\ F(x, y) = x \cdot e^y + y$

$\therefore$ 일반해: $x \cdot e^y + y = C$

21. $\dfrac{dy}{dx} + \dfrac{y}{(x - 2y^2)} = 0$

sol $y \cdot dx + (x - 2y^2) \cdot dy = 0$

$M = y,\ N = x - 2y^2$

$\cdot\ \dfrac{\partial M}{\partial y} = 1$

$\cdot\ \dfrac{\partial N}{\partial x} = 1$

☞ 완전미분방정식

$F_x(x, y) = (y)\, dx$

$F(x, y) = \int (y) dx = x \cdot y + g(y)$

$F_y(x, y) = x + g'(y)$

$F_y(x, y) = N(x, y) \Rightarrow \therefore\ g'(y) = -2y^2 \Rightarrow g(y) = -\dfrac{2}{3} y^3 + C$

$\therefore\ F(x, y) = xy - \dfrac{2}{3} y^3$

$\therefore$ 일반해 : $xy - \dfrac{2}{3}y^3 = C$

22. $(2y - y \cdot \cos x + 2) \cdot dx + (2x - \sin x - 1) \cdot dy = 0$

sol $M = 2y - y \cdot \cos x + 2,\ N = 2x - \sin x - 1$

- $\dfrac{\partial M}{\partial y} = 2 - \cos x$
- $\dfrac{\partial N}{\partial x} = 2 - \cos x$

☞ 완전미분방정식

$F_x(x, y) = (2y - y \cdot \cos x + 2)\,dx$

$F(x, y) = \displaystyle\int (2y - y \cdot \cos x + 2)dx$

$= 2xy - y \cdot \sin x + 2x + g(y)$

$F_y(x, y) = 2x - \sin x + g'(y)$

$F_y(x, y) = N(x, y) \Rightarrow \therefore g'(y) = -1 \Rightarrow g(y) = -y + C$

$\therefore F(x, y) = 2xy - y \cdot \sin x + 2x - y$

$\therefore$ 일반해 : $2xy - y \cdot \sin x + 2x - y = C$

23. $((x+1) \cdot e^x - e^y) \cdot dx + (x \cdot e^y + y) \cdot dy = 0$

sol $M = (x+1) \cdot e^x - e^y,\ N = x \cdot e^y + y$

- $\dfrac{\partial M}{\partial y} = -e^y$
- $\dfrac{\partial N}{\partial x} = -e^y$

☞ 완전미분방정식

$F_x(x, y) = ((x+1) \cdot e^x - e^y)\,dx$

$F(x, y) = \displaystyle\int ((x+1) \cdot e^x - e^y)dx$

$= 2x \cdot e^x - e^x - x \cdot e^y + g(y)$

$F_y(x, y) = -x \cdot e^y + g'(y)$

> **NOTE** 부분적분법
>
> $\displaystyle\int u'v = u \cdot v - \int uv'$
>
> $\displaystyle\int x \cdot e^x\,dx$
>
> $\Rightarrow u' = e^x,\ v = x,$
>
> $u = e^x,\ v' = 1$
>
> $= x \cdot e^x - \displaystyle\int e^x\,dx$
>
> $= x \cdot e^x - e^x$

$F_y(x, y) = N(x, y) \Rightarrow \therefore g'(y) = -y \Rightarrow g(y) = -\dfrac{1}{2}y^2 + C$

$\therefore F(x, y) = 2x \cdot e^x - e^x - x \cdot e^y - \dfrac{1}{2}y^2$

$\therefore$ 일반해 : $2x \cdot e^x - e^x - x \cdot e^y - \dfrac{1}{2}y^2 = C$

24. $(\cot y + x^2)\cdot dx + (x\cdot \csc^2 y + y)\cdot dy = 0$

sol $M = \cot y + x^2$, $N = x\cdot\csc^2 y + y$

> NOTE $(\cot x)' = -\csc^2 x$

- $\dfrac{\partial M}{\partial y} = -\csc^2 y$
- $\dfrac{\partial N}{\partial x} = -\csc^2 y$

☞ 완전미분방정식

$F_x(x, y) = (\cot y + x^2)\,dx$

$F(x, y) = \int (\cot y + x^2)dx$

$= x\cdot\cot y + \frac{1}{3}x^3 + g(y)$

$F_y(x, y) = -x\cdot\csc^2 y + g'(y)$

$F_y(x, y) = N(x, y) \Rightarrow \therefore g'(y) = -y \Rightarrow g(y) = -\frac{1}{2}y^2 + C$

$\therefore F(x, y) = x\cdot\cot y + \frac{1}{3}x^3 - \frac{1}{2}y^2$

$\therefore$ 일반해 : $x\cdot\cot y + \frac{1}{3}x^3 - \frac{1}{2}y^2 = C$

25. $(\sinh x\cdot\cos y)\cdot dx - (\cosh x\cdot\sin y + 1)\cdot dy = 0$

sol $M = \sinh x\cdot\cos y$, $N = \cosh x\cdot\sin y + 1$

- $\dfrac{\partial M}{\partial y} = -\sinh x\cdot\sin y$
- $\dfrac{\partial N}{\partial x} = -\sinh x\cdot\sin y$

☞ 완전미분방정식

$F_x(x, y) = (\sinh x\cdot\cos y)\,dx$

$F(x, y) = \int(\sinh x\cdot\cos y)dx = \cosh x\cdot\cos y + g(y)$

$F_y(x, y) = -\cosh x\cdot\cos y - 1 + g'(y)$

$F_y(x, y) = N(x, y) \Rightarrow \therefore g'(y) = -1 \Rightarrow g(y) = -y + C$

$\therefore F(x, y) = -\cosh x\cdot\cos y - y$

$\therefore$ 일반해 : $-\cosh x\cdot\cos y - y = C$

26. $(y \cdot e^{xy}) \cdot dx + (2 + x \cdot e^{xy}) \cdot dy = 0$

sol $M = y \cdot e^{xy},\ N = 2 + x \cdot e^{xy}$

$$\cdot\ \frac{\partial M}{\partial y} = e^{xy} + xy \cdot e^{xy}$$

$$\cdot\ \frac{\partial N}{\partial x} = e^{xy} + xy \cdot e^{xy}$$

☞ 완전미분방정식

$F_x(x, y) = (y \cdot e^{xy})\,dx$

$F(x, y) = \int (y \cdot e^{xy})dx = e^{xy} + g(y)$

$F_y(x, y) = x \cdot e^{xy} + g'(y)$

$F_y(x, y) = N(x, y) \Rightarrow \therefore g'(y) = 2 \Rightarrow g(y) = 2y + C$

$\therefore F(x, y) = e^{xy} + 2y$

∴ 일반해 : $e^{xy} + 2y = C$

27. $\dfrac{dy}{dx} = \left(\dfrac{2\sin 2x \cdot \sinh y + 1}{\cos 2x \cdot \cosh y + 1}\right)$

sol $(2\sin 2x \cdot \sinh y + 1) \cdot dx - (\cos 2x \cdot \cosh y + 1) \cdot dy = 0$

$M = 2\sin 2x \cdot \sinh y + 1,\ N = -\cos 2x \cdot \cosh y - 1$

$$\cdot\ \frac{\partial M}{\partial y} = 2\sin 2x \cdot \cos j\, y$$

$$\cdot\ \frac{\partial N}{\partial x} = 2\sin 2x \cdot \cos j\, y$$

☞ 완전미분방정식

$F_y(x, y) = (-\cos 2x \cdot \cosh y - 1)\,dx$

$F(x, y) = \int (-\cos 2x \cdot \cosh y - 1)dy$

$= -\cos 2x \cdot \sinh y - y + k(x)$

$F_x(x, y) = 2\sin 2x \cdot \sinh y + k'(x)$

$F_x(x, y) = M(x, y) \Rightarrow \therefore k'(x) = 1 \Rightarrow k(x) = x + C$

$\therefore F(x, y) = -\cos 2x \cdot \sinh y - y + x$

∴ 일반해: $-\cos 2x \cdot \sinh y - y + x = C$

28. $\left(\frac{2}{y} \cdot \cos 2x + 1\right) \cdot dx = (y^2 \cdot \sin 2x) \cdot dy$

sol $M = \frac{2}{y} \cdot \cos 2x + 1,\ N = -y^2 \cdot \sin 2x$

- $\frac{\partial M}{\partial y} = -2y^{-2} \cdot \cos 2x$
- $\frac{\partial N}{\partial x} = -2y^{-2} \cdot \cos 2x$

☞ 완전미분방정식

$F_x(x, y) = (2y^{-1} \cdot \cos 2x + 1)\,dx$

$F(x, y) = \int (2y^{-1} \cdot \cos 2x + 1)dx = y^{-1} \cdot \sin 2x + x + g(y)$

$F_y(x, y) = -y^{-2} \cdot \sin 2x + g'(y)$

$F_y(x, y) = N(x, y) \Rightarrow \therefore g'(y) = 0 \Rightarrow g(y) = C$

$\therefore F(x, y) = y^{-1} \cdot \sin 2x + x$

∴ 일반해 : $y^{-1} \cdot \sin 2x + x = C$

29. $(\sin y \cdot \sin x + 1) \cdot dx - (\cos y \cdot \cos x - 1) \cdot dy$

sol $M = \sin y \cdot \sin x + 1,\ N = -\cos y \cdot \cos x + 1$

- $\frac{\partial M}{\partial y} = \cos y \cdot \sin x$
- $\frac{\partial N}{\partial x} = \cos y \cdot \sin x$

☞ 완전미분방정식

$F_x(x, y) = (\sin y \cdot \sin x + 1)\,dx$

$F(x, y) = \int (\sin y \cdot \sin x + 1)dx = -\sin y \cdot \cos x + x + g(y)$

$F_y(x, y) = -\cos y \cdot \cos x + g'(y)$

$F_y(x, y) = N(x, y) \Rightarrow \therefore g'(y) = 1 \Rightarrow g(y) = y + C$

$\therefore F(x, y) = -\sin y \cdot \cos x + x + y$

∴ 일반해 : $-\sin y \cdot \cos x + x + y = C$

30. $(2xy \cdot e^{x^2}) \cdot dx + (e^{x^2} + \ln y) \cdot dy$

sol $M = 2xy \cdot e^{x^2},\ N = e^{x^2} + \ln y$

- $\frac{\partial M}{\partial y} = 2x \cdot e^{x^2}$
- $\frac{\partial N}{\partial x} = 2x \cdot e^{x^2}$

☞ 완전미분방정식

$$F_x(x, y) = (2xy \cdot e^{x^2})\,dx$$

$$F(x, y) = \int (2xy \cdot e^{x^2})dx = y \cdot e^{x^2} + g(y)$$

$$F_y(x, y) = e^{x^2} + g'(y)$$

$$F_y(x, y) = N(x, y) \Rightarrow \therefore g'(y) = \ln y \quad \Rightarrow \quad g(y) = \frac{1}{y} + C$$

$$\therefore F(x, y) = y \cdot e^{x^2} + \frac{1}{y}$$

∴ 일반해: $y \cdot e^{x^2} + \dfrac{1}{y} = C$

31. $(\cos \pi x \cdot \cos 2\pi y + y) \cdot dx - (2 \sin \pi x \cdot \sin 2\pi y - x - \pi) \cdot dy$

sol $M = \cos \pi x \cdot \cos 2\pi y + y,\ N = -(2 \sin \pi x \cdot \sin 2\pi y - x - \pi)$

- $\dfrac{\partial M}{\partial y} = -2\pi \cos \pi x \cdot \sin 2\pi y + 1$
- $\dfrac{\partial N}{\partial x} = -2\pi \cos \pi x \cdot \sin 2\pi y + 1$

☞ 완전미분방정식

$$F_x(x, y) = (\cos \pi x \cdot \cos 2\pi y + y)\,dx$$

$$F(x, y) = \int (\cos \pi x \cdot \cos 2\pi y + y)dx$$

$$= \frac{1}{\pi} \sin \pi x \cdot \cos 2p y + xy + g(y)$$

$$F_y(x, y) = -2 \sin \pi x \cdot \sin 2\pi y + x + g'(y)$$

$$F_y(x, y) = N(x, y) \Rightarrow \therefore g'(y) = \pi \Rightarrow g(y) = \pi y + C$$

$$\therefore F(x, y) = \frac{1}{\pi} \sin \pi x \cdot \cos 2p y + xy + \pi y$$

∴ 일반해: $\dfrac{1}{\pi} \sin \pi x \cdot \cos 2p y + xy + \pi y = C$

32. $(e^x \cdot \cos y + 2(x - y)) \cdot dx - (e^x \cdot \sin y + 2(x - y) + \pi) \cdot dy$

sol $N = -(e^x \cdot \sin y + 2(x - y) + \pi)$

- $\dfrac{\partial M}{\partial y} = -e^x \cdot \sin y - 2$
- $\dfrac{\partial N}{\partial x} = -e^x \cdot \sin y - 2$

☞ 완전미분방정식

$F_x(x, y) = (e^x \cdot \cos y + 2(x - y))\, dx$

$F(x, y) = \int (e^x \cdot \cos y + 2(x - y))dx$

$= e^x \cdot \cos y + x^2 - 2xy + g(y)$

$F_y(x, y) = -e^x \cdot \sin y - 2x + 2y + g'(y)$

$F_y(x, y) = N(x, y) \Rightarrow \therefore g'(y) = -\pi \Rightarrow g(y) = -\pi y + C$

$\therefore F(x, y) = -e^x \cdot \sin y - 2x + 2y - \pi y$

$\therefore$ 일반해: $-e^x \cdot \sin y - 2x + 2y - \pi y = C$

CHAPTER 4
적분인자를 이용한 미분방정식의 해법

정의 $M(x, y)\,dx + N(x, y)\,dy = 0$ … ①

주어진 미분방정식이 $\dfrac{M(x,y)}{\partial y} = \dfrac{N(x,y)}{\partial x}$ 의 관계가 항상 성립한다는 보장은 없다.

☞ 완전미분방정식이라는 보장이 없다는 의미

① 식이 완전미분방정식이 아닌 경우, 적분인자(Integral Factor)를 이용하여 완전미분방정식으로 변형하여 일반해를 구할 수 있다. 적분인자를 구하는 방법은 여러 가지가 있으나, 본서에서는 다음 세 가지 방법에 대해서 살펴보기로 하겠다.

1. 적분인자를 직접 구하는 방법
2. 미분방정식의 형태에 따른 정의된 적분인자를 이용하는 방법
3. 적분인자를 가정하여 구하는 방법

해법

- 1단계: $F(x, y)$를 양변에 곱한다. ⇒ 새로운 미분방정식
- 2단계: $F \cdot M\,dx + F \cdot N\,dy = 0$ 이 완전미방이 되는 경우
- 3단계: $F(x, y)$를 ①식의 '적분인자(Integral Factor): F'라고 한다.
- 4단계: 변형된 식을 완전미분방정식의 해법으로 해결한다.

$M\,dx + N\,dy = 0$ (완전미방이 아닌 경우)

$\Rightarrow F \cdot M\,dx + F \cdot N\,dy = 0$ (완전미방으로 만들기)

여기서 $F \cdot M \Rightarrow P(x, y)$, $F \cdot N \Rightarrow Q(x, y)$이라고 한다면 다음과 같다.

$$\frac{\partial P}{\partial y} = \frac{\partial Q}{\partial x} \Rightarrow \frac{\partial}{\partial y}(F \cdot M) = \frac{\partial}{\partial x}(F \cdot N)$$

1. 적분인자를 직접 구하는 방법

(i) $F = F(x)$인 경우 (즉, y 관련 항목은 모두 '0')

$$F_y = 0,\ F_x = \frac{dF}{dx}$$

$$\Rightarrow F \cdot M_y = \frac{dF}{dx}N + F \cdot N_x$$

> **NOTE** $F_y \cdot M + F \cdot M_y$
> $= F_x \cdot N + F \cdot N_x$
> (이변수함수)

$$\Rightarrow F(M_y - N_x) = \frac{dF}{dx} \cdot N$$

$$\Rightarrow \frac{1}{N}(M_y - N_x) = \frac{1}{F} \cdot \frac{dF}{dx}$$ ('x'만의 함수!!)

$\therefore \frac{1}{N}(M_y - N_x)$는 x만의 함수

$\frac{1}{F} \cdot \frac{dF}{dx} = \frac{1}{N}(M_y - N_x)$에서

1. 양변 × dx

   $\therefore \frac{1}{F} \cdot dF = \frac{1}{N}(M_y - N_x)\,dx \quad \Rightarrow$ 변수 분리형 미분방정식

2. 양변 적분 시도

   $\ln|F| = \int \frac{1}{N}(M_y - N_x)\,dx + C_1$

   $\therefore F(x) = C_1 \cdot e^{\int \frac{1}{N}(M_y - N_x)\,dx}$

3. 양변 ÷ C_1 (C_1은 '1'로 가정 $\Rightarrow$ ∵계산의 편리)

   $\therefore F(x) = e^{\int \frac{1}{N}(M_y - N_x)\,dx}$

(ii) $F = F(y)$ 인 경우 (즉, x관련 항목은 모두 '0')

$\Rightarrow \therefore F(y) = e^{\int \frac{1}{M}(N_x - M_y)\,dy}$

> **NOTE**
> $F(x) = e^{\int \frac{1}{N}(M_y - N_x)\,dx}$
> $F(y) = e^{\int \frac{1}{M}(N_x - M_y)\,dy}$

ex. 1 $2\sin(y^2)\,dx + xy\cos(y^2)\,dy = 0$

sol 변수 분리형 미분방정식으로 쉽게 해결 가능!!

양변 ÷ $\sin(y^2)$, $y^2 = t$로 치환

하지만 적분인자를 적용하여 푼다.

$\underbrace{2\sin(y^2)\,dx}_{M} + \underbrace{xy\cos(y^2)\,dy}_{N} = 0$

▶ $M_y = 4y \cdot \cos(y^2)$, $N_x = y\cos(y^2)$ ☞ 완전미방 아님!!

$\frac{1}{N}(M_y - N_x)$의 결과가 x만의 함수 $\Rightarrow e^{\int \frac{1}{N}(M_y - N_x)dx}$ (적분인자)

$\frac{1}{N}(M_y - N_x) = \frac{1}{xy\cos(y^2)}(3y\cos(y^2))$ ☞ $\frac{3}{x}$ (x만의 함수)

∴ 적분인자는 $e^{\int \frac{3}{x}dx}$ 에서 ⇒ $F = x^3$ 이다. ☞ 적분인자를 원 식의 양변에 곱한다.

$$\underbrace{2x^3 \sin(y^2)\,dx}_{P} + \underbrace{x^4 y \cos(y^2)\,dy}_{Q} = 0$$ ☞ 완전미방인지 확인!!

▶ $P_y = 2x^3\, 2y\cos(y^2),\ Q_x = 4x^3 y\cos(y^2)$

⇒ $P_y = Q_x$ 이므로 완전미방

$$\therefore f(x, y) = \int 2x^3 \sin(y^2)\,dx + g(y)$$

$$= \frac{1}{2}x^4 \sin(y^2) + g(y)$$

$f_y = x^4 y\cos(y^2) + g'(y)$ ☞ Q와 동일해야 하므로

⇒ $\therefore g'(y) = 0,\ \ g(y) = C$

$$\therefore \frac{1}{2}x^4 \cdot \sin(y^2) + C = 0$$

ex. 2 $(y^3 + y)\,dx + (xy^2 - x)\,dy = 0$

sol 완전미방인가? ☞ $M_y = 3y^2 + 1,\ N_y = y^2 - 1$ ☞ 완전미방 아님!!

▶ 적분인자 도입

㉠ $\frac{1}{N}(M_y - N_x)\,dx = \frac{1}{2y^2 - x}(2y^2 + 2) = \frac{2(y^2+1)}{x(y^2-1)}$

⇒ x만의 함수 아님!!

㉡ $\frac{1}{M}(N_x - M_y)\,dy = \frac{1}{y^3 + y}(y^2 - 1 - 3 - 1) = -\frac{2}{y}$

⇒ y만의 함수!!

∴ 적분인자는 $e^{\int -\frac{2}{y}dy}$ ⇒ $y^{-2} = \frac{1}{y^2}$ 이다.

적분인자를 원 식의 양변에 곱한다.

$\frac{1}{y^2}(y^3 + y)\,dx + \frac{1}{y^2}(xy^2 - x)\,dy = 0$ ⇒ 양변 × y^2

$$\underbrace{\left(y + \frac{1}{y}\right)dx}_{P} + \underbrace{\left(x - \frac{x}{y^2}\right)dy}_{Q} = 0$$ ☞ 완전미방인지 확인!!

▶ $P_y = 1 - \frac{1}{y^2},\ Q_x = 1 - \frac{1}{y^2}$ ⇒ $P_y = Q_x$ 이므로 완전미방

$$\therefore f(x, y) = \int (y + \frac{1}{y})\, dx + g(y) = xy + \frac{x}{y} + g(y)$$

$f_y = x - \frac{x}{y^2} + g'(y)$ ☞ Q와 동일해야 하므로

$\Rightarrow \quad \therefore g'(y) = 0, \quad g(y) = C$

$$\therefore xy + \frac{x}{y} = C$$

2. 미분방정식 형태에 따라 정의된 적분인자를 이용하는 방법

$M\,dx + N\,dy = 0$ ▶ 완전미분방정식이 아닌 경우 ☞ 완전미방으로 만들기

• 미분방정식의 형태에 따른 적분인자

해법

① $xM + yN = 0 \quad \Rightarrow \quad \dfrac{1}{x \cdot M - y \cdot N}$

② $xM - yN = 0 \quad \Rightarrow \quad \dfrac{1}{x \cdot M + y \cdot N}$

③ M과 N이 n차의 동차함수 $\Rightarrow \quad \dfrac{1}{x \cdot M + y \cdot N}$

④ $M = y \cdot M,\ N = x \cdot N \quad \Rightarrow \quad \dfrac{1}{x \cdot M - y \cdot N}$

ex. 1 $y\,dx - x\,dy = 0$

sol 변수 분리형 미분방정식이므로 쉽게 해결 가능

$\Rightarrow$ 적분인자를 적용한 완전미분방정식으로 해결을 시도

$M_y = 1,\ N_x = -1$ (완전미방 아님) ☞ 적분인자 적용!!

$\frac{1}{N}(M_y - N_x) = -\frac{2}{x}$ (x만의 함수) $\Rightarrow \quad \therefore e^{\int -\frac{2}{x}dx} = \frac{1}{x^2}$

형태에 따른 적분인자 적용 $\Rightarrow xM + yN = 0$ ☞ $xy + y(-x) = 0$

$$\therefore \frac{1}{xM - yN} = \frac{1}{2xy}$$

▶ 기존의 방법과 적분인자의 형태가 상이 $\Rightarrow$ 적분인자는 유일하지 않음

$$\frac{1}{2xy} \cdot y\,dx - \frac{1}{2xy} \cdot x\,dy = 0 \Rightarrow \frac{1}{2x}dx - \frac{1}{2y}dy = 0$$

☞ $P_y = Q_x = 0 \Rightarrow$ 완전미방으로 만들기

$$\therefore f(x, y) = \int \frac{1}{x}dx + g(y) = \ln|x| + g(y)$$

$$f_y = g'(y) \Rightarrow Q, \therefore g(y) = -\ln|y| + C_1$$

$$\therefore \ln|x| - \ln|y| = C_2$$

ex. 2 $y\,dx + x\,dy = 0$

sol $M_y = 1,\ N_x = 1$ (완전미분방정식) ☞ 적분인자 적용!!

형태에 따른 적분인자 적용 $\Rightarrow$ $xM - yN = 0$ ☞ $xy - yx = 0$

$$\therefore \frac{1}{xM + yN} = \frac{1}{2xy}$$

$$\frac{1}{2xy} \cdot y\,dx + \frac{1}{2xy} \cdot x\,dy = 0 \Rightarrow \frac{1}{2x}dx + \frac{1}{2y}dy = 0$$

☞ $P_y = Q_x = 0 \Rightarrow$ 완전미분방정식

$$\therefore f(x, y) = \int \frac{1}{x}dx + g(y) = \ln|x| + g(y)$$

$$f_y = g'(y) \Rightarrow Q, \therefore g(y) = \ln|y| + C_1$$

$$\therefore \ln|x| + \ln|y| = C_2 \Rightarrow xy = C, \ (C = e_1^C)$$

ex. 3 $(x^4 + y^4)\,dx - xy^3\,dy = 0$

sol 4차의 동차함수 $\Rightarrow$ 치환에 의해서 해결 가능!! $(x = v^y\ ,\ y = u^x)$

$$M = x^4 + y^4,\ N = xy^3 \Rightarrow x \cdot M = x^5 + xy^4,\ y \cdot N = xy^4$$

$F = \dfrac{1}{x^5 + xy^4 - xy^4} = \dfrac{1}{x^5}$, 적분인자를 대입

$$\therefore \left(\frac{1}{x} + \frac{y^4}{x^5}\right)dx - \frac{y^3}{x^4}dy = 0 \Rightarrow M_y = N_x = \frac{4y^3}{x^5}$$

☞ 완전미방으로 만들기

$$f(x, y) = \int\left(\frac{1}{x} + \frac{y^4}{x^5}\right)dx + g(y) = \ln|x| - \frac{y^4}{4}x^{-4} + g(y)$$

$$f_y(x, y) = -y^3x^{-4} + g'(y) = Q(x),\ g'(y) = 0 \Rightarrow g(y) = C$$

$$\therefore \ln|x| - \frac{y^4}{4} \cdot x^{-4} = C$$

ex. 4 $(xy^2 + x^2y^3)dx + x^3y^2dy = 0$

sol $(xy^2 + x^2y^3) = y(xy + x^2y^2) \Rightarrow M = y \cdot M$

$(x^3y^2) = x(x^2y^2) \Rightarrow N = x \cdot N$

$F = \dfrac{1}{x \cdot M - y \cdot N} = \dfrac{1}{(x^2y^2 + x^3y^3 - x^3y^3)} = \dfrac{1}{x^2y^2}$, 적분인자를 대입

$\therefore \left(\dfrac{1}{x} + y\right)dx + x\,dy = 0 \Rightarrow M_y = N_x = 1$ ☞ 완전미방으로 만들기

$f(x, y) = \displaystyle\int(\frac{1}{x} + y)dx + g(y) = \ln|x| + xy + g(y)$

$f_y(x, y) = x + g'(y) = Q(x),\ g'(y) = 0 \Rightarrow g(y) = C$

$\therefore \ln| + xy = C$

3. 적분인자를 가정하여 구하는 방법

해법 적분인자를 $F = x^a \cdot y^b$로 가정하여 완전미분방정식이 아닌 미분방정식에 곱하여 동차별로 정리한 후, 계수비교법을 이용하여 지수 a, b를 구한다.

ex. 1 $(2y) \cdot dx + (x) \cdot dy = 0$

sol 완전미분방정식인가?

- $\dfrac{\partial M}{\partial y} = 2$
- $\dfrac{\partial N}{\partial x} = 1$

☞ 완전미분방정식 아님

▶ 적분인자 : $F = x^a \cdot y^b$라고 가정하여 양변에 곱한다.

주어진 미분방정식에 적분인자를 곱하여 미분방정식을 수정한다.

▶ $2x^a \cdot y^b \cdot dx + x^{a+1} \cdot y^b \cdot dy = 0$ ☞ 변형된 미분방정식

변형된 미분방정식이 완전미분방정식이 되기 위한 조건은 다음과 같다.

$\dfrac{\partial P}{\partial y} = \dfrac{\partial Q}{\partial x}$ ☞ 변수별로 편미분 ☞ $2(b+1)x^a \cdot y^b = (a+1)x^a \cdot y^b$

$\therefore 2(b+1) = (a+1),\ \therefore a = 1,\ b = 0$

NOTE 위의 관계를 만족하는 a, b는 무수히 많지만, 그중 제일 간단한 것을 선택한 것

$2xy \cdot dy + x^2 \cdot dx = 0$ ☞ 변형된 식에 대입하여 정리

$P = (2xy),\ Q = (x^2)$

$\cdot\ \frac{\partial P}{\partial y} = 2x$

$\cdot\ \frac{\partial Q}{\partial x} = 2x$

☞ 완전미분방정식

$F_x(x, y) = (2xy)\,dx$

$F(x, y) = \int (2xy)dx = x^2 y + g(y)$

$F_y(x, y) = x^2 + g'(y)$

$F_y(x, y) = Q(x, y) \ \Rightarrow\ \therefore g'(y) = 0 \ \Rightarrow\ g(y) = C$

$\therefore F(x, y) = x^2 y$

$\therefore$ 일반해 : $x^2 y = C$

ex. 2 $(2y^2 - 9xy + y)dx + (2xy - 6x^2 + x)dy = 0$

sol 완전미분방정식인가?

$\cdot\ \frac{\partial M}{\partial y} = 4y - 9x + 1$

$\cdot\ \frac{\partial N}{\partial x} = 3y - 12x + 1$

☞ 완전미분방정식 아님

▶ 적분인자 : $F = x^a \cdot y^b$라고 가정하여 양변에 곱한다.

주어진 미분방정식에 적분인자를 곱하여 미분방정식을 수정한다.

▶ $(2x^a y^{b+2} - 9x^{a+1}y^{b+1} + x^a y^{b+1}) \cdot dx$

$+ (3x^{a+1}y^{b+1} - 6x^{a+2}y^b + x^{a+1}y^b)\,dy = 0$ ☞ 변형된 미분방정식

완전미분방정식이 되기 위한 조건을 만족하기 위해 변수별로 편미분하여 정리

$P_y = 2(b+2)x^a \cdot y^{b+1} - 9(b+1)x^{a+1} \cdot y^b + (b+1)x^a \cdot y^b$

$Q_x = 3(a+1)x^a \cdot y^{b+1} - 6(a+2)x^{a+1} \cdot y^b + (a+1)x^a \cdot y^b$

$P_y = Q_x \ \Rightarrow\ 2(b+2) = 3(a+1),$

$-9(b+1) = -6(a+2),\ b+1 = a+1$

$\therefore a = 1,\ b = 1$ ☞ 무수한 값 중에서 선택

$$(2xy^3 - 9x^2y^2 + xy^2)\,dx + (3x^2y^2 - 6x^3y + x^2y)\,dy = 0$$

☞ 수정된 미분방정식

$$P = (2xy^3 - 9x^2y^2 + xy^2), \quad Q = (3x^2y^2 - 6x^3y + x^2y)$$

$$\cdot\ \frac{\partial P}{\partial y} = 6xy^2 - 18x^2y + 2xy$$

$$\cdot\ \frac{\partial Q}{\partial x} = 6xy^2 - 18x^2y + 2xy$$

☞ 완전미분방정식

$$F_x(x, y) = (2xy^3 - 9x^2y^2 + xy^2)\,dx$$

$$F(x, y) = \int (2xy^3 - 9x^2y^2 + xy^2)dx$$

$$= x^2y^3 - 3x^3y^2 + \frac{1}{2}x^2y^2 + g(y)$$

$$F_y(x, y) = 3x^2y^2 - 6x^3y + x^2y + g'(y)$$

$$F_y(x, y) = Q(x, y) \Rightarrow \therefore g'(y) = 0 \Rightarrow g(y) = C$$

$$\therefore F(x, y) = x^2y^3 - 3x^3y^2 + \frac{1}{2}x^2y^2$$

∴ 일반해: $x^2y^3 - 3x^3y^2 + \frac{1}{2}x^2y^2 = C$

연습문제

1. $(2y+1)\cdot dx+(x)\cdot dy=0$

sol 완전미방인가?

$$\left.\begin{aligned}&\cdot\ \frac{\partial M}{\partial y}=2\\&\cdot\ \frac{\partial N}{\partial x}=1\end{aligned}\right]$$ ☞ 완전미분방정식 아님

▶ 적분인자 : $e^{\int\frac{1}{N}(M_y-N_x)\,dx}=e^{\int\frac{1}{x}\cdot(2-1)dx}=x$

주어진 미분방정식에 적분인자를 곱하여 미분방정식을 수정한다.

▶ $(2xy+x)\cdot dx+(x^2)\cdot dy=0$ ☞ 수정된 미분방정식

$P=(2xy+x),\ Q=(x^2)$

$$\left.\begin{aligned}&\cdot\ \frac{\partial P}{\partial y}=2x\\&\cdot\ \frac{\partial Q}{\partial x}=2x\end{aligned}\right]$$ ☞ 완전미분방정식

$F_x(x,y)=(2xy+x)\,dx$

$F(x,y)=\int(2xy+x)dx=x^2y+\frac{1}{2}x^2+g(y)$

$F_y(x,y)=x^2+g'(y)$

$F_y(x,y)=Q(x,y)\quad\Rightarrow\quad\therefore\ g'(y)=0\quad\Rightarrow\quad g(y)=C$

$\therefore\ F(x,y)=x^2y+\frac{1}{2}x^2$

$\therefore$ 일반해 : $x^2y+\frac{1}{2}x^2=C$

2. $(2y)\cdot dx+(3x+\pi)\cdot dy=0$

sol 완전미방인가?

$$\left.\begin{aligned}&\cdot\ \frac{\partial M}{\partial y}=2\\&\cdot\ \frac{\partial N}{\partial x}=3\end{aligned}\right]$$ ☞ 완전미분방정식 아님

▶ 적분인자 : $e^{\int \frac{1}{M}(N_x - M_y)\,dy} = e^{\int \frac{1}{2y}\cdot(3-2)dy} = y^{\frac{1}{2}}$

주어진 미분방정식에 적분인자를 곱하여 미분방정식을 수정한다.

▶ $(2y^{\frac{3}{2}})\cdot dx + (3x\cdot y^{\frac{1}{2}} + \pi\cdot y^{\frac{1}{2}})\cdot dy = 0$ ☞ 수정된 미분방정식

$P = (2y^{\frac{3}{2}}),\ Q = (3x\cdot y^{\frac{1}{2}} + \pi\cdot y^{\frac{1}{2}})$

· $\dfrac{\partial P}{\partial y} = 3y^{\frac{1}{2}}$

· $\dfrac{\partial Q}{\partial x} = 3y^{\frac{1}{2}}$

☞ 완전미분방정식

$F_x(x, y) = (2y^{\frac{3}{2}})\,dx$

$F(x, y) = \int (2y^{\frac{3}{2}})dx = 2y^{\frac{3}{2}}\cdot x + g(y)$

$F_y(x, y) = 3xy^{\frac{!}{2}} + g'(y)$

$F_y(x, y) = Q(x, y) \Rightarrow \therefore\ g'(y) = \pi\cdot y^{\frac{!}{2}} \Rightarrow g(y) = \frac{2}{3}\pi y^{\frac{3}{2}} + C$

$\therefore\ F(x, y) = 2y^{\frac{3}{2}}\cdot x + \frac{2}{3}\pi y^{\frac{3}{2}}$

∴ 일반해 : $2y^{\frac{3}{2}}\cdot x + \frac{2}{3}\pi y^{\frac{3}{2}} = C$

3. $(3y + 6)\cdot dx + (2x)\cdot dy = 0$

sol 완전미방인가?

· $\dfrac{\partial M}{\partial y} = 3$

· $\dfrac{\partial N}{\partial x} = 2$

☞ 완전미분방정식 아님

▶ 적분인자 : $e^{\int \frac{1}{N}(M_y - N_x)\,dx} = e^{\int \frac{1}{2x}\cdot(3-2)dx} = x^{\frac{1}{2}}$

주어진 미분방정식에 적분인자를 곱하여 미분방정식을 수정한다.

▶ $(3(y + 2)x^{\frac{1}{2}})\cdot dx + (2x^{\frac{3}{2}})\cdot dy = 0$ ☞ 수정된 미분방정식

$P = (3(y + 2)x^{\frac{1}{2}}),\ Q = (2x^{\frac{3}{2}})$

$$\cdot\ \frac{\partial P}{\partial y} = 3y^{\frac{1}{2}}$$

$$\cdot\ \frac{\partial Q}{\partial x} = 3y^{\frac{1}{2}}$$

☞ 완전미분방정식

$$F_x(x, y) = (3(y+2)x^{\frac{1}{2}})\,dx$$

$$F(x, y) = \int (3(y+2)x^{\frac{1}{2}})dx = 2(y+2)\cdot x^{\frac{3}{2}} + g(y)$$

$$F_y(x, y) = 2x^{\frac{3}{2}} + g'(y)$$

$$F_y(x, y) = Q(x, y) \quad \Rightarrow \quad \therefore g'(y) = 0 \quad \Rightarrow \quad g(y) = C$$

$$\therefore F(x, y) = 2(y+2)\cdot x^{\frac{3}{2}}$$

$\therefore$ 일반해 : $2(y+2)\cdot x^{\frac{3}{2}} = C$

4. $(3y+1)\cdot dx + (2x)\cdot dy = 0$

sol 완전미방인가?

$$\cdot\ \frac{\partial M}{\partial y} = 3$$

$$\cdot\ \frac{\partial N}{\partial x} = 2$$

☞ 완전미분방정식 아님

▶ 적분인자 : $e^{\int \frac{1}{N}(M_y - N_x)\,dx} = e^{\int \frac{1}{2x}\cdot(3-2)dx} = x^{\frac{1}{2}}$

주어진 미분방정식에 적분인자를 곱하여 미분방정식을 수정한다.

▶ $((3y+1)x^{\frac{1}{2}})\cdot dx + (2x^{\frac{3}{2}})\cdot dy = 0$ ☞ 수정된 미분방정식

$P = ((3y+1)x^{\frac{1}{2}}),\ Q = (2x^{\frac{3}{2}})$

$$\cdot\ \frac{\partial P}{\partial y} = 3x^{\frac{1}{2}}$$

$$\cdot\ \frac{\partial Q}{\partial x} = 3x^{\frac{1}{2}}$$

☞ 완전미분방정식

$$F_x(x, y) = ((3y+1)x^{\frac{1}{2}})\,dx$$

$$F(x, y) = \int ((3y+1)x^{\frac{1}{2}})dx = 2x^{\frac{3}{2}}y + x^{\frac{3}{2}} + g(y)$$

$$F_y(x,y) = 2x^{\frac{3}{2}} + g'(y)$$

$$F_y(x,y) = Q(x,y) \quad \Rightarrow \quad \therefore\ g'(y) = 0 \quad \Rightarrow \quad g(y) = C$$

$$\therefore\ F(x,y) = 2x^{\frac{3}{2}}y + x^{\frac{3}{2}}$$

∴ 일반해: $2x^{\frac{3}{2}}y + x^{\frac{3}{2}} = C$

5. $(\sin y + 1)\cdot dx + (\cos y)\cdot dy = 0$

sol 완전미방인가?

- $\dfrac{\partial M}{\partial y} = \cos y$
- $\dfrac{\partial N}{\partial x} = 0$

☞ 완전미분방정식 아님

▶ 적분인자 : $e^{\int \frac{1}{N}(M_y - N_x)dx} = e^{\int \frac{1}{\cos y}\cdot(\cos y - 0)dx} = e^x$

주어진 미분방정식에 적분인자를 곱하여 미분방정식을 수정한다.

▶ $((3y+1)x^{\frac{1}{2}})\cdot dx + (2x^{\frac{3}{2}})\cdot dy = 0$ ☞ 수정된 미분방정식

$P = ((3y+1)x^{\frac{1}{2}}),\ Q = (2x^{\frac{3}{2}})$

- $\dfrac{\partial P}{\partial y} = 3x^{\frac{1}{2}}$
- $\dfrac{\partial Q}{\partial x} = 3x^{\frac{1}{2}}$

☞ 완전미분방정식

$$F_x(x,y) = ((3y+1)x^{\frac{1}{2}})dx$$

$$F(x,y) = \int((3y+1)x^{\frac{1}{2}})dx = 2x^{\frac{3}{2}}y + x^{\frac{3}{2}} + g(y)$$

$$F_y(x,y) = 2x^{\frac{3}{2}} + g'(y)$$

$$F_y(x,y) = Q(x,y) \quad \Rightarrow \quad \therefore\ g'(y) = 0 \quad \Rightarrow \quad g(y) = C$$

$$\therefore\ F(x,y) = 2x^{\frac{3}{2}}y + x^{\frac{3}{2}}$$

∴ 일반해: $2x^{\frac{3}{2}}y + x^{\frac{3}{2}} = C$

6. $(y+2)\cdot dx - (x+2)\cdot dy = 0$

sol 완전미방인가?

$$\cdot\ \frac{\partial M}{\partial y} = 1,\quad \cdot\ \frac{\partial N}{\partial x} = 1$$ ☞ 완전미분방정식 아님

▶ 적분인자 : $e^{\int \frac{1}{N}(M_y - N_x)\,dx} = e^{\int \frac{-1}{x+2}\cdot(1+1)dx} = (x+2)^{-2}$

주어진 미분방정식에 적분인자를 곱하여 미분방정식을 수정한다.

▶ $((y+2)(x+2)^{-2})\cdot dx + ((x+2)^{-1})\cdot dy = 0$

☞ 수정된 미분방정식

$P = ((y+2)(x+2)^{-2}),\ Q = ((x+2)^{-1})$

$$\cdot\ \frac{\partial P}{\partial y} = (x+2)^{-2},\quad \cdot\ \frac{\partial Q}{\partial x} = (x+2)^{-2}$$ ☞ 완전미분방정식

$F_x(x,y) = ((y+2)(x+2)^{-2})\,dx$

$F(x,y) = \int ((y+2)(x+2)^{-2})dx$

$= -y(x+2)^{-1} - 2(x+2)^{-1} + g(y)$

$F_y(x,y) = -(x+2)^{-1} + g'(y)$

$F_y(x,y) = Q(x,y) \quad \Rightarrow \quad \therefore g'(y) = 0 \quad \Rightarrow \quad g(y) = C$

$\therefore F(x,y) = -y(x+2)^{-1} - 2(x+2)^{-1}$

$\therefore$ 일반해: $-y(x+2)^{-1} - 2(x+2)^{-1} = C$

7. $(2xy+1)\cdot dx - (3x^2)\cdot dy = 0$

sol 완전미방인가?

$$\cdot\ \frac{\partial M}{\partial y} = 2x,\quad \cdot\ \frac{\partial N}{\partial x} = 6x$$ ☞ 완전미분방정식 아님

▶ 적분인자 : $e^{\int \frac{1}{N}(M_y - N_x)\,dx} = e^{\int \frac{1}{3x^2}\cdot(2x-6x)dx} = x^{-\frac{4}{3}}$

주어진 미분방정식에 적분인자를 곱하여 미분방정식을 수정한다.

▶ $(2x^{-\frac{1}{3}} \cdot y + x^{-\frac{4}{3}}) \cdot dx + (3x^{\frac{2}{3}}) \cdot dy = 0$ ☞ 수정된 미분방정식

$P = (2x^{-\frac{1}{3}} \cdot y + x^{-\frac{4}{3}}),\ Q = (3x^{\frac{2}{3}})$

- $\dfrac{\partial P}{\partial y} = 2x^{-\frac{1}{3}}$
- $\dfrac{\partial Q}{\partial x} = 2x^{-\frac{1}{3}}$

☞ 완전미분방정식

$F_x(x, y) = (2x^{-\frac{1}{3}} \cdot y + x^{-\frac{4}{3}})\,dx$

$F(x, y) = \int (2x^{-\frac{1}{3}} \cdot y + x^{-\frac{4}{3}})dx = 3x^{\frac{2}{3}} \cdot y - 3x^{-\frac{1}{3}} + g(y)$

$F_y(x, y) = 3x^{\frac{2}{3}} + g'(y)$

$F_y(x, y) = Q(x, y) \quad \Rightarrow \quad \therefore g'(y) = 0 \quad \Rightarrow \quad g(y) = C$

$\therefore F(x, y) = 3x^{\frac{2}{3}} \cdot y - 3x^{-\frac{1}{3}}$

∴ 일반해: $3x^{\frac{2}{3}} \cdot y - 3x^{-\frac{1}{3}} = C$

8. $(3y^2 + \pi) \cdot dx + (2xy) \cdot dy = 0$

sol 완전미방인가?

- $\dfrac{\partial M}{\partial y} = 6y$
- $\dfrac{\partial N}{\partial x} = 6y$

☞ 완전미분방정식 아님

▶ 적분인자 : $e^{\int \frac{1}{N}(M_y - N_x)dx} = e^{\int \frac{1}{2xy} \cdot (6y - 2y)dx} = x^2$

주어진 미분방정식에 적분인자를 곱하여 미분방정식을 수정한다.

▶ $(3y^2 + \pi)x^2 \cdot dx + (2x^3 \cdot y) \cdot dy = 0$ ☞ 수정된 미분방정식

$P = ((3y^2 + \pi)x^2),\ Q = (2x^3 \cdot y)$

- $\dfrac{\partial P}{\partial y} = 6x^2 y$
- $\dfrac{\partial Q}{\partial x} = 6x^2 y$

☞ 완전미분방정식

$F_x(x, y) = ((3y^2 + \pi)x^2)\,dx$

$$F(x,y) = \int ((3y^2+\pi)x^2)dx = x^3y^2 + \frac{1}{3}\pi x^3 + g(y)$$

$F_y(x,y) = 2x^3y + g'(y)$

$F_y(x,y) = Q(x,y) \quad \Rightarrow \quad \therefore g'(y) = 0 \quad \Rightarrow \quad g(y) = C$

$$\therefore F(x,y) = x^3y^2 + \frac{1}{3}\pi x^3$$

$\therefore$ 일반해 : $x^3y^2 + \frac{1}{3}\pi x^3 = C$

9. $(\cos x + \pi)\cdot dx + (\sin x)\cdot dy = 0$

sol 완전미방인가?

- $\frac{\partial M}{\partial y} = 0$
- $\frac{\partial N}{\partial x} = \cos x$

☞ 완전미분방정식 아님

▶ 적분인자: $e^{\int \frac{1}{N}(M_y - N_x)dx} = e^{\int \frac{1}{\sin x}\cdot(0-\cos x)dx}$

$$= e^{\int -\frac{\cos x}{\sin x}dx} = \frac{1}{\sin x}$$

주어진 미분방정식에 적분인자를 곱하여 미분방정식을 수정한다.

▶ $\left(\frac{\cos x}{\sin x} + \frac{\pi}{\sin x}\right)x^2 \cdot dx + (1)\cdot dy = 0$ ☞ 수정된 미분방정식

$$P = \left(\frac{\cos x}{\sin x} + \frac{\pi}{\sin x}\right),\ Q = (1)$$

- $\frac{\partial P}{\partial y} = 0$
- $\frac{\partial Q}{\partial x} = 0$

☞ 완전미분방정식

$$F_x(x,y) = \left(\frac{\cos x}{\sin x} + \frac{\pi}{\sin x}\right)dx$$

$$F(x,y) = \int \left(\frac{\cos x}{\sin x} + \frac{\pi}{\sin x}\right)dx$$

> **NOTE** $\int \frac{1}{\sin x}dx = \int \csc x\, dx$
> $\Rightarrow \ln|\csc x - \cot x|$

$= \ln|\sin x| + \pi\cdot\ln|\csc x - \cot x| + g(y)$

$F_y(x,y) = g'(y)$

$F_y(x,y) = Q(x,y) \quad \Rightarrow \quad \therefore g'(y) = 1 \quad \Rightarrow \quad g(y) = y + C$

$\therefore F(x,y) = \ln|\sin x| + \pi\cdot\ln|\csc x - \cot x| + y$

$\therefore$ 일반해 : $\ln|\sin x| + \pi\cdot\ln|\csc x - \cot x| + y = C$

10. $(2\cos y + 4x^2 + 1)\cdot dx + (x\cdot \sin y)\cdot dy = 0$

sol 완전미분방인가?

- $\dfrac{\partial M}{\partial y} = -2\sin y$
- $\dfrac{\partial N}{\partial x} = \sin y$

☞ 완전미분방정식 아님

▶ 적분인자: $e^{\int \frac{1}{N}(M_y - N_x)\,dx} = e^{\int \frac{1}{x\cdot \sin y}\cdot(-2\sin y - \sin y)dx} = x^{-3}$

주어진 미분방정식에 적분인자를 곱하여 미분방정식을 수정한다.

▶ $(2x^{-3}\cdot \cos y + 4x^{-1} + x^{-3})x^2 \cdot dx + (x^{-2}\cdot \sin y)\cdot dy = 0$

☞ 수정된 미분방정식

$P = (2x^{-3}\cdot \cos y + 4x^{-1} + x^{-3}),\ Q = (x^{-2}\cdot \sin y)$

- $\dfrac{\partial P}{\partial y} = -2x^{-3}\cdot \sin y$
- $\dfrac{\partial Q}{\partial x} = -2x^{-3}\cdot \sin y$

☞ 완전미분방정식

$F_x(x, y) = (2x^{-3}\cdot \cos y + 4x^{-1} + x^{-3})\,dx$

$F(x, y) = \int (2x^{-3}\cdot \cos y + 4x^{-1} + x^{-3})dx$

$= -\cos y\cdot x^{-2} + 4\ln|x| - \dfrac{1}{2}x^{-2} + g(y)$

$F_y(x, y) = -\sin^2 y\cdot x^{-2} + g'(y)$

$F_y(x, y) = Q(x, y) \quad \Rightarrow \quad \therefore g'(y) = 0 \quad \Rightarrow \quad g(y) = C$

$\therefore F(x, y) = -\cos y\cdot x^{-2} + 4\ln|x| - \dfrac{1}{2}x^{-2}$

$\therefore$ 일반해 : $-\cos y\cdot x^{-2} + 4\ln|x| - \dfrac{1}{2}x^{-2} = C$

11. $(3x^2 y + 1)\cdot dx + (2x^3)\cdot dy = 0$

sol 완전미분방인가?

- $\dfrac{\partial M}{\partial y} = 3x^2$
- $\dfrac{\partial N}{\partial x} = 6x^2$

☞ 완전미분방정식 아님

▶ 적분인자: $e^{\int \frac{1}{N}(M_y - N_x)\,dx} = e^{\int \frac{1}{2x^3}\cdot(3x^2 - 6x^2)dx} = x^{-\frac{3}{2}}$

주어진 미분방정식에 적분인자를 곱하여 미분방정식을 수정한다.

▶ $(3x^{\frac{1}{2}} \cdot y + x^{-\frac{3}{2}})x^2 \cdot dx + (2x^{\frac{3}{2}}) \cdot dy = 0$ ☞ 수정된 미분방정식

$P = (3x^{\frac{1}{2}} \cdot y + x^{-\frac{3}{2}}),\ Q = (2x^{\frac{3}{2}})$

· $\dfrac{\partial P}{\partial y} = 3x^{\frac{1}{2}}$

· $\dfrac{\partial Q}{\partial x} = 3x^{\frac{1}{2}}$

☞ 완전미분방정식

$F_x(x, y) = (3x^{\frac{1}{2}} \cdot y + x^{-\frac{3}{2}})dx$

$F(x, y) = \int (3x^{\frac{1}{2}} \cdot y + x^{-\frac{3}{2}})dx = 2x^{\frac{3}{2}} \cdot y - 2x^{-\frac{1}{2}} + g(y)$

$F_y(x, y) = 2x^{\frac{3}{2}} + g'(y)$

$F_y(x, y) = Q(x, y) \quad \Rightarrow \quad \therefore g'(y) = 0 \quad \Rightarrow \quad g(y) = C$

$\therefore F(x, y) = 2x^{\frac{3}{2}} \cdot y - 2x^{-\frac{1}{2}}$

$\therefore$ 일반해 : $2x^{\frac{3}{2}} \cdot y - 2x^{-\frac{1}{2}} = C$

12. $(3x^2 y) \cdot dx + (2x^3 - 1) \cdot dy = 0$

sol 완전미방인가?

· $\dfrac{\partial M}{\partial y} = 3x^2$

· $\dfrac{\partial N}{\partial x} = 6x^2$

☞ 완전미분방정식 아님

▶ 적분인자: $e^{\int \frac{1}{N}(M_y - N_x)dx} = e^{\int \frac{1}{3x^3 y} \cdot (6x^2 - 3x^2)dx} = y$

주어진 미분방정식에 적분인자를 곱하여 미분방정식을 수정한다.

▶ $(3x^2 y^2)x^2 \cdot dx + (2x^3 y - y) \cdot dy = 0$ ☞ 수정된 미분방정식

$P = (3x^2 y^2),\ Q = (2x^3 y - y)$

· $\dfrac{\partial P}{\partial y} = 6x^2 y$

· $\dfrac{\partial Q}{\partial x} = 6x^2 y$

☞ 완전미분방정식

$F_x(x, y) = (3x^2 y^2)dx$

$$F(x, y) = \int (3x^2y^2)dx = x^3y^2 + g(y)$$

$$F_y(x, y) = 2x^3y + g'(y)$$

$$F_y(x, y) = Q(x, y) \Rightarrow \therefore g'(y) = -y \Rightarrow g(y) = -\frac{1}{2}y^2 + C$$

$$\therefore F(x, y) = x^3y^2 - \frac{1}{2}y^2 + C$$

$\therefore$ 일반해: $x^3y^2 - \frac{1}{2}y^2 = C$

13. $(6xy + 5y^4 + 5y)dx + (4x^2 + 7xy^3 + 4x)dy = 0$

sol 완전미분방정식인가?

$\cdot \dfrac{\partial M}{\partial y} = 6x + 20y^3 + 5$

$\cdot \dfrac{\partial N}{\partial x} = 8x + 7y^3 + 4$

☞ 완전미분방정식 아님

▶ 적분인자 : $F = x^a \cdot y^b$라고 가정하여 양변에 곱한다.

주어진 미분방정식에 적분인자를 곱하여 미분방정식을 수정한다.

▶ $(6x^{a+1}y^{b+1} + 5x^a \cdot y^{b+4} + 5x^a \cdot y^{b+1}) \cdot dx$

$+ (4x^{a+2}y^b + 7x^{a+1}y^{b+3} + 4x^{a+1}y^b)dy = 0$ ☞ 변형된 미분방정식

완전미분방정식이 되기 위한 조건을 만족하기 위해 변수별로 편미분하여 정리

$P_y = 6(b+1)x^{a+1} \cdot y^b + 5(b+4)x^a \cdot y^{b+3} + 5(b+1)x^a \cdot y^b$

$Q_x = 4(a+2)x^{a+1} \cdot y^b + 7(a+1)x^a \cdot y^{b+3} + 4(a+1)x^a \cdot y^b$

$P_y = Q_x \Rightarrow 6(b+1) = 4(a+2),\ 5(b+4) = 7(a+1),$

$5(b+1) = 4(a+1)$

$\therefore a = 4,\ b = 3$

$(6x^5y^4 + 5x^4y^7 + 5x^4y^4)dx + (4x^6y^3 + 7x^5y^6 + 4x^5y^3)dy = 0$

☞ 수정된 미분방정식

$P = (6x^5y^4 + 5x^4y^7 + 5x^4y^4),\ Q = (4x^6y^3 + 7x^5y^6 + 4x^5y^3)$

$\cdot \dfrac{\partial P}{\partial y} = 24x^5y^3 + 35x^4y^6 + 20x^4y^3$

$\cdot \dfrac{\partial Q}{\partial x} = 24x^5y^3 + 35x^4y^6 + 20x^4y^3$

☞ 완전미분방정식

$F_x(x, y) = (6x^5y^4 + 5x^4y^7 + 5x^4y^4)dx$

$$F(x, y) = \int (6x^5y^4 + 5x^4y^7 + 5x^4y^4)dx$$

$$= x^6y^4 + x^5y^7 + x^5y^4 + g(y)$$

$$F_y(x, y) = 4x^6y^3 + 7x^5y^6 + 4x^5y^3 + g'(y)$$

$$F_y(x, y) = Q(x, y) \Rightarrow \therefore g'(y) = 0 \Rightarrow g(y) = C$$

$$\therefore F(x, y) = x^6y^4 + x^5y^7 + x^5y^4$$

∴ 일반해: $x^6y^4 + x^5y^7 + x^5y^4 = C$

14. $(4xy + 6y^2 + 3y)dx + (2x^2 + 6xy + 2x)dy = 0$

sol 완전미분방정식인가?

- $\dfrac{\partial M}{\partial y} = 4x + 12y + 3$
- $\dfrac{\partial N}{\partial x} = 4x + 6y + 2$

☞ 완전미분방정식 아님

▶ 적분인자: $F = x^a \cdot y^b$라고 가정하여 양변에 곱한다.

주어진 미분방정식에 적분인자를 곱하여 미분방정식을 수정한다.

▶ $(4x^{a+1}y^{b+1} + 6x^ay^{b+2} + 3x^ay^{b+1})dx$

$+ (2x^{a+2}y^b + 6x^{a+1}y^{b+1} + 2x^{a+1}y^b)dy = 0$ ☞ 변형된 미분방정식

완전미분방정식이 되기 위한 조건을 만족하기 위해 변수별로 편미분하여 정리

$$P_y = 4(b+1)x^{a+1} \cdot y^b + 6(b+2)x^a \cdot y^{b+1} + 3(b+1)x^a \cdot y^b$$

$$Q_x = 2(a+2)x^{a+1} \cdot y^b + 6(a+1)x^a \cdot y^{b+1} + 2(a+1)x^a \cdot y^b$$

$$P_y = Q_x \Rightarrow 4(b+1) = 2(a+2),\ 6(b+2) = 6(a+1),$$

$$3(b+1) = 2(a+1)$$

$$\therefore a = 2,\ b = 1 \quad \Rightarrow \quad F = x^2 \cdot y$$

$$(4x^3y^2 + 6x^2y^3 + 3x^2y^2)dx + (2x^4y + 6x^3y^2 + 2x^3y)dy = 0$$

☞ 수정된 미분방정식

$$P = (4x^3y^2 + 6x^2y^3 + 3x^2y^2),\ Q = (2x^4y + 6x^3y^2 + 2x^3y)$$

- $\dfrac{\partial P}{\partial y} = 8x^3y + 18x^2y^2 + 6x^2y$
- $\dfrac{\partial Q}{\partial x} = 8x^3y + 18x^2y^2 + 6x^2y$

☞ 완전미분방정식

$$F_x(x, y) = (4x^3y^2 + 6x^2y^3 + 3x^2y^2)dx$$

$$F(x, y) = \int (4x^3y^2 + 6x^2y^3 + 3x^2y^2)dx$$

$$= x^4y^2 + 2x^3y^3 + x^3y^2 + g(y)$$

$F_y(x, y) = 2x^4y + 6x^3y^2 + 2x^3y + g'(y)$

$F_y(x, y) = Q(x, y) \Rightarrow \therefore g'(y) = 0 \Rightarrow g(y) = C$

$\therefore F(x, y) = x^4y^2 + 2x^3y^3 + x^3y^2$

$\therefore$ 일반해: $x^4y^2 + 2x^3y^3 + x^3y^2 = C$

15. $(4y)dx + (3x)dy = 0, \quad y(1) = 1$

sol 완전미분방정식인가?

$\cdot \dfrac{\partial M}{\partial y} = 4$

$\cdot \dfrac{\partial N}{\partial x} = 3$

☞ 완전미분방정식 아님

▶ 적분인자: $F = x^a \cdot y^b$라고 가정하여 양변에 곱한다.

주어진 미분방정식에 적분인자를 곱하여 미분방정식을 수정한다.

▶ $(4x^a \cdot y^{b+1}) \cdot dx + (3x^{a+1} \cdot y^b)dy = 0$ ☞ 변형된 미분방정식

완전미분방정식이 되기 위한 조건을 만족하기 위해 변수별로 편미분하여 정리

$P_y = 4(b+1)x^a \cdot y^b$

$Q_x = 3(a+1)x^a \cdot y^b$

$P_y = Q_x \Rightarrow 4(b+1) = 3(a+1)$

$\therefore a = 3, b = 2 \Rightarrow F = x^3 \cdot y^2$

$(4x^3 \cdot y^3)dx + (3x^4 \cdot y^2)dy = 0$ ☞ 수정된 미분방정식

$P = (4x^3y^3), \ Q = (3x^4y^2)$

$\cdot \dfrac{\partial P}{\partial y} = 12x^3y^2$

$\cdot \dfrac{\partial Q}{\partial x} = 12x^3y^2$

☞ 완전미분방정식

$F_x(x, y) = (4x^3y^3)dx$

$F(x, y) = \int (4x^3y^3)dx = x^4y^3 + g(y)$

$F_y(x, y) = 3x^4y^2 + g'(y)$

$F_y(x, y) = Q(x, y) \Rightarrow \therefore g'(y) = 0 \Rightarrow g(y) = C$

$\therefore\ F(x, y) = x^4 y^3$

$\therefore$ 일반해: $x^4 y^3 = C$

$\therefore$ 특수해: $y(1) = 1 \quad \Rightarrow \quad C = 1,\ \therefore\ x^4 y^3 = 1$

16. $(3y)dx + (2x)dy = 0, \quad y(1) = 1$

sol 완전미분방정식인가?

$$\cdot\ \frac{\partial M}{\partial y} = 3, \quad \cdot\ \frac{\partial N}{\partial x} = 2$$ ☞ 완전미분방정식 아님

▶ 적분인자: $F = x^a \cdot y^b$라고 가정하여 양변에 곱한다.

주어진 미분방정식에 적분인자를 곱하여 미분방정식을 수정한다.

▶ $(3x^a \cdot y^{b+1}) \cdot dx + (2x^{a+1} \cdot y^b)dy = 0$ ☞ 변형된 미분방정식

완전미분방정식이 되기 위한 조건을 만족하기 위해 변수별로 편미분하여 정리

$P_y = 3(b+1)x^a \cdot y^b$

$Q_x = 2(a+1)x^a \cdot y^b$

$P_y = Q_x \quad \Rightarrow \quad 3(b+1) = 2(a+1)$

$\therefore\ a = 2,\ b = 1 \quad \Rightarrow \quad F = x^2 \cdot y$

$(3x^2 \cdot y^2)dx + (2x^3 \cdot y)dy = 0$ ☞ 수정된 미분방정식

$P = (3x^2 \cdot y^2),\ Q = (2x^3 \cdot y)$

$$\cdot\ \frac{\partial P}{\partial y} = 6x^2 y, \quad \cdot\ \frac{\partial Q}{\partial x} = 6x^2 y$$ ☞ 완전미분방정식

$F_x(x, y) = (3x^2 \cdot y^2)dx$

$F(x, y) = \int (3x^2 \cdot y^2)dx = x^3 y^2 + g(y)$

$F_y(x, y) = 2x^3 y + g'(y)$

$F_y(x, y) = Q(x, y) \quad \Rightarrow \quad \therefore\ g'(y) = 0 \quad \Rightarrow \quad g(y) = C$

$\therefore\ F(x, y) = x^3 y^2$

$\therefore$ 일반해: $x^3 y^2 = C$

$\therefore$ 특수해: $y(1) = 1 \quad \Rightarrow \quad C = 1,\ \therefore\ x^3 y^2 = 1$

17. $(x^2 - 2y^2 - 2y)dx + (2xy + x)dy = 0, \quad y(1) = 1$

sol 완전미분방정식인가?

$\cdot \ \dfrac{\partial M}{\partial y} = -4y$

$\cdot \ \dfrac{\partial N}{\partial x} = -2y$

☞ 완전미분방정식 아님

▶ 적분인자: $F = x^a \cdot y^b$라고 가정하여 양변에 곱한다.

주어진 미분방정식에 적분인자를 곱하여 미분방정식을 수정한다.

▶ $(x^{a+1} \cdot y^b - 2x^a \cdot y^{b+2}) \cdot dx - (2x^{a+1} \cdot y^{b+1})dy = 0$

☞ 변형된 미분방정식

완전미분방정식이 되기 위한 조건을 만족하기 위해 변수별로 편미분하여 정리

$P_y = b\,x^{a+1} \cdot y^{b-1} - 2(b+2)x^a \cdot y^{b+1}$

$Q_x = -2\,(a+1)x^a \cdot y^{b+1}$

$P_y = Q_x \quad \Rightarrow \quad b = 0,\ b + 2 = a + 1$

$\therefore\ a = 1,\ b = 0 \quad \Rightarrow \quad F = x$

$(x^2 - 2xy^2 - 2xy)\,dx - (2x^2y + x^2)\,dy = 0$ ☞ 수정된 미분방정식

$P = (x^2 - 2xy^2 - 2xy),\ Q = (2x^2y + x^2)$

$\cdot \ \dfrac{\partial P}{\partial y} = -4xy - 2x$

$\cdot \ \dfrac{\partial Q}{\partial x} = -4xy - 2x$

☞ 완전미분방정식

$F_x(x, y) = (x^2 - 2xy^2 - 2xy)\,dx$

$$F(x, y) = \int (x^2 - 2xy^2 - 2xy)dx$$

$$= \frac{1}{3}x^3 - x^2y^2 - x^2y + g(y)$$

$F_y(x, y) = -2x^2y - x^2 + g'(y)$

$F_y(x, y) = Q(x, y) \quad \Rightarrow \quad \therefore\ g'(y) = 0 \quad \Rightarrow \quad g(y) = C$

$\therefore\ F(x, y) = \dfrac{1}{3}x^3 - x^2y^2 - x^2y$

$\therefore$ 일반해: $\dfrac{1}{3}x^3 - x^2y^2 - x^2y = C$

$\therefore$ 특수해: $y(1) = 1 \quad \Rightarrow \quad \dfrac{1}{3} - 1 - 1 = C,\ C = -\dfrac{5}{3}$

$\therefore\ \dfrac{1}{3}x^3 - x^2y^2 - x^2y = -\dfrac{5}{3}$

18. $10\,y\,dx + 15\,x\,dy = 0,\quad y(1) = 1$

sol 완전미분방정식인가?

$$\left.\begin{array}{l} \cdot\ \dfrac{\partial M}{\partial y} = 10 \\ \cdot\ \dfrac{\partial N}{\partial x} = 15 \end{array}\right] \quad ☞ \text{ 완전미분방정식 아님}$$

▶ 적분인자: $F = x^a \cdot y^b$라고 가정하여 양변에 곱한다.

주어진 미분방정식에 적분인자를 곱하여 미분방정식을 수정한다.

▶ $(10\,x^a\,y^{b+1}) \cdot dx + (15\,x^{a+1}\,y^b)dy = 0$ ☞ 변형된 미분방정식

완전미분방정식이 되기 위한 조건을 만족하기 위해 변수별로 편미분하여 정리

$P_y = 10\,(b+1)\,x^a\,y^b$

$Q_x = 15\,(a+1)\,x^a\,y^b$

$P_y = Q_x \quad \Rightarrow \quad 2\,(b+1) = 3\,(a+1)$

$\therefore\ a = 1,\ b = 2 \quad \Rightarrow \quad F = x\,y^2$

$(10\,x\,y^3)\,dx - (15\,x^2\,y^2)\,dy = 0$ ☞ 수정된 미분방정식

$P = (10\,x\,y^3),\ Q = (15\,x^2\,y^2)$

$$\left.\begin{array}{l} \cdot\ \dfrac{\partial P}{\partial y} = 30\,x\,y^2 \\ \cdot\ \dfrac{\partial Q}{\partial x} = 30\,x\,y^2 \end{array}\right] \quad ☞ \text{ 완전미분방정식}$$

$F_x(x, y) = (10\,x\,y^3)\,dx$

$F(x, y) = \int (10\,x\,y^3)dx = 5\,x^2\,y^3 + g(y)$

$F_y(x, y) = 15\,x^2\,y^2 + g'(y)$

$F_y(x, y) = Q(x, y) \quad \Rightarrow \quad \therefore\ g'(y) = 0 \quad \Rightarrow \quad g(y) = C$

$\therefore\ F(x, y) = 5\,x^2\,y^3$

$\therefore$ 일반해: $5\,x^2\,y^3 = C$

$\therefore$ 특수해: $y(1) = 1 \quad \Rightarrow \quad C = 1,\ \therefore\ x^2\,y^3 = \dfrac{1}{5}$

19. $(y^2 + 3y)dx + (xy + 2)dy = 0, \quad y(1) = 1$

sol 완전미분방정식인가?

$\cdot \dfrac{\partial M}{\partial y} = 2y + 3$

$\cdot \dfrac{\partial N}{\partial x} = y + 2$

☞ 완전미분방정식 아님

▶ 적분인자: $F = x^a \cdot y^b$라고 가정하여 양변에 곱한다.

주어진 미분방정식에 적분인자를 곱하여 미분방정식을 수정한다.

▶ $(x^a y^{b+2} + 3x^a y^{b+1}) \cdot dx + (x^{a+1} y^{b+1} + 2x^{a+1} y^b) \cdot dy = 0$

☞ 변형된 미분방정식

완전미분방정식이 되기 위한 조건을 만족하기 위해 변수별로 편미분하여 정리

$P_y = (b+2)x^a y^{b+1} + 3(b+1)x^a y^b$

$Q_x = (a+1)x^a y^{b+1} + 2(a+1)x^a y^b$

$P_y = Q_x \Rightarrow (b+2) = (a+1),\ 3(b+1) = 2(a+1)$

$\therefore a = 2,\ b = 1 \Rightarrow F = x^2 y$

$(x^2 y^3 + 3x^2 y^2)dx + (x^3 y^2 + 2x^3 y)dy = 0$ ☞ 수정된 미분방정식

$P = (x^2 y^3 + 3x^2 y^2),\ Q = (x^3 y^2 + 2x^3 y)$

$\cdot \dfrac{\partial P}{\partial y} = 3x^2 y^2 + 6x^2 y$

$\cdot \dfrac{\partial Q}{\partial x} = 3x^2 y^2 + 6x^2 y$

☞ 완전미분방정식

$F_x(x, y) = (x^2 y^3 + 3x^2 y^2)dx$

$F(x, y) = \int (x^2 y^3 + 3x^2 y^2)dx = \dfrac{1}{3}x^3 y^3 + x^3 y^2 + g(y)$

$F_y(x, y) = x^3 y^2 + 2x^3 y^2 + g'(y)$

$F_y(x, y) = Q(x, y) \Rightarrow \therefore g'(y) = 0 \Rightarrow g(y) = C$

$\therefore F(x, y) = \dfrac{1}{3}x^3 y^3 + x^3 y^2$

$\therefore$ 일반해: $\dfrac{1}{3}x^3 y^3 + x^3 y^2 = C$

$\therefore$ 특수해: $y(1) = 1 \Rightarrow C = \dfrac{4}{3},\ \therefore \dfrac{1}{3}x^3 y^3 + x^3 y^2 = \dfrac{4}{3}$

CHAPTER 5

제1계 선형미분방정식과 해법

1. 제1계 선형미분방정식

정의 $y' + P(x)y = Q(x)$인 형태의 미분방정식

ex. 1 $y' + xy = 3x \Rightarrow P(x) = x,\ Q(x) = 3x$이므로 1계 선형

ex. 2 $y' + xy^2 = 3x \Rightarrow P(x) = x$이지만, y^2이므로 1계 선형 아니다.

☞ 1계 선형미분방정식(First-order Linear Differential Equation)은

$y' + P(x)y = Q(x)$ 형태

ex. 3 $x^2y' + xy = \ln x \Rightarrow$ 1계 선형미분방정식이 아니다.

▶ 양변 $\div x^2 \Rightarrow y' + \dfrac{y}{x} = \dfrac{\ln x}{x^2}$: 1계 선형미분방정식으로 변형

ex. 5 $xyy' + x^2y = 3 \Rightarrow$ 1계 선형미분방정식이 아니다.

▶ 양변 $\div xy \Rightarrow y' + x = \dfrac{3}{xy}$

$\Rightarrow y' - \dfrac{3}{x}y^{-1} = -x$: 1계 선형미방으로 변형

정의

(1) $y' + P(x)y = 0$인 경우

▶ 1계 제차선형미방($\because Q(x) = 0$)

(2) $y' + P(x)y = Q(x)$인 경우

▶ 1계 비제차선형미방(단, $Q(x) \neq 0$)

정리 1

$y' + P(x)y = 0$: 1계 제차선형 미방의 성질

① $y = 0$이 해가 된다. $\Rightarrow$ 자명한 해(Trivial Solution)

② $y' + P(x)y = 0$을 만족하는 해를 y_1이라고 가정하면

'상수(C)를 곱한 $C \cdot y_1$도 미분방정식을 만족하는 해'가 된다.

$\Rightarrow y = C \cdot y_1$이라면, $y' = C \cdot y'_1$이므로

$y' + P(x)y = Cy'_1 + P(x)Cy_1 = C(y'_1 + P(x)y'_1) = 0$

y_1은 주어진 미방의 해이므로 $C \cdot (0) = 0$ (곱해도 결과는 동일)

③ 주어진 미분방정식을 만족하는 해를 y_1 , y_2라고 하면,

'$y = y_1 + y_2$도 주어진 미분방정식의 해'가 된다.

⇒ $y = y_1 + y_2$이라면, $y' = y'_1 + y'_2$이므로

$y' + P(x)y = (y'_1 + y'_2) + P(x)(y_1 + y_2)$

$(y'_1 + P(x)y_1) + (y_2 + P(x)y_2) = 0$

($\because y_1$, y_2가 해라는 가정!!)

정리 2

$y' + P(x)y = Q(x)$: 1계 비제차선형 미방의 성질

① 제차 선형미분방정식의 해를 y_1, 비제차 선형미분방정식의 해를 y_2라면

'$y = y_1 + y_2$는 비제차 선형미분방정식의 해'가 된다.

⇒ $y' = y'_1 + y'_2$이므로

$$y' + P(x)y = (y'_1 - y'_2) + P(x)(y_1 - y_2)$$

$$= \underbrace{(y'_1 + P(x)y_1)}_{Q(x)} - \underbrace{(y'_2 + P(x)y_2)}_{Q(x)}$$

$\therefore Q(x) - Q(x) = 0$

▶ **'비제차미방의 해 = 제차미방해 + 비제차미방해'**

정리 3

1계 비제차선형미분방정식의 해를 y_1이라면

'$y = C \cdot y_1$는 **주어진 비제차 미분방정식의 해**'가 되지 않는다.

'$y = C \cdot y_1$는 $y' + P(x)y = C \cdot Q(x)$의 해'이다.

⇒ $y' = C \cdot y'_1$이므로

$$y' + P(x)y = C \cdot y'_1 + P(x) \cdot C \cdot y_1$$

$$= C(y'_1 + P(x)y_1)$$

$y'_1 + P(x)y_1 = Q(x)$이므로 해는 $\therefore C \cdot Q(x)$

정리 4 $y' + P(x)y = Q_1(x)$를 만족하는 해 $\Rightarrow$ y_1
$y' + P(x)y = Q_2(x)$를 만족하는 해 $\Rightarrow$ y_2 이라면,

$y = y_1 + y_2$ 일 때 ▶ $y' + P(x)y = Q_1(x) + Q_2(x)$

2. 제1계 선형미분방정식의 해법

해법

(1) $y' + P(x)y = 0$: 1계 제차 미분방정식의 해

$$\frac{dy}{dx} + P(x)\,y = 0 \Rightarrow \frac{1}{y}\,dy + P(x)\,dx = 0$$ ▶ 변수 분리형 미분방정식

$$\therefore \int \frac{1}{y}\,dy + \int P(x) = C_1 \Rightarrow \ln|y| + \int P(x)dx = C_1$$

$$\ln|y| = C_1 - \int P(x)dx \Rightarrow y = e^{c_1 - \int P(x)\,dx}$$

▶ $y = C \cdot e^{-\int P(x)\,dx}$ (단, $C = e_1^C$)

(2) $y' + P(x)y = Q_1(x)$: 1계 비제차 미분방정식의 해

변수 분리형, 치환형, 완전미방, 적분인자 중 어떤 해법을 적용할 것인가?

$$\frac{dy}{dx} + P(x)y - Q(x) = 0 \Rightarrow \underbrace{(P(x)\,y - Q(x))}_{M}\,dx + \underbrace{1}_{N}\,dy = 0$$

▶ 변수 분리 및 치환형 해법 적용 불가!!

$$\frac{\partial M}{\partial y} = P(x),\ \frac{\partial N}{\partial x} = 0$$ ▶ 완전미분형도 아님

★ 적분인자를 이용한 해법 시도 ★

$\frac{1}{N}(M_y - N_x)$ ➡ $P(x)$ ($\because$ $P(x)$는 'x'만의 함수)

$\therefore$ 적분인자: $e^{\int P(x)\,dx}$ $\Rightarrow$ 주어진 1계 비제차 미분방정식

($y' + P(x)y = Q_1(x)$)에 적용

$$y' \cdot e^{\int P(x)\,dx} + P(x) \cdot y \cdot e^{\int P(x)\,dx} = Q(x) \cdot e^{\int P(x)\,dx}$$

$$\frac{d}{dx}\left[y \cdot e^{\int P(x)\,dx} \right] = Q(x) \cdot e^{\int P(x)\,dx}, \text{ 양변} \times dx$$

$$d\left[y \cdot e^{\int P(x)\,dx} \right] = Q(x) \cdot e^{\int P(x)\,dx}\, dx$$

$y \cdot e^{\int P(x)\,dx}$ $\Rightarrow$ 'u'로 치환

$du = Q(x) \cdot e^{\int p(x)dx} dx$, 양변 적분 $\Rightarrow$ $\int du = \int Q(x) \cdot e^{\int p(x)dx} dx$

$$\therefore\ u = \int Q(x) \cdot e^{\int p(x)dx} dx + C$$

$$\blacktriangleright\ y \cdot e^{\int P(x)\,dx} = \int Q(x) \cdot e^{\int p(x)dx} dx + C$$

좌변과 우변을 '$e^{\int P(x)\,dx}$'로 각각 나누면 다음과 같다.

$$\therefore\ y = e^{-\int P(x)\,dx} \cdot \left[\int Q(x) \cdot e^{\int p(x)dx} dx + C \right]$$

제1계 선형미분방정식 ($y' + P(x)y = Q(x)$)의 일반해

$$\therefore\ y = e^{-\int P(x)} \left[\int Q(x) \cdot e^{\int P(x)} \cdot dx + C \right]$$

ex. 1 $\dfrac{dy}{dx} + 2y = 6e^x$

sol $P(x) = 2,\ Q(x) = 6 \cdot e^x$

1계 선형미분방정식의 해법 적용

$$y = e^{-\int P(x)\,dx} \cdot \left[\int Q(x) \cdot e^{\int p(x)dx} dx + C \right]$$

$$= e^{-\int 2\,dx} \cdot \left[\int 6 \cdot e^x \cdot e^{\int 2dx} dx + C \right]$$

$$= e^{-2x} \cdot \left[6 \cdot \int e^x \cdot e^{2x} dx + C \right] = e^{-2x} \cdot \left[6 \cdot \int e^{3x} dx + C \right]$$

$$= e^{-2x} \cdot \left[2 \cdot e^{3x} + C \right] = 2 \cdot e^x + C \cdot e^{-x}$$

$$\therefore\ y = 2 \cdot e^x + C \cdot e^{-x}$$

ex. 2 $y' + y = 2x \cdot e^{-x}$

sol $P(x) = 1,\ Q(x) = 2x \cdot e^{-x}$

1계 선형미분방정식의 해법 적용

$$y = e^{-\int P(x)\,dx} \cdot \left[\int Q(x) \cdot e^{\int p(x)dx} dx + C\right]$$

$$= e^{-\int 1\,dx} \cdot \left[\int 2x \cdot e^{-x} \cdot e^{\int 1dx} dx + C\right]$$

$$= e^{-x} \cdot \left[2\int x \cdot e^{-x} \cdot e^{x} dx + C\right] = e^{-x} \cdot \left[2 \cdot \int x\,dx + C\right]$$

$$= e^{-x} \cdot [x^2 + C] = e^{-x} \cdot x^2 + e^{-x} \cdot C$$

$$\therefore\ y = e^{-x}x^2 + e^{-x} \cdot C$$

ex. 3 $x \cdot \dfrac{dy}{dx} - 3y = x^2, \quad y(1) = 0$

sol 문제에서 주어진 미분방정식은 1계 선형미분방정식이 아니다.

1계 선형미분방정식으로 변형 $\Rightarrow$ 양변 $\div\ x$

$$\frac{dy}{dx} - \frac{3}{x}y = x \quad \Rightarrow \quad P(x) = -\frac{3}{x},\ Q(x) = x$$

1계 선형미분방정식의 해법 적용

$$y = e^{-\int P(x)\,dx} \cdot \left[\int Q(x) \cdot e^{\int p(x)dx} dx + C\right]$$

$$= e^{\int \frac{3}{x}dx} \cdot \left[\int x \cdot e^{-\int \frac{3}{x}dx} dx + C\right]$$

$$= e^{3\ln x} \cdot \left[\int x \cdot e^{-3\ln x} dx + C\right] = x^3 \cdot \left[\int x \cdot x^{-3} dx + C\right]$$

$$= x^3 \cdot \left[-\frac{1}{x} + C\right] = -x^2 + C \cdot x^3$$

$\therefore\ y = -x^2 + C \cdot x^3 \quad \Rightarrow \quad y(1) = 0$ 대입 $C = 1$

$$\therefore\ y = -x^2 + x^3$$

ex. 4 $\dfrac{dy}{dx} - y = 2x \cdot x^{2x}, \quad y(0) = 1$

sol $P(x) = -1,\ Q(x) = 2x \cdot e^{2x}$

1계 선형미분방정식의 해법 적용

$$y = e^{\int 1\,dx} \cdot \left[\int 2x \cdot e^{2x} \cdot e^{-\int 1dx} dx + C\right]$$

$$= e^{x} \cdot \left[2 \cdot \int x \cdot e^{2x} \cdot e^{-x}\, dx + C \right]$$

$$= 2\, e^{x} \cdot \left[\int x \cdot e^{x}\, dx + C \right]$$

$$= 2\, e^{x} \cdot \left[x\, e^{x} - e^{x} + C \right]$$

$$= 2\, x\, e^{2x} - 2\, e^{2x} + C \cdot e^{x}$$

$$\therefore\ y = 2\, x\, e^{2x} - 2\, e^{2x} + C \cdot e^{x}$$

$\Rightarrow$ $y(0) = 1$ 대입 $C = 3$

$$\therefore\ y = 2\, x\, e^{2x} - 2\, e^{2x} + 3\, e^{x}$$

> NOTE $\int x \cdot e^{x}\, dx$: 부분적분법
>
> $u = e^{x}$, $v = x$,
>
> $u' = e^{x}$, $v' = 1$

ex. 5 $y' + y \cot x = 5\, e^{\cos x}$

sol $P(x) = \cot x,\ Q(x) = 5\, e^{\cos x}$

1계 선형미분방정식의 해법 적용

$$y = e^{-\int \cot x\, dx} \cdot \left[\int 5 \cdot e^{\cos x} \cdot e^{\int \cot x\, dx} dx + C \right]$$

$$= \csc x \cdot \left[\int 5 \cdot e^{\cos x} \cdot \sin x\, dx + C \right]$$

$$= \csc x \left[5 \int e^{\cos x} \cdot \sin x\, dx + C \right]$$

$$= \csc x \left[-5 \int e^{t}\, dt + C \right]$$

$$= \csc x \left[-5\, e^{t} + C \right]$$

$$= \csc x \left(-5\, e^{t} + C \right)$$

$$= \csc x \left(-5\, e^{\cos x} + C \right)$$

$$\therefore\ y = \csc x \left(-5\, e^{\cos x} + C \right)$$

> NOTE $e^{-\int \cot x\, dx}$: 삼각함수 적분
>
> $\Rightarrow e^{-\int \frac{\cos x}{\sin x} dx}$
>
> $= e^{-\ln|\sin x|} = \csc x$

> NOTE $\int \sin x \cdot e^{\cos x} dx$:
>
> 치환적분법
>
> $\Rightarrow \cos x = t$,
>
> $-\sin x\, dx = dt$

ex. 6 $y' + 2\, x\, y = x, \quad y(0) = -3$

sol $P(x) = 2\, x,\ Q(x) = x$

1계 선형미분방정식의 해법 적용

$$y = e^{-\int 2\, x\, dx} \cdot \left[\int x \cdot e^{\int 2\, x\, dx} dx + C \right]$$

$$= e^{-x^{2}} \cdot \left[\int x \cdot e^{x^{2}} dx + C \right]$$

$$= e^{-x^{2}} \cdot \left[\frac{1}{2} \int e^{t}\, dt + C \right]$$

> NOTE $\int x \cdot e^{x^{2}} dx$: 치환적분법
>
> $\Rightarrow x^{2} = t$, $2\, x\, dx = dt$

$$= e^{-x^2} \cdot \left[\frac{1}{2} e^{t} + C \right]$$

$$= e^{-x^2} \cdot \left[\frac{1}{2} e^{x^2} + C \right] = \frac{1}{2} + C \cdot e^{-x^2}$$

$$\therefore y = \frac{1}{2} + C \cdot e^{-x^2} \Rightarrow y(0) = -3 \text{ 대입 } C = -\frac{7}{2}$$

$$\therefore y = \frac{1}{2} + \frac{7}{2} \cdot e^{-x^2}$$

ex. 7 $y = 4,\ y' + 2xy = 8x$

sol 특수해를 이용하여 1계 선형미분방정식을 해결

$y = 4 + u$이라고 가정 ▶ (특수해 + 임의의 함수 u)

$y' = u'$이므로 주어진 미분방정식은 $u' + 2x(4 + u) = 8x$

$u' + 2xu = 0,\ \dfrac{du}{dx} + 2xu = 0$ (1계 선형 제차 미분방정식)

$$\therefore u = C \cdot e^{-\int 2x\,dx} \Rightarrow \therefore u = C \cdot e^{-x^2}$$

$$\therefore y = 4 + C \cdot e^{-x^2}$$

연습문제

1. $y' - \frac{1}{x} \cdot y = x^2 + 3$

sol $P(x) = -\frac{1}{x}, \quad Q(x) = x^2 + 3$

$$y = e^{-\int -\frac{1}{x}dx} \cdot \left[\int (x^2 + 3) \cdot e^{\int -\frac{1}{x}dx} dx + C \right]$$

$$= x \cdot \left[\int (x^2 + 3) \cdot \frac{1}{x} dx + C \right]$$

$$= x \cdot \left[\frac{1}{2}x^2 + 3\ln|x| + C \right]$$

$$\therefore\ y = \frac{1}{2}x^3 + 3\ln|x| + C \cdot x$$

> **NOTE**
> $e^{-\int -\frac{1}{x}dx} = e^{-\ln|x|} = x^{-1}$
>
> $e^{\int \frac{1}{x}dx} = e^{\ln|x|} = x$

2. $y' - \frac{2}{x} \cdot y = 2x^2$

sol $P(x) = -\frac{2}{x}, \quad Q(x) = 2x^2$

$$y = e^{-\int -\frac{2}{x}dx} \cdot \left[\int (2x^2) \cdot e^{\int -\frac{2}{x}dx} dx + C \right]$$

$$= x^2 \cdot \left[\int (2x^2) \cdot \frac{1}{x^2} dx + C \right]$$

$$= x \cdot [\ x + C\ ]$$

$$\therefore\ y = x^3 + + C \cdot x^2$$

3. $2y' + y = e^{2x}$

sol 식의 변형 $\Rightarrow\ y' + \frac{1}{2}y = e^{2x}$

$P(x) = \frac{1}{2}, \quad Q(x) = e^{2x}$

$$y = e^{-\int \frac{1}{2}dx} \cdot \left[\int (e^{2x}) \cdot e^{\int \frac{1}{2}dx} dx + C \right]$$

$$= e^{-\frac{1}{2}x} \cdot \left[\int (e^{2x}) \cdot e^{\frac{1}{2}x} dx + C \right]$$

$$= e^{-\frac{1}{2}x} \cdot \left[\int e^{\frac{5}{2}x} dx + C \right]$$

$$= e^{-\frac{1}{2}x} \cdot \left[\frac{2}{5} \cdot e^{\frac{5}{2}x} + C \right]$$

$$\therefore\ y = \frac{2}{5}e^{2x} + C \cdot e^{-\frac{1}{2}x}$$

4. $y' - y = \sin x$

sol $P(x) = -1,\quad Q(x) = \sin x$

$$y = e^{-\int -1\,dx} \cdot \left[\int (\sin x) \cdot e^{\int -1\,dx} dx + C \right]$$

$$= e^{x} \cdot \left[\int (\sin x) \cdot e^{-x} dx + C \right]$$

$$= e^{x} \cdot \left[-\frac{1}{2}e^{-x}(\sin x + \cos x) + C \right]$$

$$\therefore\ y = -\frac{1}{2}(\sin x + \cos x) + C \cdot e^{x}$$

NOTE

$\int (\sin x) \cdot e^{-x} dx \Rightarrow$

미분		적분
$\sin x$	⊕	e^{-x}
$\cos x$	⊖	$-e^{-x}$
$-\sin x$		e^{-x}

$\Rightarrow \frac{1}{2} \times (\sin x \times -e^{-x})$

$\times (-\cos x \times e^{-x})$

$= -\frac{1}{2}e^{-x}(\sin x + \cos x)$

$a = -1,\ b = 1$

$\therefore\ \frac{a^2}{a^2 + b^2} = \frac{1}{2}$

5. $y' - y = \cosh x$

sol $P(x) = -1,\quad Q(x) = \cosh x$

$$y = e^{-\int -1\,dx} \cdot \left[\int (\cosh x) \cdot e^{\int -1\,dx} dx + C \right]$$

$$= e^{x} \cdot \left[\int \frac{1}{2}(e^{x} + e^{-x}) \cdot e^{-x} dx + C \right]$$

$$= e^{x} \cdot \left[\int \frac{1}{2} + \frac{1}{2}e^{-2x}\, dx + C \right]$$

NOTE 오일러 공식

$\cosh = \frac{1}{2}(e^{x} + e^{-x})$

$\sinh = \frac{1}{2}(e^{x} - e^{-x})$

$$= \frac{1}{2}e^{x} \cdot \left[\int 1 + \frac{1}{2}e^{-2x}\,dx + C \right]$$

$$= \frac{1}{2}e^{x} \cdot \left(x - \frac{1}{2}e^{-2x} + C \right)$$

$$\therefore\ y = \frac{1}{2}xe^{x} - \frac{1}{4}e^{-x} + C \cdot e^{x}$$

NOTE $\int e^{ax}dx = \frac{1}{a} \cdot e^{ax}$

6. $y' - 4y = e^{x} + \sin x$

sol $P(x) = -4,\quad Q(x) = e^{x} + \sin x$

$$y = e^{-\int -4\,dx} \cdot \left[\int (e^{x} + \sin x) \cdot e^{\int -4dx}dx + C \right]$$

$$= e^{4x} \cdot \left[\int (e^{x} + \sin x) \cdot e^{-4x}dx + C \right]$$

$$= e^{4x} \cdot \left[\int (e^{-3x} + e^{-4x} \cdot \sin x)\,dx + C \right]$$

NOTE $\int (\sin x) \cdot e^{-4x}dx \Rightarrow$

미분		적분
$\sin x$	⊕	e^{-4x}
$\cos x$	⊖	$-\frac{1}{4}e^{-4x}$
$-\sin x$		$\frac{1}{16}e^{-4x}$

$\Rightarrow \frac{16}{17} \times \left(-\frac{1}{4}\sin x \times e^{-4x} - \frac{1}{16}\cos x \times e^{-4x} \right)$

$= -\frac{4}{17}\sin x \cdot e^{-4x} - \frac{1}{17}\cos x \cdot e^{-4x}$

$a = -4,\ b = 1$

$\frac{a^2}{a^2 + b^2} = \frac{16}{17}$

$$= e^{4x} \cdot \left(-\frac{1}{3}e^{-3x} - \frac{4}{17}\sin x \cdot e^{-4x} - \frac{1}{17}\cos x \cdot e^{-4x} + C \right)$$

$$\therefore\ y = -\frac{1}{3}e^{x} - \frac{4}{17}\sin x - \frac{1}{17}\cos x + C \cdot e^{4x}$$

7. $y' - 6y = x + \cosh x$

sol $P(x) = -6,$

$Q(x) = x + \cosh x = \frac{1}{2}(e^{x} + e^{-x})$

NOTE $\frac{1}{2}\int e^{-5x}dx = -\frac{1}{10} \cdot e^{-5x}$

$\frac{1}{2}\int e^{-7x}dx = -\frac{1}{14} \cdot e^{-7x}$

$$y = e^{-\int -6\,dx} \cdot \left[\int \left(x + \frac{1}{2}(e^{x} + e^{-x}) \right) \cdot e^{\int -6dx}dx + C \right]$$

$$= e^{6x} \cdot \left[\int \left(x \cdot e^{-6x} + \frac{1}{2}e^{-5x} + \frac{1}{2}e^{-7x} \right) dx + C \right]$$

NOTE

$$\int x \cdot e^{-6x}dx \Rightarrow$$

미분		적분
x	⊕	e^{-6x}
1	⊖	$-\frac{1}{6}e^{-6x}$
0		$\frac{1}{36}e^{-6x}$

$$\Rightarrow -\frac{1}{6}x \cdot e^{-6x} - \frac{1}{36}e^{-6x}$$

$$= e^{6x} \cdot \left(-\frac{1}{6}x \cdot e^{-6x} - \frac{1}{36}e^{-6x} - \frac{1}{10}e^{-5x} - \frac{1}{14}e^{-7x} + C \right)$$

$$\therefore\ y = -\frac{1}{6}x - \frac{1}{36} - \frac{1}{10}e^{x} - \frac{1}{14}e^{-x} + C \cdot e^{6x}$$

8. $y' - y = 2e^{6x}$

sol $P(x) = -1,\quad Q(x) = 2e^{6x}$

$$y = e^{-\int -1\,dx} \cdot \left[\int (2 \cdot e^{6x}) \cdot e^{\int -1\,dx} dx + C \right]$$

$$= e^{x} \cdot \left[\int (2e^{6x} \cdot e^{-x}dx + C \right]$$

$$= e^{x} \cdot \left(\frac{2}{5}e^{5x} + C \right)$$

$$\therefore\ y = \frac{2}{5} \cdot e^{5x} + C \cdot e^{x}$$

9. $y' + 2y = 5e^{2x} - 4$

sol $P(x) = 2,\quad Q(x) = 5e^{2x} - 4$

$$y = e^{-\int 2\,dx} \cdot \left[\int (5e^{2x} - 4) \cdot e^{\int 2\,dx} dx + C \right]$$

$$= e^{-2x} \cdot \left[\int (5e^{4x} - 4e^{2x})dx + C \right]$$

$$= e^{-2x} \cdot \left(\frac{5}{4}e^{4x} - 2e^{2x} + C \right)$$

$$\therefore\ y = \frac{5}{4} \cdot e^{2x} - 2 + C \cdot e^{-2x}$$

10. $y' + \frac{1}{x} \cdot y = 2x + 1$

sol $P(x) = \frac{1}{x}, \quad Q(x) = 2x + 1$

$$y = e^{-\int \frac{1}{x} dx} \cdot \left[\int (2x+1) \cdot e^{\int \frac{1}{x} dx} dx + C \right]$$

$$= x^{-1} \cdot \left[\int (2x \cdot x + x) dx + C \right]$$

$$= x^{-1} \cdot \left(\frac{2}{3}x^3 - \frac{1}{2}x^2 + C \right)$$

$$\therefore y = \frac{2}{3} \cdot x^2 - \frac{1}{2} \cdot x + C \cdot e^{-1}$$

NOTE

$$e^{\int \frac{1}{x} dx} = e^{\ln|x|} = x$$

$$e^{-\int \frac{1}{x} dx} = e^{-\ln|x|} = x^{-1}$$

11. $y' + \frac{2}{x} \cdot y = x^3 + 1$

sol $P(x) = \frac{2}{x}, \quad Q(x) = x^3 + 1$

$$y = e^{-\int \frac{2}{x} dx} \cdot \left[\int (x^3+1) \cdot e^{\int \frac{2}{x} dx} dx + C \right]$$

$$= x^{-2} \cdot \left[\int (x^3+1) \cdot x^2 dx + C \right]$$

$$= x^{-2} \cdot \left(\frac{1}{6}x^6 + \frac{1}{3}x^3 + C \right)$$

$$\therefore y = \frac{1}{6} \cdot x^4 + \frac{1}{3} \cdot x + C \cdot x^{-2}$$

12. $y' + \frac{2}{x+1} \cdot y = 1$

sol $P(x) = \frac{2}{x+1}, \quad Q(x) = 1$

$$y = e^{-\int \frac{2}{x+2} dx} \cdot \left[\int (1) \cdot e^{\int \frac{2}{x+1} dx} dx + C \right]$$

$$= (x+1)^{-2} \cdot \left[\int (x+1)^2 dx + C \right]$$

$$= (x+1)^{-2} \cdot \left(\frac{1}{3}(x+1)^3 + C \right)$$

$$\therefore y = \frac{1}{3} \cdot (x+1) + C \cdot (x+1)^{-2}$$

NOTE

$$e^{-\int \frac{a}{x+1}dx} = e^{-a\ln|x+1|} = (x+1)^{-a}$$

$$\int (x+1)^2 dx \quad \Rightarrow \quad x+1 = t,\ dx = dt$$

$$\therefore \int t^2 dt = \frac{1}{3}t^3 \quad \Rightarrow \quad \frac{1}{3}(x+1)^3$$

13. $y' + \dfrac{1}{x-2} \cdot y = 2x$

sol $P(x) = \dfrac{1}{x-2}$, $Q(x) = 2x$

$$y = e^{\int \frac{1}{x-2}dx} \cdot \left[\int (2x) \cdot e^{\int \frac{1}{x-2}dx} dx + C \right]$$

$$= (x-2)^{-1} \cdot \left[\int (2x \cdot (x-1))\, dx + C \right]$$

$$= (x-2)^{-1} \cdot \left(\frac{2}{3}x^3 - x^2 + C \right)$$

$$\therefore y = x^2 \cdot (x-2)^{-1} \cdot \left(\frac{2}{3}x - 1 \right) + C \cdot (x-2)^{-1}$$

14. $y' + \dfrac{2}{x} y = x \cdot \sin x$

sol $P(x) = \dfrac{2}{x}$, $Q(x) == x \cdot \sin x$

$$y = e^{-\int \frac{2}{x}dx} \cdot \left[\int (x \cdot \sin x) \cdot e^{\int \frac{2}{x}dx} dx + C \right]$$

$$= x^{-2} \cdot \left[\int (x \cdot \sin x) \cdot x^2\, dx + C \right]$$

$$= x^{-2} \cdot \left[\int (x^3 \cdot \sin x) dx + C \right]$$

NOTE

$\int x^3 \cdot \sin x\, dx \Rightarrow$

미분		적분
x^3	⊕	$\sin x$
$3x^3$	⊖	$-\cos x$
$6x^3$	⊕	$-\sin x$
6	⊖	$\cos x$
0		$\sin x$

$\Rightarrow$

$-x^3 \cdot \cos x + 3x^2 \cdot \sin x$
$+ 6x \cdot \cos x - 6 \cdot \sin x$

$$= x^{-2} \cdot \left[(-x^3+6x) \cdot \cos x + (3x^2-6) \cdot \sin x + C \right]$$

$$\therefore\ y = (-x+6x^{-1}) \cdot \cos x + (3-6x^{-2}) \cdot \sin x + C \cdot x^{-2}$$

15. $y' - 4y = e^{5x} \cdot \cos x$

sol $P(x) = -4,\quad Q(x) = e^{5x} \cdot \cos x$

$$y = e^{-\int -4dx} \cdot \left[\int (e^{5x} \cdot \cos x) \cdot e^{\int -4dx} dx + C \right]$$

$$= e^{4x} \cdot \left[\int (e^{x} \cdot \cos x)\, dx + C \right]$$

NOTE

$\int (\cos x) \cdot e^x dx \Rightarrow$

미분		적분
$\sin x$	⊕ ↘	e^x
$\cos x$	⊖ ↘	e^x
$-\sin x$		e^x

$\Rightarrow \frac{1}{2}(e^x \cdot \sin x + e^x \cdot \cos x)$

$a = 1,\ b = 1$

$\frac{a^2}{a^2+b^2} = \frac{1}{2}$

$$= e^{4x} \cdot \left(\frac{1}{2}(e^x \cdot \sin x + e^x \cdot \cos x) + C \right)$$

$$\therefore\ y = \frac{1}{2}e^{5x} \cdot (\cos x + \sin x) + C \cdot e^{4x}$$

16. $y' - 2 \cdot y = 1 + 2x$

sol $P(x) = -2,\quad Q(x) = 1 + 2x$

$$y = e^{-\int -2dx} \cdot \left[\int (1 + 2x) \cdot e^{\int -2x\,dx} dx + C \right]$$

$$= e^{2x} \cdot \left[\int (1+2x) \cdot e^{-2x} dx + C \right]$$

NOTE

$\int (1+2x) \cdot e^{-2x} dx \Rightarrow$

미분		적분
$1+2$	⊕ ↘	e^{-2x}
2	⊖ ↘	$-\frac{1}{2}e^{-2x}$
0		$\frac{1}{4}e^{-2x}$

$\Rightarrow -e^{-2x} - x \cdot e^{-2x}$

$$= e^{2x} \cdot (-e^{-2x} - x \cdot e^{-2x} + C)$$

$$\therefore\ y = -x - 1 + C \cdot e^{2x}$$

17. $y' \cdot \tan x = y$

sol $2y' \cdot \tan x - y = 0 \quad \Rightarrow \quad y' - \left(\dfrac{\cot x}{2}\right) \cdot y = 0$

$$P(x) = -\frac{1}{2} \cdot \cot x, \quad Q(x) = 0$$

$$y = e^{-\int -\frac{1}{2} \cdot \cot x\, dx} \cdot \left[\int (0) \cdot e^{\int -\frac{1}{2} \cot x\, dx} dx + C\right]$$

$$= e^{\int \frac{1}{2} \cot x\, dx} \cdot [\ C\ ]$$

$$\therefore\ y = C \cdot (\sin x)^{\frac{1}{2}}$$

> **NOTE** $e^{\int \frac{1}{2} \cot x\, dx} = e^{\frac{1}{2} \int \cot x\, dx} = e^{\frac{1}{2} \int \frac{\cos x}{\sin x} dx}$
> $= e^{\frac{1}{2} \ln|\sin x|} = (\sin x)^{\frac{1}{2}}$

18. $y' - \dfrac{2}{x} y = x^4 \cdot e^x$

sol $P(x) = -\dfrac{2}{x}, \quad Q(x) == x^4 \cdot e^x$

$$y = e^{-\int -\frac{2}{x} dx} \cdot \left[\int (x^4 \cdot e^x) \cdot e^{\int -\frac{2}{x} dx} dx + C\right]$$

$$= x^2 \cdot \left[\int (x^4 \cdot e^x) \cdot x^{-2} dx + C\right]$$

$$= x^2 \cdot \left[\int (x^2 \cdot e^x) dx + C\right]$$

> **NOTE** $\int x^2 \cdot e^x dx \Rightarrow$
>
> | 미분 | | 적분 |
> |---|---|---|
> | x^2 | ⊕ ↘ | e^x |
> | $2x$ | ⊖ ↘ | e^x |
> | 2 | ⊕ ↘ | e^x |
> | 0 | | e^x |
>
> $\Rightarrow x^2 \cdot e^x - 2x \cdot e^x + 2 \cdot e^x$

$$= x^2 \cdot (x^2 \cdot e^x - 2x \cdot e^x + 2 \cdot e^x + C)$$

$$\therefore\ y = x^4 \cdot e^x - 2x^3 \cdot e^x + 2x^2 \cdot e^x + C \cdot x^2$$

19. $y' + 3y = e^{3x} + 6$

sol $P(x) = 3,\quad Q(x) = e^{3x} + 6$

$$y = e^{-\int 3\,dx} \cdot \left[\int (e^{3x} + 6) \cdot e^{\int 3\,dx} dx + C \right]$$

$$= e^{-3x} \cdot \left[\int (e^{6x} + 6e^{3x})\,dx + C \right]$$

$$= e^{-3x} \cdot \left(\frac{1}{6}e^{6x} - 2e^{3x} + C \right)$$

$$\therefore\ y = \frac{1}{6} \cdot e^{3x} + 2 + C \cdot e^{-3x}$$

NOTE

$$\int e^{6x}\,dx = \frac{1}{6}e^{6x}$$

$$6\int e^{3x}\,dx = 2e^{3x}$$

20. $y' - 4y = x - 4x^2$

sol $P(x) = -4,\quad Q(x) = x - 4x^2$

$$y = e^{-\int -4\,dx} \cdot \left[\int (x - 4x^2) \cdot e^{\int -4\,dx} dx + C \right]$$

$$= e^{4x} \cdot \left[\int (x - 4x^2) \cdot e^{-4x}\,dx + C \right]$$

$$= e^{4x} \cdot \left(x^2 \cdot e^{-4x} + \frac{1}{2}x \cdot e^{-4x} + \frac{1}{16}e^{-4x} + C \right)$$

$$\therefore\ y = x^2 + \frac{1}{2}x + \frac{1}{16} + C \cdot e^{4x}$$

NOTE

$$\int x \cdot e^{-4x}dx = -\frac{1}{4}x \cdot e^{-4x} - \frac{1}{16}e^{-4x}$$

$$-4\int x^2 \cdot e^{-4x}\,dx = x^2 \cdot e^{-4x} + \frac{1}{2}x \cdot e^{-4x} + \frac{1}{8}e^{-4x}$$

21. $y' + 3y = \cos x$

sol $P(x) = 3,\quad Q(x) = \cos x$

$$y = e^{-\int 3\,dx} \cdot \left[\int (\cos x) \cdot e^{\int 3\,dx} dx + C \right]$$

$$= e^{-3x} \cdot \left[\int (\cos x) \cdot e^{3x}dx + C \right]$$

$$= e^{-3x} \cdot \left[\frac{3}{10}e^{3x} \cdot \cos x + \frac{1}{10}e^{3x} \cdot \sin x + C \right]$$

$$\therefore\ y = \frac{3}{10} \cdot \cos x + \frac{1}{10} \cdot \sin x + C \cdot e^{-3x}$$

22. $xy' + y = 3e^{3x}$

sol $y' + \frac{1}{x} \cdot y = 3x^{-1} \cdot e^{x^3}$

$$P(x) = \frac{1}{x}, \quad Q(x) = \frac{2e^{x^3}}{x}$$

$$y = e^{-\int -\frac{1}{x}dx} \cdot \left[\int \left(\frac{3e^{x^3}}{x} \right) \cdot e^{\int \frac{1}{x}dx} dx + C \right]$$

$$= x^{-1} \cdot \left[\int \left(\frac{3e^{x^3}}{x} \cdot x \right) dx + C \right]$$

$$= x^{-1} \cdot \left[\int (3e^{x^3}) \, dx + C \right]$$

$$= x^{-1} \cdot \left(e^{x^3} + C \right)$$

$$\therefore \; y = x^{-1} \cdot e^{x^3} + C \cdot x^{-1}$$

23. $y' - y \cdot \cot x = 2x - x^2 \cdot \cot x$

sol $P(x) = -\cot x, \quad Q(x) = 2x - x^2 \cdot \cot x$

$$y = e^{-\int -\cot x \, dx} \cdot \left[\int (2x - x^2 \cdot \cot x) \cdot e^{\int -\cot x \, dx} dx + C \right]$$

$$= \sin x \cdot \left[\int (2x - x^2 \cdot \cot x) \cdot \frac{1}{\sin x} dx + C \right]$$

$$= \sin x \cdot \left[\int \frac{2x}{\sin x} dx - \int \frac{x^2 \cdot \cot x}{\sin x} dx + C \right]$$

$$= \sin x \cdot \left[\int \frac{2x}{\sin x} dx - \int \frac{x^2 \cdot \cos x}{\sin^2 x} dx + C \right]$$

$$= \sin x \cdot \left[\int \frac{2x}{\sin x} dx - \frac{x^2}{\sin x} - \int \frac{2x}{\sin x} dx + C \right]$$

$$\therefore \; y = x^2 + C \cdot \sin x$$

> **NOTE** $\int \frac{x^2 \cdot \cos x}{\sin x} dx$
> $\Rightarrow$ 부분적분법 적용

24. $y' - y \cdot \tan x = 2x - x^2 \cdot \tan x$

sol $P(x) = \tan x, \quad Q(x) = 2x - x^2 \cdot \tan x$

$$y = e^{-\int \tan x \, dx} \cdot \left[\int (2x - x^2 \cdot \tan x) \cdot e^{\int \tan x \, dx} dx + C \right]$$

$$= \cos x \cdot \left[\int (2x - x^2 \cdot \tan x) \cdot \frac{1}{\cos x} dx + C \right]$$

$$= \cos x \cdot \left[\int \frac{2x}{\cos x} dx - \int \frac{x^2 \cdot \sin x}{\cos^2 x} dx + C \right]$$

$$= \cos x \cdot \left[\int \frac{2x}{\cos x} dx + \frac{x^2}{\cos x} - \int \frac{2x}{\cos x} dx + C \right]$$

$$\therefore\ y = x^2 + C \cdot \cos x$$

25. $y' - (1 + 3x^{-1})y = -(x + 2), \quad y(1) = e - 1$

sol $P(x) = -(1 + 3x^{-1}), \quad Q(x) = -x - 2$

$$y = e^{-\int -(1+3x^{-1})dx} \cdot \left[\int (-x - 2) \cdot e^{\int -(1+3x^{-1})dx} + C \right]$$

$$= e^x \cdot x^3 \cdot \left[\int (-x - 2) \cdot e^{-x} \cdot x^{-3} dx + C \right]$$

$$= e^x \cdot x^3 \cdot \left[-\int x^{-2} \cdot e^{-x} dx - \int 2x^3 \cdot e^{-x} dx + C \right]$$

$$= e^x \cdot x^3 \cdot \left(x^{-2} \cdot e^{-x} + \int 2x^{-3} \cdot e^{-x} dx - \int 2x^{-3} \cdot e^{-x} dx + C \right)$$

$$\therefore\ y = x + C \cdot x^3 \cdot e^x$$

특수해: $y(1) = e - 1 \quad \Rightarrow \quad e - 1 = 1 + C \cdot e, \ \therefore\ C = 1 - \frac{2}{e}$

$$\therefore\ y = x + \left(1 - \frac{2}{e}\right) \cdot x^3 \cdot e^x$$

26. $x y' + (1 + x) \cdot y = 1, \quad y(1) = 1 + e$

sol $y' + \left(1 + \frac{1}{x}\right) \cdot y = \frac{1}{x}$

$P(x) = \left(1 + \frac{1}{x}\right), \quad Q(x) = \frac{1}{x}$

$$y = e^{-\int (1+\frac{1}{x})dx} \cdot \left[\int (\frac{1}{x}) \cdot e^{\int (1+\frac{1}{x})dx} + C \right]$$

$$= e^{-x - \ln|x|} \cdot \left[\int (\frac{1}{x}) \cdot e^{x + \ln|x|} dx + C \right]$$

$$= e^{-x} \cdot x^{-1} \cdot \left[\int \frac{1}{x} \cdot e^x \cdot x \ dx + C \right]$$

$$\therefore\ y = e^{-x} \cdot x^{-1} \cdot (e^x + C)$$

특수해: $y(1) = e - 1 \quad \Rightarrow \quad 1 + e = 1 + C \cdot e, \ \therefore\ C = 1$

$$\therefore\ y = x^{-1} + e^{-x} \cdot x^{-1}$$

27. $y' + y = (x-1)^2, \quad y(1) = e^{-1} + 2$

sol $P(x) = 1, \quad Q(x) = (x-1)^2$

$$y = e^{-\int 1\,dx} \cdot \left[\int (x-1)^2 \cdot e^{\int 1\,dx} + C \right]$$

$$= e^{-x} \cdot \left[\int (x-1)^2 \cdot e^x \,dx + C \right]$$

$$= e^{-x} \cdot \left[\int (x^2 - 2x + 1) \cdot e^x \,dx + C \right]$$

$$= e^{-x} \cdot \left[e^x (x^2 - 4x + 5) + C \right]$$

$\therefore\ y = x^2 - 4x + 5 + C \cdot e^{-x}$

특수해: $y(1) = e^{-1} + 2 \Rightarrow 2 + e^{-1}$

$= 1 - 4 + 5 + C \cdot e^{-1}, \ \therefore\ C = 1$

$\therefore\ y = x^2 - 4x + 5 + e^{-x}$

28. $y' + x^3 \cdot y = 4x^3, \quad y(0) = 1$

sol $P(x) = x^3, \quad Q(x) = 4x^3$

$$y = e^{-\int x^3 dx} \cdot \left[\int (4x^3) \cdot e^{\int x^3 dx} dx + C \right]$$

$$= e^{-\frac{1}{4}x^4} \cdot \left[\int 4x^3 \cdot e^{\frac{1}{4}x^4} dx + C \right]$$

$$= e^{-\frac{1}{4}x^4} \cdot \left[4 \cdot e^{\frac{1}{4}x^4} + C \right]$$

$\therefore\ y = 4 + C \cdot e^{-\frac{1}{4}x^4}$

특수해: $y(0) = 1 \quad \Rightarrow \quad 1 = 4 + C, \ \therefore\ C = -3$

$\therefore\ y = 4 - 3 \cdot e^{-\frac{1}{4}x^4}$

29. $(e^{3y} + 3x) \cdot y' = 1, \quad x(1) = 0$

sol $e^{3y} + 3x = \dfrac{dx}{dy} \quad \Rightarrow \quad \dfrac{dx}{dy} - 3x = e^{3y}$

$P(y) = -3, \ Q(y) = e^{3y}$

$$x = e^{\int 3\,dy} \cdot \left[\int e^{3y} \cdot e^{-\int 3\,dy} dy + C \right]$$

$$= e^{3y} \cdot \left[\int e^{3y} \cdot e^{-3y} dy + C \right]$$

$$\therefore\ x = y \cdot e^{3y} + C \cdot e^{3y}$$

특수해: $x(1) = 0 \quad \Rightarrow \quad 0 = e^3 + C \cdot e^3, \ \therefore\ C = -1$

$$\therefore\ x = y \cdot e^{3y} - e^{3y}$$

30. $\left(1 - 2y - \frac{1}{2} y^{-1} \cdot x\right) \cdot y' = \frac{1}{2} y^{-1} \qquad x(0) = 1$

sol $\left(1 - 2y - \frac{1}{2} y^{-1} \cdot x\right) \cdot \frac{dy}{dx} = \frac{1}{2} y^{-1}$

$$\frac{\left(1 - 2y - \frac{1}{2} y^{-1} \cdot x\right)}{\frac{1}{2} y^{-1}} = \frac{dy}{dx}$$

$$\frac{dx}{dy} = 2y - 4y^2 - x \quad \Rightarrow \quad \frac{dx}{dy} + x = 2y - 4y^2$$

$$P(y) = 1,\ Q(y) = 2y - 4y^2$$

$$x = e^{-\int 1 dy} \cdot \left[\int (2y - 4y^2) \cdot e^{\int 1 dy} dy + C \right]$$

$$= e^{-y} \cdot \left[\int (2y - 4y^2) \cdot e^{y} dy + C \right]$$

$$= e^{-y} \cdot \left(e^{y} \cdot (10y - 4y^2 - 10) + C \right)$$

$$\therefore\ x = 10y - 4y^2 - 10 + C \cdot e^{-y}$$

특수해: $x(0) = 1 \quad \Rightarrow \quad 1 = -10 + C, \quad \therefore\ C = -11$

$$\therefore\ x = 10y - 4y^2 - 10 - 11 \cdot e^{-y}$$

CHAPTER 6
미분방정식의 응용

미분방정식은 다음의 공학 및 물리 문제 등에 응용될 수 있다.

1. 맬서스 모델

시간 t에서의 모집단의 크기 $y(t)$의 변화율이 현재의 양에 비례한다고 하면 1계 미분방정식의 초깃값 문제(Initial Value Problem)로 표현 가능하다. 즉,

$$\frac{dy}{dt} = ky, \quad y(0) = y_0$$

여기서 y_0는 초기 모집단의 크기를 나타낸다.

이 문제는 맬서스의 연구업적에 따라 맬서스 모델(Malthus Model)로 알려져 있다. $k > 0$이면, 모집단의 크기는 증가하고 $k < 0$이면 모집단의 크기는 감소한다. 맬서스 모델을 임의의 k와 y_0에 대하여 풀어보면 $\frac{dy}{dt} = ky$. 이를 다시 전개하면 다음과 같다.

$$\frac{dy}{y} = k\,dt$$ ▶ 변수 분리형 1계 선형미분방정식

양변을 적분하면 다음과 같다.

$$\int \frac{dy}{y} = \int k\,dt \quad \Rightarrow \quad \ln|y| = kt + C_1$$

$$\therefore y = C \cdot e^{kt}$$

초기조건($y(0) = y_0$)을 대입하면 상수 C를 구할 수 있다. $\Rightarrow \quad C = y_0$

$$\therefore y = y_o \cdot e^{kt}$$

ex. 1 이집트의 고대유물의 표본이 '탄소-14'를 60% 함유하고 있다는 연구결과가 보고되었다. '탄소-14'의 반감기가 약 5700년이라면, 이 유물은 몇 년 전에 제작된 것으로 추정할 수 있겠는가?

sol $y(t)$를 t년 후 표본에 함유된 '탄소-14'의 함유량(%)이라 한다면,

$y(0) = 1 \quad \Rightarrow$ '탄소-14' 함유량 100%일 때 $t = 0$

그리고 문제에 주어진 '탄소-14'를 60% 함유하고 있을 때의 관계는 다음과 같다.

$y(t) = 0.6 \quad \Rightarrow$ '탄소-14'의 함유량이 60%일 때 $t = ?$

$y(t) = y_0 \cdot e^{kt}$로부터 $y(5700) = e^{5700 \times k} = 0.5$ 이다.

이 관계로부터 k값을 구하면 다음과 같다.

$e^{5700 \times t} = 0.5$ ▶ 양변에 ln을 취한다.

$5700 \times k = \ln|0.5| \Rightarrow k = \dfrac{\ln|0.5|}{5700} \fallingdotseq -0.000121604$

따라서 $e^{-0.000121604 \times t} = 0.6 \Rightarrow -0.000121604 \times t = \ln|0.6|$

$\therefore t \fallingdotseq 4200$, 이집트 고대유물의 표본은 약 4200년 정도 지난 것으로 추정할 수 있다.

ex. 2 세균배양기에서 세균의 개체수가 3일 후에 두 배로 증가하였다.
초기 세균 수가 네 배로 증가하는 데 소요되는 시간은 어느 정도인가?

sol $y(t)$를 t일 후 세균증가량이라고 한다면,

$y(3) = 2y_0 \Rightarrow$ 3일 지난 후 세균 증가량 2배

그리고 문제에 주어진 세균 수가 네 배로 증가하였을 때의 관계는 다음과 같다.

$y(t) = 4 \Rightarrow t$일 지난 후 세균 증가량 4배

$y(t) = y_0 \cdot e^{kt}$로부터 $y(3) = e^{3 \times k} = 2$ 이다.

이 관계로부터 k값을 구하면 다음과 같다.

$e^{3 \times t} = 0.5$ ▶ 양변에 ln을 취한다.

$$3 \times k = \ln|2| \Rightarrow k = \frac{\ln|2|}{3} \fallingdotseq 0.23104906$$

따라서 $e^{0.23104906 \times t} = 4 \Rightarrow 0.23104906 \times t = \ln|4|$

$\therefore t = 6$, 즉 6일 후에 세균의 수는 초기 세균 수의 네 배로 증가한다.

ex. 3 한 나라의 인구가 50년 동안 2배로 증가한다면, 인구 증가가 인구수에 비례한다는 가정에서 인구가 3배로 증가하려면 몇 년이 걸리겠는가?

sol y를 t년에서의 인구, y_0를 초기인구라고 가정하면, 다음과 같은 식으로 표현할 수 있다.

$\dfrac{dy}{dt} = ky$ ☞ 변수 분리형 미분방정식, k는 비례상수

양변을 적분하여 정리 $\Rightarrow \ln|y| = kt + \ln|C|$

초기조건 $t = 0$에서 $y = y_0$를 대입

$\therefore y = y_0 e^{kt}$

$t = 50$에서 $y = 2y_0$를 대입

$2y_0 = y_0 e^{50k} \Rightarrow e^{50k} = 2 \Rightarrow \therefore y = y_0 2^{\frac{t}{50}}$

따라서 $y = 3y_0$에 도달하는 시간 t는 다음과 같다.

$$3y_0 = y_0 2^{\frac{t}{50}} \quad \Rightarrow \quad 3^{50} = 2^t \quad \Rightarrow \quad \therefore t = \log_2 3^{50} = 50\log_2 3 \fallingdotseq 79$$

∴ 인구가 3배로 증가하는 데는 약 79년이 소요된다.

ex. 4 실험에 의하면 어떤 시간 t에서의 라디움의 분해속도는 당시 현존하는 라디움의 양에 비례한다고 한다. 만일 12년 동안에 라디움 0.5%가 없어진다고 할 때, 라디움의 양이 반감되는 시간은 얼마인가?

sol t 년 후의 라디움의 양을 y라 하면 $\Rightarrow \dfrac{dy}{dt} = ky$ (k는 비례상수)

양변을 적분하여 정리 $\Rightarrow \ln|y| = kt + \ln|C|$

초기조건 $t = 0$에서 $y = y_0$ 를 대입

$\therefore y = y_0 e^{kt}$

$t = 12$에서 $y = 0.995y_0$를 대입 (∵ 12년 후에 0.5% 감소 ☞ 99.5% 잔존)

$$0.995y_0 = y_0 e^{12k} \quad \Rightarrow \quad e^{12k} = 0.995 \quad \Rightarrow \quad e^k = 0.995^{\frac{1}{12}}$$

$$\therefore y = y_0 (0.995)^{\frac{t}{12}}$$

반감기: $y = \dfrac{y_0}{2} \quad \Rightarrow \quad \dfrac{y_0}{2} = y_0 (0.995)^{\frac{t}{12}} \quad \Rightarrow \quad \dfrac{1}{2} = 0.995^{\frac{t}{12}}$

양변에 로그를 취하여 정리

$$-\log 2 = \frac{t}{12}\log 0.995 \quad \Rightarrow \quad \therefore t = 12\left(-\frac{\log 2}{\log 0.995}\right) \fallingdotseq 1660$$

∴ 라디움의 반감기는 약 1660년이 소요된다.

2. 뉴턴의 냉각법칙

뉴턴(Newton)의 냉각법칙은 냉각되는 물체의 온도(T)의 변화율이 물체의 온도와 물체 주위의 온도(T_s)의 차에 비례함을 말한다. 이러한 현상은 1계 미분방정식의 초깃값 문제로 표현 가능하다.

정의

$$\frac{dT}{dt} = k(T - T_s), \quad T(0) = T_0$$

여기서 T_0는 물체의 초기온도이고 k는 비례상수이다.

주어진 방정식은 변수 분리형 미분방정식이다.

$$\frac{1}{T - T_s}\, dT = k\, dt$$

양변을 적분 ▶ $\ln|T - T_s| = kt + C$

$$\therefore \; T = C_1 e^{kt} + T_s$$

초깃값을 대입 ▶ $T_0 = C_1 + T_s$ ☞ $T = (T_0 - T_s)e^{kt} + T_s$

ex. 1 파이를 350°F의 오븐에서 꺼내서 온도가 75°F인 곳에서 식혔다. 15분 후에 파이의 온도가 150°F가 되었다면 파이가 80°F로 되기 위해서는 얼마의 시간이 소요되겠는가?

sol $T_0 = 350°\mathrm{F}$과 $T_s = 75°\mathrm{F}$를 $T = (T_0 - T_s)e^{kt} + T_s$에 대입

$T(t) = (350 - 75)e^{kt} + 75 = 275e^{kt} + 75$

초기조건 ▶ $T(15) = 150$ ☞ $T(15) = 275e^{15k} + 75 = 150$

$$\therefore \; 275e^{kt} = 75 \;\Rightarrow\; e^{15k} = \frac{3}{11} \;\Rightarrow\; e^k = \left(\frac{3}{11}\right)^{\frac{1}{15}}$$

$$T(t) = 275(e^k)^t + 75 = 275\left(\frac{3}{11}\right)^{\frac{t}{15}} + 75$$

$T(t) = 80$을 방정식에 대입 $\Rightarrow \; 275\left(\frac{3}{11}\right)^{\frac{t}{15}} + 75 = 80$

$$\left(\frac{3}{11}\right)^{\frac{t}{15}} = \frac{1}{55} \;\Rightarrow\; \frac{t = -15\ln|55|}{\ln\left|\frac{3}{11}\right|} \fallingdotseq 46.254$$

$\therefore$ 파이는 약 46분 25초 후에 80°F로 식는다.

ex. 2 임의의 온도에서 물을 100℃까지 가열한 후, 주위 온도 60℃에 두었더니 3분 후에 물의 온도가 90℃가 되었다면 다음의 물음에 답하시오.

(1) 6분 후의 물의 온도 (2) 물의 온도가 70℃가 되는 시간

(2) 물의 온도가 70℃가 되는 시간

sol 뉴턴의 냉각법칙 $\frac{dT}{dt} = k(T - T_s)$, $T(0) = T_0$에서 $T_s = 60$, $T(0) = 100$

$\frac{dT}{dt} = k(T - 60)$ 변수 분리하여 양변을 적분

$$\int \frac{dT}{T-60} = \int k\,dt \quad \Rightarrow \quad \ln|T-60| = kt + C$$

$\therefore\ T = C_1 e^{kt} + 60 \Rightarrow T(0) = 100$을 대입 $\Rightarrow\ \therefore\ T = 40e^{kt} + 60$

$T(3) = 90$이므로 $\therefore\ T = 40(0.75)^{\frac{t}{3}} + 60$

(1) 6분 후의 물의 온도 $\Rightarrow t = 6,\ T = 82.5$

☞ ∴ 6분 후의 물의 온도는 82.5℃

(2) 물의 온도가 70℃가 되는 시간 $\Rightarrow T(t) = 75$

$$\Rightarrow 75 = 60 + 40(0.75)^{\frac{t}{3}}$$

$\therefore\ t = 10.23$ ☞ 물의 온도가 70℃가 되는 시간은 10.23분이다.

3. 자유낙하운동

어떤 물체의 운동을 1계 미분방정식을 이용하여 표현 가능하다.

물체의 운동량은 그것의 질량과 속도의 곱으로 정의된다.

즉, $\frac{d}{dt}(mv) = F \quad \Rightarrow \quad m\frac{dv}{dt} = F$

$F = m \cdot g$이므로 $\frac{dv}{dt} = g$

공기의 저항을 고려하면 위 식은 다음과 같이 표현된다.

$$\therefore\ m\frac{dv}{dt} = mg + (-F_R)$$

NOTE 뉴턴의 제2운동법칙
시간에 따른 어떤 물체의 운동량의 변화율은 물체에 작용하는 합력과 같다.

ex. 1 질량 1g인 물체를 높이 1000m에서 초기속도 $2m/s$로 낙하시켰을 때, 시간에 따른 속도를 구하시오. 이 물체의 공기저항은 물체의 순간속도와 동일하다고 가정한다.

sol 공기저항이 순간속도와 동일하므로 $F_R = v$이다.

$m\dfrac{dv}{dt} = mg - F_R$에서 초기조건 $m = 1$, $F_R = v$를 대입

$$\Rightarrow \frac{dv}{dt} = 9.8 - v$$

이 방정식은 v에 대한 1계 선형미분방정식이다. ⇒ 1계 선형미분방정식 해법을 적용한다.

$v = e^{-\int dt} \cdot [\int 32 \cdot e^{\int dt} + C] \quad \Rightarrow \quad v = 32 + C \cdot e^{-t}$

$v_0 = 2\,m/s$을 대입 ⇒ $C = -30$

$\therefore v = 32 - 30\,e^{-t}$

ex. 2 5g의 물체를 10m 높이에서 초속도 0으로 낙하시켰을 때, 다음 물음에 답하시오. (단, 공기 저항은 무시한다.)

(1) 시간 t에서의 이 물체의 속도는?

(2) 이 물체가 지면에 떨어질 때까지의 시간은?

sol (1) $\dfrac{dv}{dt} = g \Rightarrow 9.8\,m/s^2$ ⇒ 양변을 적분하여 정리

$v = gt + C$

초기조건 $t = 0$에서 $v = 0 \Rightarrow C = 0$

$\therefore v = 9.8\,t\,(m/s^2)$

(2) 시간 t 동안의 낙하거리를 $x\,(m)$라면 $\dfrac{dx}{dt} = v \Rightarrow v = gt$

$\therefore x = \dfrac{1}{2}gt^2 + C_1 = 4.9\,t^2 + C$

$t = 0$에서 $x = 0$이므로 $C_1 = 0$

$\therefore x = 4.9\,t^{2m}$

$x = 4.9\,t^2 = 10$

4. 전기회로

키르히호프의 제2법칙(KVL) : 임의의 회로 내에서 전압강하의 대수적 합은 '0'이다.

전기회로와 관련된 자세한 사항은 관련 서적을 참고하길 바라며, 여기서는 간단히 결과만을 언급하기로 한다.

회로 내의 요소는 보통 다음과 같이 표시한다.

회로에 공급되는 전압(E), 저항(R), 코일(Inductor, L), 축전지(Capacitor, C)이다.

그림 1과 같이 저항과 코일이 연결된 직렬회로(R-L 회로)를 가정한다.

KVL에 의해서 공급전압(E)은 코일에서의 전압강하 $L\frac{dI}{dt}$와 저항에서의 전압강하 RI의 합과 동일하다.

$$L\frac{dI}{dt} + RI = E$$

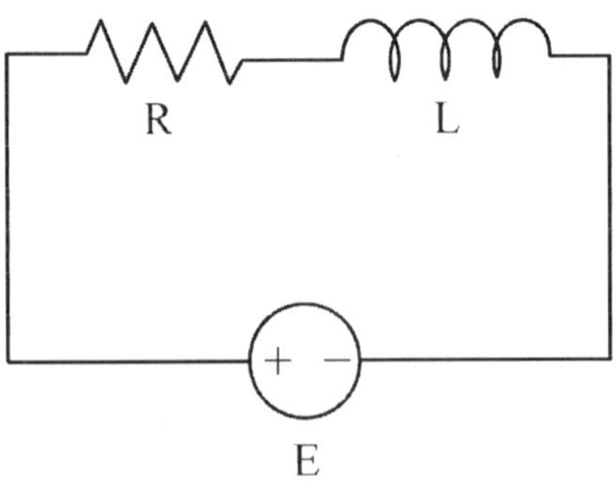

그림 1 R-L 회로

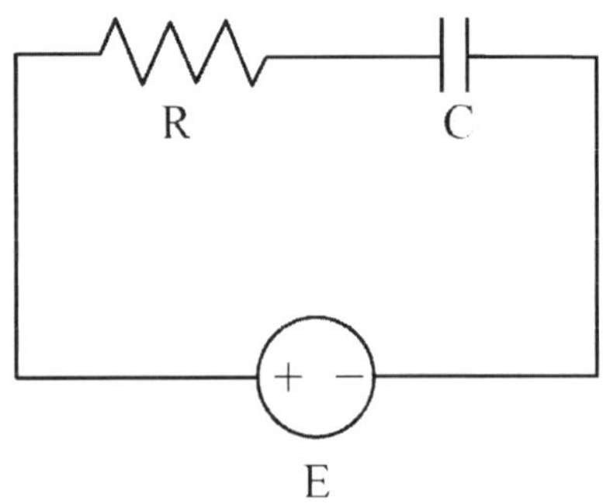

그림 2 R-C 회로

그림 2와 같이 저항과 축전지가 연결된 직렬회로(R-C 회로)를 가정한다.

KVL에 의해서 공급전압(E)은 축전지에서의 전압강하 $\frac{Q}{C}$와 저항에서의 전압강하 RI의 합과 동일하다.

$RI + \frac{Q}{C} = E$ 여기에 $I = \frac{dQ}{dt}$를 대입하면

☞ $R\frac{dQ}{dt} + \frac{Q}{C} = E$

$Q = C \cdot V$, C 는 정전용량계수

$$I(t) = \frac{dQ}{dt} \Rightarrow \frac{d(CV)}{dt} \Rightarrow C \cdot \frac{dV}{dt}$$

> **NOTE** 축전기(Capacitor): 두 단자에 가해진 전기에너지를 정전에너지로 축적하는 소자

$\therefore\ V = \dfrac{1}{C}\int I\,dt$ 으로도 전압강하를 표현할 수 있다.

ex. 1 100(V)의 전원에 10Ω의 저항과 2(H)의 코일이 직렬로 연결되어 있는 회로가 있다. 전류에 대한 미분방정식과 시간 t에서의 전류는? (단, 초기전류 $I = 0$이다.)

sol 공급된 전압은 100(V), 저항에서의 전압강하는 $10\,I$,

코일에서의 전압강하는 $2\dfrac{dI}{dt}$ 이다.

KVL에 의해서 $100\,I + 2\dfrac{dI}{dt} = 100$ ☞ 1계 선형미분방정식

$I = e^{-\int 5\,dt}\cdot\left[\int 50\,e^{\int 5\,dt}dt + C\right] \quad\Rightarrow\quad \therefore\ I = 10 + Ce^{-5t}$

초기전류 $t = 0 \quad\Rightarrow\quad I = 0$이므로 $10 + C = 0$ ▶ $\therefore\ C = -10$

$\therefore\ I = 10 - 10\,e^{-5t}$

연 습 문 제

1. 방충제가 그 면적에 비례하여 증발하면서 부피가 줄어든다. 방충제의 형상은 구이며 초기직경은 2 cm이다. 직경이 1 cm로 되는데 석 달의 시간이 소요되었다. 방충제가 거의 없어질 때, 즉 직경이 1 mm 되는데 필요한 시간은?

sol 방충제의 체적(v), 방충제의 표면적(a), 방충제의 반경(r)

$$V = \frac{4}{3}\pi r^3,\ A = 4\pi r^2,\ \frac{dV}{dt} = -K \cdot A \ \ (K\text{는 비례상수})$$

$$\frac{d\left(\frac{4}{3}\pi r^3\right)}{dt} = -K \cdot 4\pi r^2 \quad \Rightarrow \quad 4\pi r^2 \frac{dr}{dt} = -K \cdot 4\pi r^2$$

$$\therefore \frac{dr}{dt} = -K \quad \Rightarrow \quad r = -Kt + c$$

$$t = 0\ ;\ r = \frac{\text{직경}}{2} = 1\,mm$$

$$t = 3\ ;\ r = \frac{1}{2}$$

$r = -Kt + c$ 대입 ☞ $K = \dfrac{1}{6}$, $c = 1$

$$\therefore r = -\frac{t}{6} + 1 \quad \Rightarrow \quad \frac{0.1}{2} = \frac{t}{6} + 1 \quad \Rightarrow \quad t = 5.7\,month$$

2. 구형의 빗방울의 증발률은 그 표면적에 비례한다. 처음에 $\frac{1}{8}$ mm의 반지름이던 빗방울이 40분이 지난 후에는 $\frac{1}{24}$ mm의 반지름의 빗방울이 되었다.

① 임의의 시간 t에서의 빗방울의 반지름을 나타내는 식을 구하시오.

② 임의의 시간 t에서의 빗방울의 표면적과 부피를 나타내는 식을 구하시오.

sol $\dfrac{dV}{dt} = K \cdot A,\ A = 4\pi r^2,\ V = \dfrac{4}{3}\pi r^3$

$$\therefore \frac{dV}{dt} = 4\pi r^2 \cdot \frac{dr}{dt} = K \cdot A = K \cdot 4\pi r^2$$

$\dfrac{dr}{dt} = k$ 또는 $r(t) = K \cdot t + c,\ r(0) = c = \dfrac{1}{8}$

그리고 $r(40) = \dfrac{1}{24} = 40K + \dfrac{1}{8} \quad \Rightarrow \quad r(t) = \dfrac{60 - t}{480}$

① $r(t) = \dfrac{60 - t}{480}$

② $A(t) = 4\pi\left(\dfrac{60 - t}{480}\right)^2$, $V(t) = \dfrac{4}{3}\pi\left(\dfrac{60 - t}{480}\right)^3$

3. 실험에 의하면 다공성물질이 공기중에 놓여있어 습기의 함량에 비례하는 비율로 습기를 소실한다. 만일 한 조각을 바람이 부는 곳에 매달아 놓을 때, 습기의 절반을 1시간 내에 잃는다면, 실질적으로 언제 건조해지겠는가? 즉 99.9%의 습기를 소실하게 되는 것은 시간은?

sol $\dfrac{dy}{dt} = c \cdot y \Rightarrow \displaystyle\int \frac{1}{y}dy = \int c\,dt + c_1 \quad \Rightarrow \quad y = A \cdot e^{ct},\ y(0) = y_0$

$\therefore\ y = y_0 \cdot e^{ct},\ y(1) = \dfrac{1}{2}y_0 = y_0 e^c \Rightarrow \therefore\ e^c = \dfrac{1}{2},\ c = \ln\dfrac{1}{2}$

$y = y_0 e^{(\ln\frac{1}{2})t} = y_0\left(\dfrac{1}{2}\right)^t,\ y(t) - 0.001\,y_0 = y_0\left(\dfrac{1}{2}\right)^t$

$0.001 = \left(\dfrac{1}{2}\right)^t \Rightarrow \therefore\ t = 9.99\,hr$

4. 두 액체가 동일한 용기 내에서 가열된다. 임의의 순간에 증기로 방출되는 양의 비는 아직 액체상태로 있는 x와 y의 비에 비례한다. $y' = k \cdot \dfrac{y}{x}$임을 증명하시오.

sol 시간 t 일 때, 두 액체의 양이 x, y라 하면, 두 액체의 휘발율은 문제로부터 각각 $\dfrac{dy}{dt}$, $\dfrac{dx}{dt}$ 임을 알 수 있다.

$\dfrac{\frac{dy}{dt}}{\frac{dx}{dt}} \propto \dfrac{y}{x} \quad \Rightarrow \quad \dfrac{dy}{dx} \propto \dfrac{y}{x} \quad \Rightarrow \quad \therefore\ \dfrac{dy}{dx} = k \cdot \dfrac{y}{x}$ 단, k는 비례상수

$\dfrac{1}{y} \cdot dy = k \cdot \dfrac{1}{x} \cdot dx \quad \Rightarrow \quad \ln y = k \cdot \ln x + c \quad \Rightarrow \quad \therefore\ y = A \cdot x^k$

5. 실험에 의하면 묽은 용액에서 설탕의 용해율은 용해되지 않는 설탕의 농도 $y(t)$에 비례한다. $t = 0$일 때, 농도가 $\dfrac{1}{100}$이고 $t = 4$일 때 $\dfrac{1}{300}$이라고 가정하여 $y(t)$를 구하시오.

sol $y' = -k \cdot y \quad \Rightarrow \quad \therefore\ y = c \cdot e^{-kt} \quad \Rightarrow \quad t = 0\ ,\ y = 0.001$

$\therefore\ c = 0.01 \quad \Rightarrow \quad y = 0.01\, e^{-kt}$

$t = 4\ ,\ y = \dfrac{1}{300} \quad \Rightarrow \quad \dfrac{1}{300} = 0.01 \cdot e^{-k \cdot 4} \quad \Rightarrow \quad \therefore\ k = \dfrac{\ln 3}{4} = 0.275$

$\therefore\ y(t) = 0.01\, e^{-0.275t}$

6. 뉴턴의 냉각법칙에 따라 공기 중에서 냉각되는 물체의 온도를 구하시오.

sol A를 공기의 온도, $T(t)$를 물체의 온도라 하면 $\dfrac{dT}{dt} = k \cdot (T - A)$

$\therefore\ \ln|T - A| = k \cdot t + c \quad \Rightarrow \quad T(t) = A + k \cdot e^{kt}$

만약 T_0가 초기 물체온도라면 $k = T_0 - A$

$\therefore\ T(t) = A + (T_0 - A) \cdot e^{kt}$

7. 15℃를 지시하는 온도계를 23℃의 실내에 설치하였다. 1분 경과 후 온도계는 19℃를 가리켰다. 온도계가 거의 23℃(22.9℃)에 도달하는 데 필요한 시간은?

sol $\dfrac{dT}{dt} = -K(T - 23) \quad \Rightarrow \quad T(t) = c \cdot e^{-kt} + 23$

$T(0) = 15 \quad \Rightarrow \quad \therefore\ c = -8$

$T(1) = 19 \quad \Rightarrow \quad \therefore\ 19 = -8\, e^{-K} + 23 \quad \Rightarrow \quad \therefore\ K = \ln 2$

$\therefore\ T(t) = -8 \cdot e^{-t \cdot \ln 2} + 23 \quad \Rightarrow \quad \therefore\ t = 6.32\ \text{min}$

8. 정점에서 각도가 60° 원형인 원뿔형의 용기에 단면적이 0.5 cm^2인 구멍이 있다. 용기에는 물이 들어 있으며, $t = 0$일 때, 출구가 개방되고 물이 배출된다. 물의 초기 높이는 $h(0) = 1\,m$라 가정할 때, 물이 완전히 배출되는 데 필요한 시간은?

sol 유출되는 물의 체적속도 v와 시간 t의 관계는

$\Delta v = 0.5\, v\, \Delta t$, 토리첼리(Torricelli) 법칙으로부터 $v = 0.6\sqrt{2gh}$

$\therefore\ \Delta v = 0.3\sqrt{2gh}$ $\cdots$ ①

또한 $\Delta v = -\pi \cdot r^2 \cdot \Delta h,\ r = h \cdot \tan 30° = \dfrac{h}{\sqrt{3}}$

$\therefore\ \Delta v = \pi \cdot \dfrac{h^2}{3} \cdot \Delta h$ $\cdots$ ②

$0.3\sqrt{2gh} \cdot \Delta t = \dfrac{\pi}{3} h^2\, \Delta h \quad \Rightarrow \quad \dfrac{\Delta h}{\Delta t} = \dfrac{0.9\sqrt{2g}}{\pi} \cdot h^{-\frac{3}{2}}$

$$\therefore\ \frac{dh}{dt} = -12.7 \cdot h^{-\frac{3}{2}} \quad \Rightarrow \quad \therefore\ \int h^{\frac{3}{2}}\,dh = \int -12.7\,dt$$

$$\therefore\ \frac{2}{5} \cdot h^{\frac{5}{2}} = -12.7 \cdot t + c$$

단, $h(0) = 100 \quad \Rightarrow \quad \frac{2}{5} \cdot 100^{\frac{5}{2}} = c$

$$\therefore\ \frac{2}{5} h^{\frac{5}{2}} = -12.7 \cdot t + \frac{2}{5} \cdot 100^{\frac{5}{2}}$$

9. K1은행은 예금액에 대하여 이자를 연속적으로 복리로 계산하여 지급한다. 기간 $t = 0$에서 7000만 원을 예금하였더니 3일 후에 원금과 이자의 합계가 7200만 원이 되었다면 이율은 얼마인가?

sol $y(t)$를 시간 t에서의 이자라고 한다면,

$y(t) = k \cdot y(t)$ 또는 $y(t) = A \cdot e^{kt}$ 단, k는 단위시간당 이자율

$y(0) = 7000 = A \quad \Rightarrow \quad y(t) = 7000 \cdot e^{kt}$

$y(3) = 7200 \quad \Rightarrow \quad 7200 = 7000 \cdot e^{3k}$

$\therefore\ k = \frac{1}{3} \cdot \ln\left(\frac{7200}{7000}\right) \fallingdotseq 0.0094$ ☞ 하루이자율 0.94%

10. 상태변화를 하는 동안 경계를 통해 주위와 계 사이에 열의 출입이 없는 변화(가열량 및 방열량은 없다)를 단열변화라고 한다. 단열변화에서의 압력(p)과 비체적(v) 그리고 온도 (T)와의 관계식을 유도하시오.

sol $p,\ v,\ T$ 관계식

이상기체상태방정식($p \cdot v = R \cdot T$) ▶ 양변 미분

$$dT = \frac{p\,dv + v\,dp}{R} \quad \cdots (1)$$

$$p\,dv + v\,dp = R\,dT \quad \cdots (2)$$

(1)식을 dT에 대해서 정리하면 다음과 같다.

$$dT = \frac{p\,dv + v\,dp}{R} \quad \cdots (3)$$

밀폐계의 에너지 방정식($\delta q = du + A\,p\,dv$)에서

$$du + A\,p\,dv = 0 \ (\because\ \delta q = 0) \quad \cdots (4)$$

줄의 법칙(Joule's law)에서 $du = C_v\, dT$ … (5)

☞ $dh = C_p\, dT$

(5)식을 (4)식에 대입하여 정리하면 다음과 같다.

$$C_v\, dT + A\, p\, dv = 0 \qquad \cdots (6)$$

(6)식의 dT 를 (2)식의 dT 에 대입하여 정리한다.

$$C_v \cdot \left(\frac{p\, dv + v\, dp}{R} \right) + A\, p\, dv = 0 \qquad \cdots (7)$$

(7)식을 '$p\, dv$'와 '$v\, dp$'에 대하여 정리하면 다음과 같다.

$$p\, dv \left(\frac{C_v}{R} + A \right) + \frac{C_v}{R} v\, dp = 0 \qquad \cdots (8)$$

(8)식의 양변에 기체상수(R)을 곱하여 정리한다.

$$(C_v + A R)\, p\, dv + C_v\, v\, dp = 0 \qquad \cdots (9)$$

$C_p - C_v = A R$이므로 (9)식에 대입하여 정리하면 다음과 같다.

$$C_p\, p\, dv + C_v\, v\, dp = 0 \qquad \cdots (10)$$

(10)식의 양변을 C_v, p, v로 나누어 정리한다.

$$\frac{C_p\, dv}{C_v\, v} + \frac{dp}{p} = 0 \qquad \cdots (11)$$

비열비(κ)의 정의$\left(\kappa = \dfrac{C_p}{C_v} \right)$를 (11)식에 대입한다.

$$\kappa \frac{dv}{v} + \frac{dp}{p} = 0 \qquad \cdots (12)$$

(12)식은 변수 분리형의 미분방정식이다.

양변을 각각의 변수에 대해서 적분한다.

$$\kappa \int \frac{dv}{v} + \int \frac{dp}{p} = C \qquad \cdots (13)$$

(13)식의 적분 결과는 다음과 같다.

$$\therefore\ \kappa \ln| v | + \ln| p | = C \quad \Rightarrow \quad \ln \left| p \cdot v^{\kappa} \right| = C$$

$$\therefore\ p \cdot v^{\kappa} = C$$

CHAPTER 7

제1계 비선형미분방정식과 해법

정의 $y' + P(x)y = Q(x)$인 형태가 아닌 모든 형태의 미분방정식

해법
(1) 비선형미분방정식 ☞ 미분방정식의 변형 또는 치환
(2) 베르누이(Bernoulli) 미분방정식 형태 ☞ 라이프니츠(Leibnitz) 해법
(3) 리카티(Riccati) 미분방정식 형태 ☞ 특수해를 가정하여 일반해를 구함
☞ '비선형미분방정식은 선형미분방정식으로 변형'하여 해를 구할 수 있다.

1. 비선형미분방정식

ex. 1 $y' = (x + y + 3)^2$

sol 주어진 미분방정식은 비선형미분방정식

$x + y + 3 = u$로 치환 ⇒ x에 대해서 미분

$$\Rightarrow 1 + \frac{dy}{dx} = \frac{du}{dx} \Rightarrow \frac{dy}{dx} = \frac{du}{dx} - 1$$

▶ 주어진 미분방정식의 변형 ⇒ $\frac{du}{dx} - 1 = u^2$, $(u^2 + 1)dx - du = 0$

$dx - \frac{1}{u^2 + 1}du = 0$ ⇒ 변수 분리형 미분방정식

$\therefore\ x - \tan^{-1}u = C \Rightarrow x - \tan^{-1}(x + y + 3) = C$

$\Rightarrow x + y + 3 = \tan(x + C)$

$\therefore\ y = \tan(x + C) - x - 3$

ex. 2 $y'' = 1 + (y')^2$

sol $y' = u$로 치환 ⇒ $y'' = u' = \frac{du}{dx}$

▶ 주어진 미분방정식의 변형 ⇒ $\frac{du}{dx} = (1 + u^2)$

$(1 + u^2)dx - du = 0$, $dx - \frac{1}{1 + u^2}du = 0$

$x - \tan^{-1}u = C_1$, $\tan^{-1}u = x + C_2$ (단, $C_2 = -C_1$)

$\therefore\ u = \tan(x + C_2) \Rightarrow y' = \tan(x + C_2)$

$$\frac{dy}{dx} = \tan(x + C_2) \quad \Rightarrow \quad \tan(x + C_2)\,dx - dy = 0$$

$$\therefore\ -\ln|\cos(x + C_2)| - y = C_3$$

$$\therefore\ y = -\ln|\cos(x + C_2)| + C_3$$

ex. 3 $y\,dx + (x + 2xy^2 - 2y)\,dy = 0$

sol $\dfrac{dx}{dy} + \left(\dfrac{x + 2xy^2 - 2y}{y}\right) = 0$

$$\frac{dx}{dy} + \left(\frac{1}{y} + 2y\right)x = 2$$

▶ 변수가 바뀐 1계 선형미분방정식

$$\therefore\ x = e^{-\int \frac{1}{y} + 2ydy} \cdot \left[\int 2 \cdot e^{\int (\frac{1}{y} + 2y)dy} dy + C\right]$$

$$= e^{-(\ln y + y^2)} \cdot \left[\int (2 \cdot y \cdot e^2)\,dy + C\right]$$

$$= e^{-2x} \cdot \left[6 \cdot \int e^x \cdot e^{2x} dx + C\right]$$

$$= e^{-2x} \cdot \left[6 \cdot \int e^{3x} dx + C\right]$$

$$= e^{-2x} \cdot \left[2 \cdot e^{3x} + C\right] = 2 \cdot e^x + C \cdot e^{-x}$$

$$\therefore\ y = 2 \cdot e^x + C \cdot e^{-x}$$

> **NOTE** $\int 2ye^{y^2}dy$: 치환적분법
>
> $\Rightarrow\ y^2 = t,$
>
> $2y \cdot dy = dt$

ex. 4 $y\ln y\,dx + (x - \ln y)\,dy = 0$

sol $\dfrac{dx}{dy} + \dfrac{x - \ln y}{y\ln y} = 0$

$\Rightarrow\ \dfrac{dx}{dy} + \dfrac{x}{y\ln y} = \dfrac{1}{y}$ (1계 선형미분방정식으로 변형)

$$\therefore\ x = e^{-\int \frac{1}{y\ln y}dy} \cdot \left[\int \frac{1}{y} \cdot e^{\int \frac{1}{y\ln y}dy} dy + C\right]$$

$$= e^{-\ln|\ln y|}\left[\int \frac{1}{y} \cdot e^{\ln|\ln y|} dy + C\right]$$

$$= \frac{1}{\ln y}\left[\int \frac{1}{y} \cdot \ln y\,dy + C\right]$$

$$= \frac{1}{\ln y}\left[\frac{1}{2}(\ln y)^2 + C\right]$$

$$\therefore\ x \cdot \ln y = \frac{1}{2}(\ln y)^2 + C$$

> **NOTE** $\int \dfrac{1}{y\ln y}dy$: 치환적분법
>
> $\Rightarrow\ \ln y = t,$
>
> $\dfrac{1}{y}dy = dt$

ex. 5 $\dfrac{dy}{dx} + \tan y = \dfrac{x}{\cos y}$

sol 양변 × $\cos y$ $\Rightarrow$ $y' \cdot \cos y + \sin y + x$로 식을 변형

$y' \cdot \cos y = (\sin y)'$ $\Rightarrow$ x에 대한 미분으로 생각할 수 있다.

여기서 $\sin y = t$로 치환한다.

$t' + t = x$ $\Rightarrow$ 1계 선형미분방정식으로 변형

$$\therefore t = e^{-\int dx} \cdot \left[\int x \cdot e^{\int dx} dx + C \right] = e^{-x} \cdot \left[\int x \cdot e^{x} dx + C \right]$$

$$= e^{-x} [\, x e^{x} - e^{x} + C \,]$$

$$= x - 1 + C \cdot e^{-x}$$

$\therefore\ t = x - 1 + C \cdot e^{-x}$, $t = \sin y$이므로

$\therefore\ \sin y = x - 1 + C \cdot e^{-x}$

연 습 문 제

1. $y' \cdot \cos y - x \cdot \cos y = 2x$

sol $\sin y = u$로 치환 ⇒ 양변 미분 ⇨ $\cos y \cdot y' = u'$

$u' - x \cdot u = 2x$ ☞ 수정된 미분방정식

$P(x) = -x, \quad Q(x) = 2x$

$u = e^{x} \cdot \left[\int (2x \cdot e^{-x}) dx + C \right]$

$\quad = e^{x} \cdot (-2x \cdot e^{-x} - 2e^{-x} + C)$

$u = -2x - 2 + C \cdot e^{x}$

$\therefore \sin y = -2x - 2 + C \cdot e^{x}$

2. $y' + 1 = e^{-y} \cdot \sin x$

sol $e^{y} \cdot y' + e^{y} = \sin x$ ☞ 양변 $\times\ e^{y}$

$e^{y} = u$로 치환 ⇒ 양변 미분 ⇨ $y' \cdot e^{y} = u'$

$u' + u = \sin x$ ☞ 수정된 미분방정식

$P(x) = 1, \quad Q(x) = \sin x$

$u = e^{-x} \cdot \left[\int (\sin x \cdot e^{x}) dx + C \right]$

$\quad = e^{-x} \cdot (e^{x} \cdot \sin x - e^{x} \cdot \cos x + C)$

$u = \sin x - \cos x + C \cdot e^{-x}$

$\therefore e^{y} = \sin x - \cos x + C \cdot e^{-x}$ ☞ $u = e^{y}$

$\therefore y = \ln|\sin x - \cos x + C \cdot e^{-x}|$

3. $2xyy' + (x+1)y^2 = 2x^2 \cdot e^{x}$

sol $2yy' + \left(1 + \frac{1}{x}\right) \cdot y^2 = 2x \cdot e^{x}$ ☞ 양변 $\div\ x$

$y^2 = u$로 치환 ⇒ 양변 미분 ⇨ $2y \cdot y' = u'$

$u' + \left(1 + \frac{1}{x}\right) \cdot u = 2x \cdot e^{x}$ ☞ 수정된 미분방정식

$P(x) = 1 + \frac{1}{x}, \quad Q(x) = 2x \cdot e^{x}$

$$u = e^{-\int (1+\frac{1}{x})\,dx} \cdot \left[\int (2x \cdot e^{x})\, e^{\int (1+\frac{1}{x})dx} dx + C \right]$$

$$= e^{-x} \cdot x^{-1} \cdot \left[(\int (2x^2 \cdot e^{2x})\, dx + \ C \right]$$

$$= x \cdot e^{x} + e^{x} + \frac{1}{2x} \cdot e^{x} + C \cdot x^{-1} \cdot e^{x}$$

$$\therefore\ y^2 = x \cdot e^{x} + e^{x} + \frac{1}{2x} \cdot e^{x} + C \cdot x^{-1} \cdot e^{x}$$

4. $e^{x} \cdot y' + 2e^{x} \cdot y - x = 0$

sol $y' + 2y = x \cdot e^{-x}$ ☞ 양변 $\div\ x$

$P(x) = 2, \quad Q(x) = x \cdot e^{-x}$

$$u = e^{-\int 2x\,dx} \cdot \left[\int (x \cdot e^{-x})\, e^{\int 2\,dx} dx + C \right]$$

$$= e^{-2x} \cdot \left[(\int (x \cdot e^{x})\, dx + \ C \right]$$

$$= e^{-2x} \cdot (x \cdot e^{x} - e^{x} + C)$$

$$\therefore\ y^2 = x \cdot e^{-x} - e^{-x} + C \cdot e^{-2x}$$

2. 베르누이 미분방정식

정의

$y' + P(x)y = Q(x)y^n$

$n \neq 0, 1$이 아닌 미분방정식을 '베르누이(Bernoulli) 미분방정식'이라고 한다.

만약 $n = 0$이면 $\Rightarrow y' + P(x)y = Q(x)$ ▶ 1계 선형미분방정식

$n = 1$이면 $\Rightarrow y' + P(x)y = Q(x)y$ ▶ 1계 제차 선형미분방정식

해법

베르누이 미분방정식의 양변을 y^n으로 나눈다.

$\dfrac{1}{y^n} \cdot y' + P(x)y^{1-n} = Q(x)$ ☞ 비선형미분방정식

y^{1-n}을 'u'라고 한다면, $(1-n) \cdot y^{-n} \cdot y' = u'$

$\therefore \dfrac{1}{1-n} u' + P(x)u = Q(x)$

$\therefore u' + (1-n)P(x)u = (1-n)Q(x)$ ☞ 1계 선형미분방정식

따라서 'u'에 대한 1계 선형미분방정식의 해법을 적용한 후,

$u = y^{1-n}$으로 치환을 되돌리면 미분방정식의 해를 구할 수 있다.

위의 사항을 단계별로 정리하면 다음과 같다.

▶ 1단계: 우변을 x만의 함수만 남도록 미분방정식을 정리한다.

▶ 2단계: y'이 없는 항을 적당한 형태로 치환 ☞ 1계 선형미분방정식

▶ 3단계: 치환된 1계 선형미분방정식의 해를 구한다.

ex. 1 $x \cdot \dfrac{dy}{dx} + 2y = xy^3$

sol 주어진 미분방정식의 양변을 'x'로 나누어 변형한다.

$\dfrac{dy}{dx} + \dfrac{2}{x}y = y^3$ ☞ '$n = 3$'인 베르누이 미분방정식

변형된 베르누이 미분방정식의 양변을 y^3으로 나눈다.

$y^{-3} \cdot \dfrac{dy}{dx} + \dfrac{2}{x}y^{-2} = 1$

$y^{-2} = u$로 치환한 후, 'x'에 대해서 미분 $\Rightarrow -2y^{-3} \cdot \dfrac{dy}{dx} = \dfrac{du}{dx}$

$$\therefore\ -\frac{1}{2}\frac{du}{dx}+\frac{2}{x}u=1 \Rightarrow \frac{du}{dx}-\frac{4}{x}u=-2$$ ☞ 1계 선형미분방정식

$$\therefore\ u=e^{\int\frac{4}{x}}\cdot\left[\int -2\cdot e^{-\int\frac{4}{x}dx}dx+C\right]=x^4\left(\frac{2}{3}\cdot\frac{1}{x^3}+C\right)$$

$$\therefore\ y^{-2}=\frac{2}{3}x+Cx^4$$

ex. 2 $y'=y\cdot\tan x-y^2\sin 2x$

sol 식을 다시 정리하면, $y'-y\tan x=-y^2\sin 2x$

양변을 $-y^2$으로 나누면 ☞ $y^{-2}\cdot y'-y^{-1}\tan x=-\sin 2x$

$y^{-1}=u$로 치환하면 ☞ $-y^{-2}\cdot y'=\dfrac{du}{dx}$

$$\frac{du}{dx}+u\tan x=\sin 2x$$

$$\therefore\ u=e^{-\int\tan x\,dx}\cdot\left[\int\sin 2x\cdot e^{\int\tan x\,dx}dx+C\right]$$

$$=e^{\ln|\cos x|}\cdot\left[\int\sin 2x\cdot e^{-\ln|\cos x|}dx+C\right]$$

$$=\cos x\cdot\left[\int\sin 2x\cdot\frac{1}{\cos x}dx+C\right]$$

$$=\cos x\cdot(-2\cos x+C)$$

NOTE $\sin 2x=2\sin x\cos x$

$$\therefore\ \frac{1}{y}=-2\cos^2 x+C\cdot\cos x$$

ex. 3 $y'+y=y^2$

sol 양변을 y^2으로 나누어 정리한다.

$$y^{-2}\cdot y'+y^{-1}=1$$

$y^{-1}=u$로 치환하면 ☞ $-y^2\cdot y'=u'$

$-u'+u=1$ ⇒ 양변 × (-1) ⇒ $u'-u=-1$

$$\therefore\ u=e^{\int x\,dx}\cdot\left[\int -1\cdot e^{-x\,dx}dx+C\right]$$

$$=e^x\cdot[e^{-x}+C]=1+C\cdot e^x$$

$$\therefore\ y^{-1}=1+C\cdot e^x$$

ex. 4 $y' + xy = \frac{x}{y}$

sol 양변을 y^{-1}로 나누어 정리한다.

$y \cdot y' + xy^2 = x$

$y^2 = u$로 치환하면 ☞ $2y \cdot y' = u'$

$\frac{1}{2}u' + xu = x \Rightarrow$ 양변 곱하기 '2' $\Rightarrow u' + 2xu = 2x$

$\therefore u = e^{-\int 2x\,dx} \cdot \left[\int 2x \cdot e^{\int 2x\,dx} dx + C \right]$

$= e^{-x^2} \cdot \left[\int 2x \cdot e^{x^2} dx + C \right]$ ☞ 치환적분 $x^2 = t,\ 2x \cdot dx = dt$

$= e^{-x^2}(e^{x^2} + C) = 1 + C \cdot e^{-x^2}$

$\therefore y^2 = 1 + c \cdot e^{-x^2}$

ex. 5 $x^2 \frac{dy}{dx} - y^2 = 2xy$

sol 양변을 x^2으로 나누어 정리하면 $\Rightarrow \frac{dy}{dx} - \frac{2}{x}y = \frac{1}{x^2}y^2$

양변을 y^2으로 나누어 다시 정리 $\Rightarrow y^{-2} \cdot \frac{dy}{dx} - \frac{2}{x} \cdot \frac{1}{y} = \frac{1}{x^2}$

$-y^{-1} = u$로 치환하면 ☞ $y^{-2} \cdot \frac{dy}{dx} = \frac{du}{dx}$

$\frac{du}{dx} + \frac{2}{x}u = \frac{1}{x^2}$

$\therefore u = e^{-\int \frac{2}{x}dx} \cdot \left[\int \frac{1}{x^2} \cdot e^{\int \frac{2}{x}dx} dx + C \right]$

$= \frac{1}{x^2} \cdot \left[\int \frac{1}{x^2} \cdot x^2 dx + C \right]$

$= \frac{1}{x^2}(x + C)$

$\therefore -\frac{1}{y} = \frac{1}{x} + \frac{C}{x^2}$

ex. 6 $xy' - y = y^2 \cdot \ln x$

sol 양변을 x으로 나누어 정리하면 $\Rightarrow$ $y' - \dfrac{y}{x} = \dfrac{\ln x}{x} \cdot y^2$

양변을 y^2으로 나누어 정리하면 $\Rightarrow$ $\dfrac{1}{y^2}y' - \dfrac{1}{x} \cdot \dfrac{1}{y} = \dfrac{\ln x}{x}$

$y^{-1} = u$로 치환하면 ☞ $-\dfrac{1}{y^2} \cdot y' = u'$

$-u' - \dfrac{1}{x} \cdot u = \dfrac{\ln x}{x}$ $\Rightarrow$ $u' + \dfrac{1}{x} \cdot u = -\dfrac{\ln x}{x}$

$$\therefore u = e^{\int -\frac{1}{x}dx} \cdot \left[\int -\frac{\ln x}{x} \cdot e^{\int \frac{1}{x}dx} dx + C \right]$$

$$= x^{-1} \cdot \left[\int -\ln x \, dx + C \right]$$

$$= 1 - C \cdot x^{-1}$$

$$\therefore y^{-1} = 1 - C \cdot x^{-1}$$

ex. 7 $y' = x^3 y^2 + xy$

sol 양변을 y^2으로 나누어 정리하면 $\Rightarrow$ $y^{-2}y' - xy^{-1} = x^3$

$u = y^{-1}$로 치환하면 ☞ $-y^{-2}y' = u'$

$-u' - xu = x^3$ $\Rightarrow$ $u' + xu = -x^3$

$$\therefore u = e^{-\int x dx} \cdot \left[\int -x^3 \cdot e^{\int x dx} dx + C \right]$$

$$= e^{-\frac{x^2}{2}} \left[\int -x^3 \cdot e^{\frac{1}{2}x^2 dx} dx + C \right]$$

▶ $\int -x^3 \cdot e^{\frac{1}{2}x^2} dx$: 부분적분

$\Rightarrow u = x^2$, $v' = x \cdot e^{\frac{1}{2}x^2}$, $u' = 2x$, $v = e^{\frac{x^2}{2}}$

☞ $-x^2 e^{\frac{x^2}{2}} + \int 2x e^{\frac{x^2}{2}} dx$ $\Rightarrow$ $-x^2 e^{\frac{x^2}{2}} + 2e^{\frac{x^2}{2}} + C$

$$= e^{-\frac{x^2}{2}} \cdot \left(-x^2 e^{\frac{x^2}{2}} + 2e^{\frac{x^2}{2}} + C \right) = -x^2 + 2 + C \cdot e^{-\frac{x^2}{2}}$$

$$\therefore y^{-1} = -x^2 + 2 + C \cdot e^{-\frac{x^2}{2}}$$

3. 리카티 미분방정식

정의

$y' + P(x)y + Q(x)y + R(x)y^2 = 0$ 형태의 미분방정식

☞ y^2은 y^n까지 확대 가능

만약 $P(x) = 0$이면 $\Rightarrow$ $y' + Q(x)y + R(x)y^2 = 0$

▶ 베르누이 미분방정식

$R(x) = 0$이면 $\Rightarrow$ $y' + P(x) + Q(x)y = 0$

▶ 1계 선형미분방정식

해법

리카티(Riccati) 미분방정식을 만족하는 한 해를 y_1으로 가정한다.

☞ 대부분의 비선형미분방정식은 특별한 조건 없이는 구할 수 없다.

일반해는 $y = y_1 + u$로 구할 수 있다.

☞ 여기서 u는 어떤 함수의 형태

주어진 리카티 미분방정식에 $y = y_1 + u$를 대입하면

$$\therefore\ y'_1 + u' + P(x) + Q(x)(y_1 + u) + R(x)(y_1 + u)^2 = 0$$

식을 다시 정리하면,

$$\therefore\ y'_1 + P(x) + Q(x)y_1 + R(x)y_1^2$$

$$+ u' + (Q(x) + 2y_1R(x))u + R(x)u^2 = 0 \quad \cdots ①$$

위에서 ① = 0이 되어야 한다.($\because$ y_1은 미분방정식의 해)

$$u' + (Q(x) + 2y_1R(x))u + R(x)u^2 = 0$$

따라서 'u'에 대한 1계 선형미분방정식의 해법을 적용한 후, 치환 등의 방법에 의해서 미분방정식의 해를 구할 수 있다.

위의 사항을 단계별로 정리하면 다음과 같다.

▶ 1단계: 주어진 미분방정식을 만족하는 해(y_1)를 가정한다.

▶ 2단계: 일반해를 $y = y_1 + u$로 가정하여 주어진 미분방정식에 대입

▶ 3단계: 베르누이 미분방정식 또는 1계 선형미분방정식의 해를 구한다.

ex. 1 $y' = x^3(y-x)^2 + x^{-1}y,\quad y = x$

sol 우변의 식을 전개하면 ☞ $x^3(y^2 - 2xy + x^2) + x^{-1}y$

$\Rightarrow\ x^5 + x^3y^2 - 2x^4y^2 + x^{-1}y$

일반해를 $y = x + u$라고 하면, $y' = 1 + u'$

$(1 + u') = x^3u^2 + x^{-1}(x + u) = x^3u^2 + 1 + x^{-1}u$

$\therefore\ u' - \dfrac{1}{x}u = x^3u^2$ $\Rightarrow$ u에 대한 베르누이 미분방정식

양변을 u^2으로 나누면 $\Rightarrow$ $\dfrac{1}{u^2}u' - \dfrac{1}{x}\cdot\dfrac{1}{u} = x^3$

$u^{-1} = w$로 치환 $\Rightarrow$ $-u^{-2}\cdot du = dw$ $\Rightarrow$ $-\dfrac{1}{u^2}\cdot u' = w'$

$\therefore\ -w' - \dfrac{1}{x}\cdot w = x^3$ $\Rightarrow$ $w' + \dfrac{1}{x}\cdot w = -x^3$

$$w = e^{-\int \frac{1}{x}dx}\cdot\left[\int -x^3\cdot e^{\int\frac{1}{x}dx}dx + C\right] = -\frac{1}{5}x^4 + C\cdot x^{-1}$$

$$\therefore\ u = \frac{1}{-\frac{1}{5}x^4 + C\cdot x^{-1}} \Rightarrow \therefore\ y = x + \frac{1}{-\frac{1}{5}x^4 + C\cdot x^{-1}}$$

연 습 문 제

1. $y' - y = y^2$

sol 양변을 y^2으로 나누어 정리하면 $\Rightarrow$ $y^{-2} \cdot y' - y^{-1} = 1$

$y^{-1} = u$로 치환하여 양변 미분 ☞ $-y^{-2} \cdot y' = u'$

$-u' - u = 1$ $\Rightarrow$ $u' + u = -1$ ☞ 1계 선형미방

$P(x) = 1, \quad Q(x) = -1$

$\therefore\ u = e^{-\int 1dx} \cdot \left[\int (-1) \cdot e^{\int 1dx} dx + C \right]$

$= e^{-x} \cdot \left[\int (-x \cdot e^{2x}) + C \right]$

$= e^{-x} \cdot (-x \cdot e^{x} + e^{x} + C)$

$\therefore\ u = -x + 1 + C \cdot e^{-x}$

$\therefore\ y^2 = -x + 1 + C \cdot e^{-x}$

2. $y' - y = x \cdot y^{-1}$

sol 양변을 y^{-1}으로 나누어 정리하면 $\Rightarrow$ $y \cdot y' - y^2 = x$

$y^2 = u$로 치환하여 양변 미분 ☞ $2y \cdot y' = u'$

$\frac{1}{2}u' - u = x$ $\Rightarrow$ $u' - 2u = 2x$

$P(x) = -2, \quad Q(x) = 2x$

$\therefore\ u = e^{-\int -2x dx} \cdot \left[\int (2x) \cdot e^{\int -2x dx} dx + C \right]$

$= e^{2x} \cdot \left(-x \cdot e^{-2x} - \frac{1}{2}e^{-2x} + C \right)$

$\therefore\ u = -x - \frac{1}{2} + C \cdot e^{2x}$

$\therefore\ y^2 = -x - \frac{1}{2} + C \cdot e^{2x}$

3. $y' - z^{-1} \cdot y = x \cdot y^2$

sol 양변을 y^2으로 나누어 정리하면 $\Rightarrow$ $y^{-2} \cdot y' - x^{-1} \cdot y^{-1} = x$

$y^{-1} = u$로 치환하여 양변 미분 ☞ $-y^{-2} \cdot y' = u'$

$-u' - x^{-1} \cdot u = x \quad \Rightarrow \quad u' + x^{-1} \cdot u = -x$

$P(x) = x^{-1}, \quad Q(x) = -x$

$\therefore\ u = e^{-\int x^{-1} dx} \cdot \left[\int (-x) \cdot e^{\int x^{-1} dx} dx + C \right]$

$= x^{-1} \cdot \left[\int (-x \cdot x) dx + C \right]$

$= x^{-1} \cdot \left[\int (-x^2) dx + C \right]$

$= x^{-1} \cdot \left(-\frac{1}{6} x^3 + C \right)$

$\therefore\ u = -\frac{1}{6} x^2 + C \cdot x - 1$

$\therefore\ y^{-1} = -\frac{1}{6} x^2 + C \cdot x - 1$

NOTE $e^{\int x^{-1} dx} = e^{\int \ln|x| dx} \Rightarrow x$

4. $3y' - y = (2x - 1) \cdot y^4$

sol 양변을 y^4으로 나누어 정리하면 $\Rightarrow$ $3y^{-4} \cdot y' + y^{-3} = 2x - 1$

$y^{-3} = u$로 치환하여 양변 미분 ☞ $-3y^{-4} \cdot y' = u'$

$-u' + u = 2x - 1 \quad \Rightarrow \quad u' - u = 1 - 2x$

$P(x) = -1, \quad Q(x) = 1 - 2x$

$\therefore\ u = e^{-\int -1 dx} \cdot \left[\int (1 - 2x) \cdot e^{\int -1 dx} dx + C \right]$

$= e^x \cdot \left[\int (e^{-x} - 2x \cdot e^{-x}) dx + C \right]$

$= e^x \cdot (2x + e^{-x} + C)$

$\therefore\ u = 2x \cdot e^x + 1 + C \cdot e^x$

$\therefore\ y^{-1} = 2x \cdot e^x + 1 + C \cdot e^x$

5. $y' = x^3 \cdot y^2 - x \cdot y$

sol 양변을 y^2으로 나누어 정리하면 $\Rightarrow$ $y^{-2} \cdot y' + x \cdot y^{-1} = x^3$

$y^{-1} = u$로 치환하여 양변 미분 ☞ $-y^{-2} \cdot y' = u'$

$-u' + x \cdot u = x^3 \quad \Rightarrow \quad u' - x \cdot u = -x^3$

$P(x) = -x, \quad Q(x) = -x^3$

$\therefore\ u = e^{-\int -x dx} \cdot \left[\int (-x^3) \cdot e^{\int -x dx} dx + C \right]$

$$= e^{\frac{1}{2}x^2} \cdot \left[\int (-x^3 \cdot e^{-\frac{1}{2}x^2}) dx + C \right]$$

> **NOTE**
> $$\int -x^3 \cdot e^{-\frac{1}{2}x^2} dx \Rightarrow \int (-x^2) \cdot x e^{-\frac{1}{2}x^2} dx \Rightarrow \text{부분적분}$$
> $$= -x^2 \cdot e^{-\frac{1}{2}x^2} + \int 2x \cdot e^{-\frac{1}{2}x^2} dx$$
> $$(u = -x^2,\ v' = x \cdot e^{-\frac{1}{2}x^2},\ u' = -2x,\ v = -e^{-\frac{1}{2}x^2})$$
> $$\Rightarrow x^2 \cdot e^{-\frac{1}{2}x^2} - 2e^{-\frac{1}{2}x^2} + C\ (\because \int 2x \cdot e^{-\frac{1}{2}x^2} dx \Rightarrow -2e^{-\frac{1}{2}x^2})$$

$$= e^{\frac{1}{2}x^2} \cdot \left(x^2 \cdot e^{-\frac{1}{2}x^2} - 2e^{-\frac{1}{2}x^2} + C \right)$$

$$\therefore u = x^2 - 2 + C \cdot e^{-\frac{1}{2}x^2}$$

$$\therefore y^{-1} = x^2 - 2 + C \cdot e^{-\frac{1}{2}x^2}$$

6. $y' - x \cdot y = x \cdot y^{-1}$

sol 양변을 y^{-1}으로 나누어 정리하면 $\Rightarrow$ $y \cdot y' - x \cdot y^2 = x$

$y^2 = u$로 치환하여 양변 미분 ☞ $2y \cdot y' = u'$

$$\frac{1}{2}u' - x \cdot u = x \quad \Rightarrow \quad u' - 2x \cdot u = 2x$$

$$P(x) = -2x, \quad Q(x) = 2x$$

$$\therefore u = e^{-\int -2x\,dx} \cdot \left[\int (2x) \cdot e^{\int -2x\,dx} dx + C \right]$$

$$= e^{x^2} \cdot \left[\int (2x \cdot e^{-x^2}) dx + C \right]$$

$$= e^{x^2} \cdot \left(-e^{-x^2} + C \right)$$

$$\therefore u = -e + C \cdot e^{x^2}$$

$$\therefore y^2 = -e + C \cdot e^{x^2}$$

> **NOTE**
> $$\int 2x \cdot e^{-x^2} dx \Rightarrow \text{치환적분}$$
> $$(-x^2 = t \Rightarrow -2x\,dx = dt)$$
> $$= -e^{-x^2}$$

7. $2xy' + y = x^2y^3$

sol 양변을 y^{-3}으로 나누어 정리하면 $\Rightarrow$ $2y^{-3}\cdot y' + \frac{1}{x}\cdot y^{-2} = x$

$y^{-2} = u$로 치환하여 양변 미분 ☞ $-2y^{-3}\cdot y' = u'$

$-u' + x^{-1}\cdot u = x \quad \Rightarrow \quad u' - x^{-1}\cdot u = -x$

$P(x) = -x^{-1}, \quad Q(x) = -x$

$$\therefore\ u = e^{-\int -x^{-1}dx}\cdot\left[\int(-x)\cdot e^{\int -x^{-1}dx}dx + C\right]$$

$$= x\cdot\left[\int(-x\cdot x^{-1})dx + C\right]$$

$$= x\cdot(-x + C)$$

$\therefore\ u = -x^2 + C\cdot x$

$\therefore\ y^2 = -x^2 + C\cdot x$

8. $y' + 2y = 4xy^2$

sol 양변을 y^2으로 나누어 정리하면 $\Rightarrow$ $y^{-2}\cdot y' + 2\cdot y^{-1} = 4x$

$y^{-2} = u$로 치환하여 양변 미분 ☞ $-2y^{-3}\cdot y' = u'$

$-\frac{1}{2}u' + 2u = 4x \quad \Rightarrow \quad u' - 4u = -8x$

$P(x) = -4, \quad Q(x) = -8x$

$$\therefore\ u = e^{-\int -4\,dx}\cdot\left[\int(-8x)\cdot e^{\int -4\,dx}dx + C\right]$$

$$= e^{4x}\cdot\left[\int(-8x\cdot e^{-4x})dx + C\right]$$

$$= e^{4x}\cdot\left(2x\cdot e^{-4x} + \frac{1}{2}e^{-4x} + C\right)$$

$\therefore\ u = 2x + \frac{1}{2} + C\cdot e^{4x}$

$\therefore\ y^{-1} = 2x + \frac{1}{2} + C\cdot e^{4x}$

9. $y' - \frac{3}{x}y = 2xy^{\frac{5}{2}}$

sol 양변을 $y^{\frac{5}{2}}$으로 나누어 정리하면 $\Rightarrow$ $y^{-\frac{5}{2}}\cdot y' - \frac{3}{x}\cdot y^{-\frac{3}{2}} = 2x$

$y^{-\frac{3}{2}} = u$로 치환하여 양변 미분 ☞ $-\frac{3}{2}y^{-\frac{5}{2}} \cdot y' = u'$

$-\frac{2}{3}u' - \frac{3}{x}u = 2x \quad \Rightarrow \quad u' + \frac{9}{2}x^{-1}u = -3x$

$P(x) = \frac{9}{2}x^{-1}, \quad Q(x) = -3x$

$\therefore u = e^{-\int \frac{9}{2}x^{-1}dx} \cdot \left[\int (-3x) \cdot e^{\int \frac{9}{2}x^{-1}dx} dx + C \right]$

$= x^{-\frac{9}{2}} \cdot \left[\int (-3x \cdot x^{\frac{9}{2}}) dx + C \right]$

$= x^{-\frac{9}{2}} \cdot \left(-\frac{6}{13}x^{\frac{13}{2}} + C \right)$

$\therefore u = -\frac{6}{13}x^2 + C \cdot x^{-\frac{9}{2}}$

$\therefore y^{-\frac{3}{2}} = -\frac{6}{13}x^2 + C \cdot x^{-\frac{9}{2}}$

10. $y' - \frac{4}{x}y = xy^4$

sol 양변을 y^4으로 나누어 정리하면 $\Rightarrow$ $y^{-4} \cdot y' - \frac{4}{x} \cdot y^{-3} = x$

$y^{-3} = u$로 치환하여 양변 미분 ☞ $-3y^{-4} \cdot y' = u'$

$-\frac{1}{3}u' - \frac{4}{x}u = x \quad \Rightarrow \quad u' + 12x^{-1} \cdot u = -3x$

$P(x) = 12x^{-1}, \quad Q(x) = -3x$

$\therefore u = e^{-\int 12x^{-1}dx} \cdot \left[\int (-3x) \cdot e^{\int 12x^{-1}dx} dx + C \right]$

$= x^{-12} \cdot \left[\int (-3x \cdot x^{12}) dx + C \right]$

$= x^{-12} \cdot \left(-\frac{3}{14} \cdot x^{14} + C \right)$

$\therefore u = -\frac{3}{14}x^2 + C \cdot x^{-12}$

$\therefore y^{-3} = -\frac{3}{14}x^2 + C \cdot x^{-12}$

11. $y' + y = y^2 \cdot (\cos x - \sin x)$

sol 양변을 y^2으로 나누어 정리하면 $\Rightarrow$ $y^{-2} \cdot y' + y^{-1} = \cos x - \sin x$

$y^{-1} = u$로 치환하여 양변 미분 ☞ $-y^{-2} \cdot y' = u'$

$-u' + u = \cos x - \sin x \quad \Rightarrow \quad u' - u = \sin x - \cos x$

$P(x) = -1, \quad Q(x) = \sin x - \cos x$

$$\therefore u = e^{-\int -1\,dx} \cdot \left[\int (\sin x - \cos x) \cdot e^{\int -1\,dx} dx + C \right]$$

$$= e^{x} \cdot \left[\int (\sin x - \cos x) \cdot e^{-x}\, dx + C \right]$$

$$= e^{x} \cdot \left(-\frac{1}{2}e^{-x}(\sin x + \cos x) + \cos x) + \frac{1}{2}e^{-x}(\sin x - \cos x) + C \right)$$

$$\therefore u = e^{-x} \cdot (-e^{-x} \cdot \sin x + C)$$

$$= \sin x + C \cdot e^{-x}$$

$$\therefore y^{-1} = \sin x + C \cdot e^{-x}$$

> **NOTE**
> $\int e^{-x} \cdot \sin x\, dx \Rightarrow -\frac{1}{2}e^{-x}(\sin x + \cos\ )$
>
> $\int e^{-x} \cdot \cos x\, dx \Rightarrow \frac{1}{2}e^{-x}(\sin x - \cos x)$

12. $y' + 2xy = xy^4$

sol 양변을 y^4으로 나누어 정리하면 $\Rightarrow$ $y^{-4} \cdot y' + 2x \cdot y^{-3} = x$

$y^{-3} = u$로 치환하여 양변 미분 ☞ $-3y^{-4} \cdot y' = u'$

$-\frac{1}{3}u' + 2xu = x \quad \Rightarrow \quad u' - 6x \cdot u = -3x$

$P(x) = -6x, \quad Q(x) = -3x$

$$\therefore u = e^{-\int -6x\,dx} \cdot \left[\int (-3x) \cdot e^{\int -6x\,dx} dx + C \right]$$

$$= e^{3x^2} \cdot \left[\int (-3x \cdot e^{-3x^2}) dx + C \right]$$

$$= e^{3x^2} \cdot \left(\frac{1}{2} \cdot e^{-3x^2} + C \right)$$

$$\therefore u = \frac{1}{2} + C \cdot e^{-3x^2}$$

$$\therefore y^{-3} = \frac{1}{2} + C \cdot e^{-3x^2}$$

> **NOTE** $\int -3x \cdot e^{-3x^2} dx \Rightarrow$ 치환적분
>
> $(-3x^2 = t \Rightarrow -6x\,dx = dt)$
>
> $= \frac{1}{2}e^{-3x^2}$

13. $y' + 1 = e^{-y} \cdot \sin x$

sol 양변을 e^y으로 곱하여 정리하면 $\Rightarrow$ $e^y \cdot y' + e^y = \sin x$

$e^y = u$로 치환하여 양변 미분 ☞ $e^y \cdot y' = u'$

$u' + u = \sin x$

$P(x) = 1, \quad Q(x) = \sin x$

$$\therefore\ u = e^{-\int 1\,dx} \cdot \left[\int (\sin x) \cdot e^{\int 1\,dx} dx + C\right]$$

$$= e^{-x} \cdot \left[\int (\sin x \cdot e^{x}) dx + C\right]$$

$$= e^{-x} \cdot \left(\frac{1}{2} \cdot (e^{x} \cdot \sin x - e^{x} \cdot \cos x) + C\right)$$

$$\therefore\ u = \frac{1}{2}\sin x - \frac{1}{2}\cos x + C \cdot e^{-x}$$

$$\therefore\ e^{y} = \frac{1}{2}\sin x - \frac{1}{2}\cos x + C \cdot e^{-x}$$

14. $y' - y = x y^5$

sol 양변을 y^5으로 나누어 정리하면 $\Rightarrow$ $y^{-5} \cdot y' + 2x \cdot y^{-4} = x$

$y^{-4} = u$로 치환하여 양변 미분 ☞ $-4y^{-5} \cdot y' = u'$

$-\frac{1}{4}u' - u = x \quad \Rightarrow \quad u' + 4u = -4x$

$P(x) = 4, \quad Q(x) = -4x$

$$\therefore\ u = e^{-\int 4\,dx} \cdot \left[\int (4x) \cdot e^{\int 4\,dx} dx + C\right]$$

$$= e^{-4x} \cdot \left[\int (4x \cdot e^{4x}) dx + C\right]$$

$$= e^{-4x} \cdot \left(x \cdot e^{4x} - \frac{1}{4}e^{4x} + C\right)$$

$$\therefore\ u = x - \frac{1}{4} + C \cdot e^{-4x}$$

$$\therefore\ y^{-3} = x - \frac{1}{4} + C \cdot e^{-4x}$$

15. $x y' - y = y^2 \cdot \ln x$

sol 양변을 x으로 나누어 정리하면 $\Rightarrow$ $y' - \frac{1}{x} \cdot y = \frac{y^2 \cdot \ln x}{x}$

양변을 y^2으로 나누어 정리하면 $\Rightarrow$ $y^{-2}\cdot y' - \frac{1}{x}\cdot y^{-1} = \frac{\ln x}{x}$

$y^{-1} = u$로 치환하여 양변 미분 ☞ $-y^{-2}\cdot y' = u'$

$-u' - \frac{1}{x}\cdot u = \frac{\ln x}{x}$ $\Rightarrow$ $u' + \frac{1}{x}\cdot u = -\frac{\ln x}{x}$

$P(x) = x^{-1},\quad Q(x) = -\frac{\ln x}{x}$

NOTE $\int \ln x\,dx \Rightarrow x\ln x - x$

$\therefore u = e^{-\int x^{-1}dx}\cdot\left[\int\left(-\frac{\ln x}{x}\right)\cdot e^{\int x^{-1}dx}dx + C\right]$

$= x^{-1}\cdot\left[\int\left(-\frac{\ln x}{x}\cdot x\right)dx + C\right]$

$= x^{-1}\cdot(-x\ln x + x + C)$

$\therefore u = -\ln x + 1 + C\cdot x^{-1}$

$\therefore y^{-1} = -\ln x + 1 + C\cdot x^{-1}$

16. $y' + \frac{4x}{2x^2-x} - \frac{1+4y}{2x^2-x}\cdot y + \frac{1}{2x^2-x} = 0,\ y = 1$

sol $y = 1 + u$ 라고 해를 가정하여 양변 미분 $\Rightarrow$ $y' = u'$

$u' + \frac{4x}{2x^2-x} - \frac{1+4y}{2x^2-x}(1+u) + \frac{1}{2x^2-x}(1+u)^2 = 0$

$u' + \left(-\frac{1+4x}{2x^2-x} + \frac{2}{2x^2-x}\right)\cdot u + \frac{1}{2x^2-x}\cdot u^2 = 0$

$u' + \frac{4x-1}{2x^2-x}\cdot u + \frac{1}{2x^2-x}\cdot u^2 = 0$

$\frac{1}{u} = w$로 치환하여 양변 미분 ☞ $-u^{-2}\cdot u' = w'$

$w' + \frac{4x-1}{2x^2-x}\cdot w = \frac{1}{2x^2-x}$

$P(x) = \frac{4x-1}{2x^2-x},\ Q(x) = \frac{1}{2x^2-x}$

$w = e^{-\int\frac{4x-1}{2x^2-x}dx}\cdot\left[\int\frac{1}{2x^2-x}\cdot e^{\int\frac{4x-1}{2x^2-x}dx}dx + C\right]$

$= (2x^2-x)\cdot\left[\int\frac{1}{2x^2-x}\cdot(2x^2-x)dx + C\right]$

$= (2x^2-x)(x + C)$

$$\therefore\ w = 2x^3 - x^2 + 2C\cdot x^2 - C\cdot x$$

$$\therefore\ u = \frac{1}{2x^3 - x^2 + 2C\cdot x^2 - C\cdot x} \quad ☞\ w = \frac{1}{u}$$

$$\therefore\ y = \frac{1}{2x^3 - x^2 + 2C\cdot x^2 - C\cdot x} + 1 \quad ☞\ y = u + 1$$

17. $y' + \dfrac{x-2}{x-x^2}\cdot y + \dfrac{1}{x^2-x^3}\cdot y^2 = 0,\ y = x$

sol $y = x + u$ 라고 해를 가정하여 양변 미분 $\Rightarrow\ y' = 1 + u'$

$$1 + u' + \frac{x-2}{x-x^2}(x+u) + \frac{1}{x^2-x^3}(x+u)^2 = 0$$

$$u' + \left(\frac{1}{1-x}\right)\cdot u + \frac{1}{x^2(1-x)}\cdot u^2 = 0$$

양변 $\div\, u^2$으로 나누어 정리 $\Rightarrow\ u^{-2}\cdot u' + \left(\dfrac{1}{1-x}\right)\cdot u^{-1} + \dfrac{1}{x^2(1-x)} = 0$

$u^{-1} = w$로 치환하여 양변 미분 ☞ $-u^{-2}\cdot u' = w'$

$$-w' + \left(\frac{1}{1-x}\right)\cdot w + \frac{1}{x^2(1-x)} = 0$$

$$w' - \left(\frac{1}{1-x}\right)\cdot w = \frac{1}{x^2(1-x)}$$

$$P(x) = -\frac{1}{1-x},\quad Q(x) = \frac{1}{x^2(1-x)}$$

$$w = e^{-\int -\frac{1}{1-x}dx}\cdot\left[\int \frac{1}{x^2(1-x)}\cdot e^{\int -\frac{1}{1-x}dx}dx + C\right]$$

$$= \frac{1}{1-x}\cdot\left[\int \frac{1}{x^2(1-x)}\cdot(1-x)\,dx + C\right]$$

$$= \frac{1}{1-x}\cdot(-x^{-1} + C)$$

$$\therefore\ w = \frac{1}{1-x}\cdot(-x^{-1} + C)$$

$$\therefore\ u = \frac{1}{\frac{1}{1-x}\cdot(-x^{-1} + C)} \quad ☞\ w = \frac{1}{u}$$

$$\therefore\ y = \frac{1}{\frac{1}{1-x}\cdot(-x^{-1} + C)} + x \quad ☞\ y = u + x$$

18. $y' + \frac{x}{x-1} + \frac{2x-1}{x-1} \cdot y + y^2 = 0,\ y = 1$

sol $y = u + 1$ 라고 해를 가정하여 양변 미분 $\Rightarrow$ $y' = u'$

$$u' + \frac{x}{x-1} + \frac{2x-1}{x-1} \cdot (1+u) + (1+u)^2 = 0$$

$$u' - \left(\frac{1}{x-1} \right) \cdot u + u^2 = 0$$

양변 $\div\ u^2$으로 나누어 정리 $\Rightarrow$ $u^{-2} \cdot u' - \left(\frac{1}{x-1} \right) \cdot u^{-1} + 1 = 0$

$u^{-1} = w$로 치환하여 양변 미분 ☞ $-u^{-2} \cdot u' = w'$

$$-w' - \left(\frac{1}{x-1} \right) \cdot w + 1 = 0$$

$$w' + \left(\frac{1}{x-1} \right) \cdot w = 1$$

$$P(x) = \frac{1}{x-1},\ Q(x) = 1$$

$$w = e^{-\int \frac{1}{x-1} dx} \cdot \left[\int 1 \cdot e^{\int \frac{1}{x-1} dx} dx + C \right]$$

$$= \frac{1}{x-1} \cdot \left[\int (x-1) dx + C \right]$$

$$= \frac{1}{x-1} \cdot \left(\frac{1}{2}(x-1)^2 + C \right)$$

$$\therefore\ w = \frac{1}{2}(x-1) + C \cdot (x-1)^{-1}$$

$$\therefore\ u = \frac{1}{\frac{1}{2}(x-1) + C \cdot (x-1)^{-1}}$$ ☞ $w = \frac{1}{u}$

$$\therefore\ y = \frac{1}{\frac{1}{2}(x-1) + C \cdot (x-1)^{-1}} + 1$$ ☞ $y = u + 1$

19. $y' = \cos x - y \cdot \sin x + y^2,\ y = \sin x$

sol $y = \sin x + u$ 라고 해를 가정하여 양변 미분 $\Rightarrow$ $y' = \cos x + u'$

$$\cos x + u' = \cos x - (\sin x + u) \cdot \sin x + (\sin x + u)^2$$

$$u' - \sin x \cdot u - u^2 = 0$$

양변 $\div\ u^2$으로 나누어 정리 $\Rightarrow$ $u^{-2} \cdot u' - \sin x \cdot u^{-1} - 1 = 0$

$u^{-1} = w$로 치환하여 양변 미분 ☞ $-u^{-2} \cdot u' = w'$

$-w' - \sin x \cdot w - 1 = 0$

$w' + \sin x \cdot w = -1$

$P(x) = \sin x,\ Q(x) = -1$

$$w = e^{-\int \sin x\, dx} \cdot \left[\int (-1) \cdot e^{\int \sin x dx} dx + C \right]$$

$$= e^{\cos x} \cdot \left[\int e^{-\cos x}\, dx + C \right]$$

☞ 초등수학에서 해결할 수 없는 적분이므로 형태를 유지

$$\therefore\ w = e^{\cos x} \cdot \left[\int e^{-\cos x}\, dx + C \right]$$

$$\therefore\ u = \frac{1}{e^{\cos x} \cdot \left[\int e^{-\cos x}\, dx + C \right]} \quad ☞ \quad w = \frac{1}{u}$$

$$\therefore\ y = \frac{1}{e^{\cos x} \cdot \left[\int e^{-\cos x}\, dx + C \right]} + \sin x \quad ☞ \quad y = u + \sin x$$

20. $xy' - y + 2y^2 = 2x^2,\quad y = x$

sol $y = x + u$ 라고 해를 가정하여 양변 미분 $\Rightarrow$ $y' = 1 + u'$

$(1 + u')x - (x + u) + 2(x + u)^2 = 2x^2$

$$u' + \left(4 - \frac{1}{x}\right) \cdot u = -\frac{2}{x} \cdot u^2$$

양변을 u^2으로 나누어 정리 $\Rightarrow$ $u^{-2} \cdot u' + \left(4 - \frac{1}{x}\right) \cdot u^{-1} = -\frac{2}{x}$

$u^{-1} = w$로 치환하여 양변 미분 ☞ $-u^{-2} \cdot u' = w'$

$$w' - \left(4 - \frac{1}{x}\right) \cdot w = \frac{2}{x} \quad P(x) = \frac{1}{x} - 4,\ Q(x) = \frac{2}{x}$$

$$\therefore\ w = e^{-\int (\frac{1}{x} - x) dx} \cdot \left[\int \frac{2}{x} \cdot e^{\int (\frac{1}{x} - 4) dx} dx + C \right]$$

$$= x^{-1} \cdot e^{4x} \cdot \left[\int \frac{2}{x} \cdot e^{-4x}\, dx + C \right]$$

$$= x^{-1} \cdot e^{4x} \cdot \left(-\frac{1}{4} e^{-4x} + C \right)$$

$$= \frac{1}{4} x^{-1}\ C \cdot x^{-1} \cdot e^{4x}$$

$$\therefore\ u = \frac{1}{\frac{1}{4}x^{-1}\ \ C \cdot x^{-1} \cdot e^{4x}}$$

$$\therefore\ y = \frac{1}{\frac{1}{4}x^{-1}\ \ C \cdot x^{-1} \cdot e^{4x}} + x$$

CHAPTER 8

고계 선형미분방정식과 해법

1. 제2계 선형미분방정식

정의 $y'' + P(x)y' + Q(x)y = R(x)$ ▶ 제2계 선형미분방정식

여기서 P, Q, R은 x만의 함수

▶ $R(x) = 0$이면 제2계 제차 선형미분방정식(Homogeneous)

▶ $R(x) \neq 0$면 제2계 비제차 선형미분방정식(Non-Homogeneous)

NOTE
- y'', y', y^1 ⇒ y^2, y^3, ... , y^n: 비선형(Non-linear)
- 제차와 동차는 같은 의미 ⇒ 제2계 제차 또는 제2계 동차

ex. 1 $y'' + xy' + x^2 y = x^3$ ⇒ 제2계 비제차 선형미분방정식

ex. 2 $y'' + xy' + x^2 y^3 = x^3$ ⇒ 제2계 비제차 비선형미분방정식

NOTE $P(x)$, $Q(x)$가 동시에 상수인 경우 ▶ 상수계수를 갖는 제2계 선형미분방정식

ex. 3 $y'' + 2y' + 3y = 0$ ⇒ 상수계수를 갖는 제2계 제차 선형미분방정식

ex. 4 $y'' + 2y' + 3y = x$ ⇒ 상수계수를 갖는 제2계 비제차 선형미분방정식

2. 제 n계 선형미분방정식

정의 $y^n + P_{n-1}(x)y^{n-1} + P_{n-2}(x)y^{n-2} + \cdots + P_1(x)y^1 + P_0(x)y = Q(x)$

정리 $y'' + P(x)y' + Q(x)y = 0$을 만족하는 두 해 y_1, y_2에 대해서
$y = C_1 \cdot y_1 + C_2 \cdot y_2$도 주어진 미분방정식의 해가 된다.

증명 $y = C_1 \cdot y_1 + C_2 \cdot y_2$이므로 $\Rightarrow$ $y' = C_1 \cdot y'_1 + C_2 \cdot y'_2$

$\Rightarrow$ $y'' = C_1 \cdot y''_1 + C_2 \cdot y''_2$

원 식에 대입 $\Rightarrow$

$(C_1 \cdot y''_1 + C_2 \cdot y''_2) + P(x)(C_1 \cdot y'_1 + C_2 \cdot y'_2)$

$+ Q(x)(C_1 \cdot y_1 + C_1 \cdot y_2) = 0$

$\Rightarrow C_1\underbrace{(y''_1 + P(x)y'_1 + Q(x)y_1)}_{①} + C_2\underbrace{(y''_2 + P(x)y'_2 + Q(x)y_2)}_{②} = 0$

① = ② = 0 ($\because$ y_1, y_2는 주어진 미분방정식의 해)

$\Rightarrow$ $\therefore y = C_1 \cdot y_1 + C_2 \cdot y_2$ 도 주어진 미분방정식의 해가 된다.

ex. 1 $y_1 = e^x$, $y_2 = e^{-x}$ 이다. 미분방정식 $y'' - y = 0$에서

$y = C_1 \cdot e^x + C_2 \cdot e^x$ 은 주어진 미분방정식의 해가 되는가?

sol $y_1 = e^x$, $y'_1 = e^x$, $y''_1 = e^x \Rightarrow y''_1 - y_1 = e^x - e^x = 0$

$\therefore$ y_1은 $y'' - y = 0$의 해이다.

$y_2 = e^x$, $y'_2 = -e^{-x}$, $y''_2 = e^x \Rightarrow y''_2 - y_2 = e^x - e^x = 0$

$\therefore$ y_2은 $y'' - y = 0$의 해이다.

그리고 $y = C_1 \cdot e^x + C_2 \cdot e^{-x} = C_1 \cdot y_1 + C_2 \cdot y_2$ 이다.

$y' = C_1 \cdot e^x - C_2 \cdot e^{-x}$, $y'' = C_1 \cdot e^x + C_2 \cdot e^{-x}$

$\therefore y'' - y = 0$ ($\because$ $y = C_1 \cdot e^x + C_2 \cdot e^{-x}$, $y'' = C_1 \cdot e^x + C_2 \cdot e^{-x}$)

정의

두 함수 y_1과 y_2 에 대하여

$k_1 \cdot y_1 + k_2 \cdot y_2 = 0$이라고 가정한다면

㉠ $k_1 = k_2 = 0$이면, y_1과 y_2는 서로(일차)독립이다.

㉡ 독립이 아닌 모든 경우를 종속이라고 한다.

ex. 2 $2y_1 + 3y_2 = 0$이라면 y_1과 y_2는 서로 독립인가 종속인가?

sol $k_1 = 2,\ k_2 = 3 \quad \Rightarrow \quad k_1 \neq 0,\ k_2 \neq 0$

y_1과 y_2 에 대하여 각각 정리하면

$y_2 = -\frac{2}{3}y_1$ (y_2는 y_1에 종속), $y_1 = -\frac{3}{2}y_2$ (y_1는 y_2에 종속)

$\therefore\ k_1 \neq 0,\ k_2 \neq 0$이면 y_1과 y_2는 종속

정의

일반해

$y'' + P(x)y' + Q(x) = 0$인 미분방정식의 독립인 두 해를 y_1, y_2라 하면

$y = C_1 \cdot y_1 + C_2 \cdot y_2$를 주어진 미분방정식의 '일반해'라고 한다.

NOTE 주어진 미분방정식의 일반해를 $y = C_1 \cdot y_1 + C_2 \cdot y_2$라 할 때, 독립인 두 해를 주어진 미분방정식의 기저(Basis)라 한다.

즉, 주어진 미분방정식의 기저는 $\{y_1,\ y_2\}$이다.

3. 제2계 제차 선형미분방정식과 해법

정의

라그랑주의 차수축소법

$y'' + P(x)y' + Q(x)y = 0$을 만족하는 한 해를 y_1이라고 한다.

y_1과 독립인 두 번째 해 y_2는?

$$y_2 = y_1 \cdot \int \frac{1}{y_1^2} \cdot e^{-\int P(x)\,dx} dx$$ ▶ y''의 계수가 1인 경우

증명

$y_2 = u \cdot y_1$ 라고 가정하면 (단, u는 x만의 함수)

$y'_2 = u' \cdot y_1 + u \cdot y'_1$

$\Rightarrow y''_2 = u'' \cdot y_1 + u' \cdot y'_1 + u' \cdot y'_1 + u \cdot y''_1$

$= u'' \cdot y_1 + 2 \cdot u' \cdot y'_1 + u \cdot y''_1$

$y'' + P(x)y' + Q(x)y = 0$ 에 대입하면 다음과 같다.

$\therefore u'' \cdot y_1 + 2u' \cdot y'_1 + u \cdot y''_1 + P(x)(u' \cdot y_1 + u \cdot y'_1)$

$+ Q(x)(u \cdot y_1) = 0$

$\therefore u'' \cdot y_1 + (2y'_1 + P(x)y_1)u' + u(y''_1 + P(x)y'_1 + Q(x)y_1)$

$= 0$ ($\because y_1$은 해)

$\Rightarrow u'' \cdot y_1 + (2y'_1 + P(x)y_1)u' = 0$ ☞ $u' = U$로 치환

$\Rightarrow u'' = U' = \dfrac{dU}{dx}$

$U' \cdot y_1 + (2y'_1 + P(x)y_1)U = 0 \Rightarrow$ 양변을 U로 나누어 정리한다.

$$\frac{1}{U} \cdot \frac{dU}{dx} + \left(\frac{2y'_1}{y_1} + P(x)\right) = 0$$

$\Rightarrow \dfrac{1}{U} \cdot dU + \left(\dfrac{2y'_1}{y_1} + P(x)\right)dx = 0$ ☞ 변수 분리형

$$\therefore \int \frac{1}{U} dU + 2\int \frac{y'_1}{y_1} dx + \int P(x)\,dx = C_1$$

$$\Rightarrow \ln|U| + 2\ln|y_1| = C_1 - \int P(x)\,dx$$

$$\Rightarrow \ln|U \cdot y_1^2| = C_1 - \int P(x)\,dx$$

$$\Rightarrow \ U \cdot y_1^2 = e_1^C - e^{\int P(x)dx} = C_2 - e^{\int P(x)dx}$$

$$\Rightarrow \ U = \frac{1}{y_1^2} \cdot (C_2 - e^{\int P(x)dx})$$

$$\Rightarrow \ u' = \frac{1}{y_1^2} \cdot C_2 - e^{\int P(x)dx}: \text{ 양변 적분}$$

$$\Rightarrow \ u = C_2 \cdot \int \frac{1}{y_1^2} e^{-\int P(x)dx} dx$$

$$\therefore \ y_2 = y_1 \cdot \int \frac{1}{y_1^2} e^{-\int P(x)dx} dx \ (\because \ y_2 = u \cdot y_1, \ C_2 = 1\text{로 가정})$$

ex. 1 $x^2 y'' - xy' + y = 0, \ y_1 = x$

sol $y_2 = y_1 \cdot \int \frac{1}{y_1^2} \cdot e^{-\int P(x)dx} dx = x \cdot \int \frac{1}{x^2} \cdot e^{-\int -\frac{1}{x}dx} dx$

$= x \cdot \int (\frac{1}{x^2} \cdot x) \, dx = x \cdot \ln|x|$

$\therefore \ y = C_1 \cdot y_1 + C_2 \cdot y_2 = C_1 \cdot x + C_2 \cdot x \ln|x|$ (일반해)

ex. 2 $xy'' + 2y' + xy = 0, \ y_1 = \frac{\sin x}{x}$

sol $y_2 = y_1 \cdot \int \frac{1}{y_1^2} \cdot e^{-\int P(x)dx} dx = \frac{\sin x}{x} \cdot \int \frac{x^2}{\sin^2 x} \cdot e^{-\int \frac{2}{x}dx} dx$

$= \frac{\sin x}{x} \cdot \int \frac{x^2}{\sin^2 x} \cdot \frac{1}{x^2} dx = \frac{\sin x}{x} \cdot \int \csc^2 x \, dx$

$= -\frac{\cos x}{x}$

$\therefore \ y = C_1 \cdot y_1 + C_2 \cdot y_2 = C_1 \cdot \frac{\sin x}{x} + C_2 \cdot \left(-\frac{\cos x}{x}\right)$ (일반해)

① $F(x, y', y'') = 0$ 인 경우: y 가 없다.

$y' = u$라고 하면, $y'' = u'$이므로

$\Rightarrow F(x, u, u'') = 0$ 이다. (즉, u에 대한 1계 미분방정식)

ex. 3 $x y'' + y' = 0$

sol $y' = u$ 라면, $y'' = u'$이다. ☞ 원 식에 대입하여 정리

$$x u' + u = 0 \quad \Rightarrow \quad x \cdot \frac{du}{dx} + u = 0 \quad \Rightarrow \quad \frac{1}{u} du + \frac{1}{x} dx = 0$$

$$\ln|u| + \ln|x| = \ln|C_1| \quad \Rightarrow \quad \therefore u \cdot x = C_1$$

$$\frac{dy}{dx} \cdot x = C_1 \quad \Rightarrow \quad dy = C_1 \cdot \frac{1}{x} dx \quad \Rightarrow \quad y = C_1 \ln|x| + C_2$$

$$\therefore y = C_1 \ln|x| + C_2$$

② $F(y, y', y'') = 0$ 인 경우: x 가 없다.

$y' = u$라고 하면, $y'' = u' = \dfrac{du}{dx}$이므로 $\dfrac{du}{dy} \cdot \dfrac{dy}{dx} = u \cdot \dfrac{du}{dy}$

ex. 4 $y'' + e^y \cdot (y')^3 = 0$

sol $y' = u, \quad y'' = u \cdot \dfrac{du}{dy}$ ☞ 원 식에 대입하여 정리

$$u \cdot \frac{du}{dy} + e^y \cdot u^3 = 0 \Rightarrow \frac{du}{dy} + e^y \cdot u^2 = 0$$

$$\Rightarrow \frac{1}{u^2} du + e^y dy = 0$$: 양변 적분

$$\int \frac{1}{u^2} du + \int e^y dy = C_1 \quad \Rightarrow \quad -\frac{1}{u} + e^y = C_1 \Rightarrow u = \frac{1}{e^y - C_1}$$

$$\frac{dy}{dx} = \frac{1}{e^y - C_1} \quad \Rightarrow \quad (e^y - C_1)\, dy = dx$$

$$\therefore e^y - C_1 y = x + C_2$$

4. 제2계 비제차 선형미분방정식

정의 $P(x)y' + Q(x)y = R(x)$ 인 형태의 미분방정식

정리 비제차선형미분방정식을 만족하는 한 특수해를 'y_p'라 하고, 제차선형미분방정식의 해를 'y_h'라고 한다면 비제차선형미분방정식을 만족하는 해 $y = y_h + y_p$도 주어진 미분방정식의 해

증명 ▶ $y'' + P(x)y' + Q(x)y = R(x)$에 대해서

$y = y_h + y_p$을 한 번 미분 $y' = y_h' + y_p'$
$y = y_h + y_p$을 두 번 미분 $y'' = y_h'' + y_p''$
를 원 식에 대입하여 정리한다.

$\therefore\ (y_h'' + y_p'') + P(x)(y_h' + y_p') + Q(x)(y_h + y_p)$

$$\Rightarrow \underbrace{(y_h'' + P(x)y_h' + Q(x)y_h)}_{\text{제차 미분방정식의 해}(=0)} + \underbrace{(y_p'' + P(x)y_p' + Q(x)y_p)}_{\text{비제차 미분방정식}(=R(x))}$$

$\Rightarrow\ 0 + R(x)$

$\therefore\ y = y_h + y_p$ 는 비제차선형미분방정식의 해

NOTE
- ▶ 일반수학: 제차해 + 비제차해
- ▶ 기계, 물리학: 영입력응답 + 영상태응답
- ▶ 물리학, 지동제어: 자유응답 + 강제응답
- ▶ 회로망이론, 자동제어: 과도응답 + 정상상태응답

5. 상수계수를 갖는 제2계 비제차 선형미분방정식

정의 $P(x)y' + Q(x)y = R(x)$ ▶ 제2계 비제차 선형미분방정식

ex. 1 $y'' - y = 0$

sol 위 방정식을 만족하는 해는? ⇒ 지수함수 형태

$$y = e^x,\ 2 \cdot e^x,\ \frac{1}{3} \cdot e^x,\ \cdots$$

해법 상수계수를 갖는 2계 제차 선형미분방정식의 일반해 ☞ $y = e^{mx}$로 예상!!

▶ $y' = m e^{mx}$, $y'' = m^2 \cdot e^{mx}$ ☞ 원 식에 대입하여 정리

▶ $y'' + a \cdot y' + b \cdot y = 0 \Rightarrow m^2 \cdot e^{mx} + a \cdot m \cdot e^{mx} + b \cdot e^{mx} = 0$

▶ $e^{mx}(m^2 + a \cdot m + b) = 0$, $e^{mx} \neq 0$이므로, $m^2 + a \cdot m + b = 0$ 이 되어야 한다.

$$\therefore\ m^2 + a \cdot m + b = 0$$ ⇒ 항상 해가 구해지는 2차 방정식 (특성방정식 또는 보조방정식)

☞ 특성방정식(Characteristic Equation), 보조방정식(Auxiliary Equation)

☞ 특성방정식의 해(Characteristic Root)의 형태에 따라 일반해의 형태가 달라짐.

☞ 해의 형태: 서로 다른 두 실근, 중근, 서로 다른 두 허근(켤레복소수근)

NOTE 특성방정식 해의 형태를 구별하기 위한 2차 방정식 근의 공식

▶ $ax^2 + bx + c = 0 \quad \Rightarrow \quad x = \dfrac{-b \pm \sqrt{b^2 - 4ac}}{2a}$

▶ $ax^2 + 2b'x + c = 0 \quad \Rightarrow \quad x = \dfrac{-b' \pm \sqrt{b'^2 - ac}}{a}$

(1) 서로 다른 두 실근을 갖는 경우 $(m_1,\ m_2)$

$y_1 = e^{m_1 \cdot x}$, $y_2 = e^{m_2 \cdot x}$이라고 가정(서로 독립)

$$\text{일반해} ▶ \boxed{y = C_1 \cdot e^{m_1 x} + C_2 \cdot e^{m_2 x}}$$

ex. 2 $y'' - 5y' + 6y = 0$

sol $y = e^{mx}$이라고 하면 ☞ $y' = m e^{mx}$, $y'' = m^2 e^{mx}$

☞ 원 식에 대입하여 정리

$\therefore\ m^2 e^{mx} - 5 m e^{mx} + 6 e^{mx} = 0 \Rightarrow e^{mx}(m^2 - 5m + 6) = 0$

$e^{mx} \neq 0$이므로 $m^2 - 5m + 6 = 0$이어야 한다.

특성방정식의 해를 구하면 $\Rightarrow$ $m = 2,\ 3$

$\therefore$ 일반해 $y = C_1 \cdot e^{2x} + C_2 \cdot e^{3x}$

ex. 3 $y'' + 6y' + 5y = 0$

sol 주어진 미분방정식의 특성방정식은 $m^2 + 6m + 5 = 0 \Rightarrow m = -5,\ -1$

$\therefore$ 일반해 $y = C_1 \cdot e^{-5x} + C_2 \cdot e^{-x}$

ex. 4 $y'' - 7y' + 12y = 0$

sol 주어진 미분방정식의 특성방정식은 $m^2 - 7m + 12 = 0 \Rightarrow m = 3,\ 4$

$\therefore$ 일반해 $y = C_1 \cdot e^{3x} + C_2 \cdot e^{4x}$

(2) 중근을 갖는 경우 $(m = -\frac{a}{2})$

$y_1 = e^{-\frac{a}{2}x}$와 독립인 두 번째 해 y_2에 라그랑주 공식을 적용하면,

$$y_2 = y_1 \cdot \int \frac{1}{y_2^2} \cdot e^{-\int P(x)dx} dx \Rightarrow y_2 = e^{-\frac{a}{2}x} \cdot \int e^{ax} \cdot e^{-\int a\,dx} dx = x \cdot e^{-\frac{a}{2}x}$$

$\therefore\ y_2 = x \cdot y_1 \Rightarrow y_1$과 y_2는 독립

$$\text{일반해} ▶ \boxed{y = C_1 \cdot e^{-\frac{a}{2}x} + x \cdot C_2 \cdot e^{-\frac{a}{2}x}}$$

ex. 5 $y'' - 6y' + 9y = 0$

sol 특성방정식은 $m^2 - 6m + 9 = 0$, $m = 3$(중근)

$\therefore$ 일반해 $y = C_1 \cdot e^{-3x} + x \cdot C_2 \cdot e^{-3}$

ex. 6 $y'' - 2y' + y = 0$

sol 특성방정식은 $m^2 - 2m + 1 = 0$, $m = 1$(중근)

$\therefore$ 일반해 $y = C_1 \cdot e^{-x} + x \cdot C_2 \cdot e^{-x}$

(3) 서로 다른 허근을 갖는 경우 ($m = \alpha \pm i\beta$)

$y_1 = e^{(\alpha + i\beta)x}$, $y_2 = e^{(\alpha - i\beta)x}$는 서로 독립

$y = C_1 \cdot y_1 + C_2 \cdot y_2 = C_1 \cdot e^{(\alpha + i\beta)x} + C_2 \cdot e^{(\alpha - i\beta)x}$

$\Rightarrow$ 실수함수 형태로 전환하기 위해서 오일러 공식 적용

> **NOTE** 오일러 공식
> $e^{it} = \cos t + i\sin t$
> ☞ 실수부와 허수부를 선택

$y = C_1 \cdot e^{(\alpha + i\beta)x} + C_2 \cdot e^{(\alpha - i\beta)x}$에서

$= C_1 \cdot e^{\alpha x} \cdot e^{i\beta x} + C_2 \cdot e^{\alpha x} \cdot e^{-i\beta x}$

$= C_1 \cdot e^{\alpha x} \cdot (\cos(\beta x) + i\sin(\beta x) + C_2 \cdot e^{\alpha x} \cdot (\cos(-\beta x) + i\sin(-\beta x)$

$= e^{\alpha x} \cdot [(C_1 + C_2) \cdot \cos(\beta x) + (C_1 - C_2)i \cdot \sin(\beta x)]$

▶ $C_1 + C_2 \Rightarrow C_1$, $C_1 - C_2 \Rightarrow C_2$로 치환 ($\because$ 허수부는 허수가 아니라 실수)

▶ cos은 우함수, sin은 기함수

$= C_1 \cdot e^{\alpha x} \cdot \cos(\beta x) + C_2 \cdot e^{\alpha x} \cdot \sin(\beta x)$

▶ $e^{\alpha x} \cdot \cos\beta x = y_1$(실수), $e^{\alpha x} \cdot \sin\beta x = y_2$(실수) $\Rightarrow$ 서로 독립인 실수 함수

일반해 ▶

$$\begin{aligned} y &= C_1 \cdot e^{\alpha x} \cdot \cos(\beta x) + C_2 \cdot e^{\alpha x} \cdot \sin(\beta x) \\ &= e^{\alpha x} \cdot (C_1 \cdot \cos(\beta x) + C_2 \cdot \sin(\beta x)) \end{aligned}$$

ex. 7 $y'' + 4y' + 7y = 0$

sol 특성방정식은 $m^2 + 4m + 7 = 0$, $m = -2 \pm \sqrt{3}\,i$ (서로 다른 두 허근)

$\alpha = -2$, $\beta = \sqrt{3}$

$\therefore$ 일반해 $y = C_1 \cdot e^{-2x} \cdot \cos(\sqrt{3}\,x) + C_2 \cdot e^{-2x} \cdot \sin(\sqrt{3}\,x)$

6. 미분연산자

정의 $\frac{d}{dx} \Rightarrow D$ (미분연산자)

☞ $D_y = \frac{d}{dx} y = \frac{dy}{dx} = y'$ $\Rightarrow$ 1번 미분

$D_y^2 = \frac{d}{dx}(\frac{d}{dx})\, y = \frac{d^2 y}{dx^2} = y''$ $\Rightarrow$ 2번 미분

$\vdots \qquad \vdots$

$D_y^n = \frac{d^n y}{dx^n} = y^n$ $\Rightarrow$ n번 미분

ex. 1 $(D^2 + 3D + 2)\, x^4 \quad \Rightarrow \quad 12x^2 + 12x^3 + 2x^4$

ex. 2 $(D^2 + D - 6)\, y = 0$을 만족하는 해는?

sol 주어진 미분방정식을 고치면 ☞ $y'' + y' - 6y = 0$

특성방정식은 $m^2 + m - 6 = 0 \quad \Rightarrow \quad m_1 = -2,\ m_2 = 3$

$\therefore\ y = C_1 \cdot e^{-2x} + C_2 \cdot e^{3x}$

> **NOTE** 미분연산자(Differential Operator)는 특성방정식과 동일한 형태

> **NOTE** 고계선형미분방정식의 일반해
>
> $y''' + a \cdot y'' + b \cdot y' + c \cdot y = 0$ ▶ 3계 상수계수를 갖는 선형미분방정식

☞ 특성방정식 : $m^3 + a m^2 + b m + c = 0$

(1) 서로 다른 세 실근 $(m_1,\ m_2,\ m_3)$

$$y = C_1 e^{m_1 x} + C_2 e^{m_2 x} + C_3 e^{m_3 x}$$

(2) 한 개의 실근(m_1)과 두 개의 중근(m_2)

$$y = C_1 e^{m_1 x} + C_2 e^{m_2 x} + x \cdot C_3 e^{m_3 x}$$

(3) 세 개의 3중근 (m)

$$y = C_1 e^{m_1 x} + x \cdot C_2 e^{m_2 x} + x^2 \cdot C_3 e^{m_3 x}$$

(4) 한 개의 실근(m_1)과 두 개의 허근$(\alpha \pm \beta i)$

$$y = C_1 e^{m_1 x} + e^{\alpha x} \cdot (C_2 \cdot \cos(\beta x) + C_3 \cdot \sin(\beta x))$$

ex. 3 $(D^3 - D^2 - D + 1)y = 0$

sol 특성방정식은 $m^3 - m^2 - m + 1 = 0$ ☞ $(m-1)^2(m+1) = 0$

$\therefore m = 1$(중근), $m = -1$(중근) ☞ 2번 형태

$\therefore y = C_1 e^{-x} + C_2 e^{x} + x \cdot C_3 e^{x}$

ex. 4 $y''' - 2y'' + 3y' - 6y = 0$을 만족하는 y는?

sol 주어진 미분방정식을 미분연산자로 표현

$(D^3 - 2D^2 + 3D - 6)y = 0$

특성방정식은 $m^3 - 2m^2 + 3m - 6 = 0$ ☞ $(m-2)(m^2+3) = 0$

▶

$$\begin{array}{r|l} & m^2 \quad + \quad 3 \\ \hline m - 2 & m^3 - 2m^2 + 3m - 6 \\ \ominus & m^3 - 2m^2 \\ & \qquad\qquad 3m - 6 \\ \ominus & \qquad\qquad 3m - 6 \\ & \qquad\qquad 0 \end{array}$$

☞ $(m-2)(m^2+3) = 0$

$\therefore m = 2, \ \pm\sqrt{3}i$

$\therefore y = C_1 e^{2x} + e^{0x}(C_2 \cos\sqrt{3}x + C_3 \sin\sqrt{3}x)$

$\therefore y = C_1 e^{2x} + C_2 \cos\sqrt{3}x + C_3 \sin\sqrt{3}x$

ex. 5 $y''' + 2y'' - 5y' - 6y = 0$

sol 주어진 미분방정식을 미분연산자로 표현

$(D^3 - 2D^2 - 5D - 6)y = 0$

특성방정식은

$m^3 - 2m^2 - 5m - 6 = 0$ ☞ $(m-2)(m+1)(m+3) = 0$

$\therefore m = 2, -1, 3$

$\therefore y = C_1 e^{2x} + C_2 e^{-x} + C_3 e^{-3x}$

ex. 6 $(D^4 + 6D^3 + 5D^2 - 24D - 36)y = 0$

sol $(D-2)(D+2)(D+3)^2 y = 0$

특성방정식의 해 ☞ $m = 2, -2, -3, 3$(중근)

$\therefore y = C_1 e^{2x} + C_2 e^{-2x} + C_3 e^{-3x} + C_4 x e^{3x}$

ex. 7 $(D^2 - 2D + 10)y = 0$

sol 특성방정식의 해 ☞ $m = 1 \pm 3i$

$\therefore y = e^x (C_1 \cos 3x + C_2 \sin 3x)$

ex. 8 $(D^4 + 5D^2 - 36)y = 0$

sol $(D^2 - 4)(D^2 + 9) = 0$

특성방정식의 해 ☞ $m = \pm 2, \pm 3i$

$\therefore y = C_1 e^{2x} + C_2 e^{-2x} + C_3 \cos 3x + C_4 \sin 3x$

▶ $\cosh 2x = \frac{1}{2}(e^{2x} + e^{-2x}), \ \sinh 2x = \frac{1}{2}(e^{2x} - e^{-2x})$

$\therefore y = C_1 \cosh 2x + C_2 \sinh 2x + C_3 \cos 3x + C_4 \sin 3x$

ex. 9 $y''' - 6y'' + 12y' - 8y = 0, \ y(0) = 0, \ y'(o) = 2, \ y''(0) = 2,$

$y(\ln 2) = ?$

sol 특성방정식은 $m^3 - 6m^2 + 12m - 8 = 0$

☞ $(m-2)(m^2 - 4m + 4) = 0$

$(m-2)^3 = 0, \quad \therefore m = 2$ (삼중근)

$\therefore y = (C_1 + C_2 x + C_3 x^2) e^{2x} \Rightarrow y(0) = 0 \Rightarrow C_1 = 0$

$y' = (C_2 + 2C_3 x) e^{2x} + (C_2 x + C_3 x^2) 2e^{2x}$

$\Rightarrow y'(o) = 2 \Rightarrow C_2 = 0$

$y'' = (4C_2 + 2C_3) e^{2x} + (4C_3 + 4C_2) x e^{2x} + 4C_3 x^2 e^{2x}$

$\Rightarrow y''(0) = 2 \Rightarrow C_3 = 1$

$\therefore y = x^2 e^{2x} \Rightarrow y(\ln 2) = 4(\ln 2)^2$

7. 론스키 행렬식

정의 미분 가능한 두 함수 y_1과 y_2에 대하여

$W(y_1, y_2) = \begin{vmatrix} y_1 & y_2 \\ y_1{}' & y_2{}' \end{vmatrix} = y_1 \cdot y_2{}' - y_1{}' \cdot y_2$를
▶ '론스키(Wronski) 행렬식'
▶ '론스키안(Wronskian)'

정리
(1) $W \neq 0 \quad \Rightarrow \quad y_1$과 y_2는 일차독립
(2) $W = 0 \quad \Rightarrow \quad y_1$과 y_2는 종속

ex. 1 $e^{m_1 x}$, $e^{m_2 x}$ $(m_1 \neq m_2)$는 서로 독립인가?

sol $W = \begin{vmatrix} e^{m_1 x} & e^{m_2 x} \\ m_1 e^{m_1 x} & m_2 e^{m_2 x} \end{vmatrix} = m_2 e^{(m_1 + m_2)x} - m_1 e^{(m_1 + m_2)x}$

$= (m_2 - m_1)\, e^{(m_1 + m_2)x} \Rightarrow (m_2 - m_1) \neq 0$이고 $e^{(m_1 + m_2)x} \neq 0$이다.

$\therefore$ 두 함수 $e^{m_1 x}$, $e^{m_2 x}$는 $m_1 \neq m_2$일 때 서로 독립이다.

ex. 2 $y_1 = e^x$, $y_2 = 3e^x$는 서로 독립인가?

sol $W = \begin{vmatrix} e^x & 3e^x \\ e^x & 3e^x \end{vmatrix} = e^x \cdot 3e^x - 3e^x \cdot e^x = 0$

$\therefore$ 두 함수 y_1, y_2는 서로 종속이다.

ex. 3 $y_p = 2x^2 - 6x + 7$이 $y'' + 3y' + 2y = 4x^2$을 만족하는 해인가?
또한 미분방정식을 만족하는 해를 구하시오.

sol $y_p{}' = 4x - 6$, $y_p{}'' = 4$를 주어진 미분방정식에 대입하여 정리

$4x^2$이므로 y_p는 주어진 미분방정식의 특수해이다.

미분방정식의 제차해 $y_h = ?$ ☞ 미분방정식의 우변을 0으로 가정한다.

주어진 미분방정식의 보조해는 $m^2 + 3m + 2 = 0$

$\Rightarrow y_h = C_1 e^{-2x} + C_2 e^{-x}$

주어진 미분방정식의 일반해는 $y = y_h + y_p$

$\therefore y = C_1 e^{-2x} + C_2 e^{-x} + 2x^2 - 6x + 7$

ex. 4 $y_p = e^{-3x}$ 는 $y'' - y = 6e^{-3x}$의 특수해인가? 그리고 일반해를 구하시오.

sol $y_p{}' = -3e^{-3x}$, $y_p{}'' = 9e^{-3x}$ 를 미분방정식에 대입하여 정리.

$-3e^{-3x} + 9e^{-3x} = 6e^{-3x}$이므로 y_p는 주어진 미분방정식의 특수해

$y_h = ?$ $\Rightarrow$ 보조방정식은 $m^2 - 1 = 0 \Rightarrow y_h = C_1 e^{-x} + C_2 e^{x}$

$\therefore y = y_p + y_h = e^{-x} + C_1 e^{-x} + C_2 e^{x}$

ex. 5 $y'' - y' - 2y = 0$은 $y = e^{ax}$와 같은 형태의 2개의 서로 다른 해를 갖는가?

sol $y = e^{ax}$, $y' = a \cdot e^{ax}$, $y'' = a^2 \cdot e^{ax}$

이를 주어진 미분방정식에 대입하여 정리하면,

$y'' - y' - 2y = e^{ax} \cdot (a^2 - 2a - 2) = 0$

$\therefore a^2 - a - 2 = 0$이어야 한다. ($\because e^{ax} \neq 0$)

$\therefore a = -1, 2 \quad \Rightarrow \quad y = e^{-x}$, $y = e^{2x}$

따라서 $y = e^{-x}$, $y = e^{2x}$는 주어진 미분방정식의 서로 다른 2개의 해이다.

ex. 6 $y = C_1 \cdot e^{-x} + C_2 \cdot e^{2x}$는 **<ex. 5>**의 일반해인가?

sol $y = C_1 \cdot e^{-x} + C_2 \cdot e^{2x}$가 $y'' - y' - 2y = 0$을 만족하는 것은 대입하면 알 수 있다.

<ex. 5>에서 주어진 미분방정식은 2계이므로 그 일반해는 2개의 임의의 상수를 가져야 한다. 그런데 $y = C_1 \cdot e^{-x} + C_2 \cdot e^{2x}$에는 2개의 임의의 상수 C_1, C_2가 있으므로, e^{-x}와 e^{2x}가 1차적으로 독립인 함수인 것을 증명하면 된다.

$$W = \begin{vmatrix} e^{-x} & e^{2x} \\ -e^{-x} & 2e^{2x} \end{vmatrix} = 3e^{x} \neq 0$$

$\therefore y = e^{-x}$와 $y = e^{2x}$ 는 1차적으로 독립인 함수이다.

연습문제

1. $2y'' - 5y' - 3y = 0$

sol 특성방정식은 $2m^2 - 5m - 3 = 0 \quad \Rightarrow \quad (2m + 1)(m - 3) = 0$

$m = -\dfrac{1}{2}\ ,\ 3 \Rightarrow y = C_1 e^{-\frac{1}{2}x} + C_2 e^{3x}$ (∵ 서로 다른 두 실근)

$\therefore\ y = C_1 e^{-\frac{1}{2}x} + C_2 e^{3x}$

2. $y'' - y' + y = 0$

sol 특성방정식은 $m^2 - m + 1 = 0 \quad \Rightarrow \quad m = \dfrac{-1 \pm \sqrt{3}}{2}$

$\alpha = -\dfrac{1}{2}\ ,\ \beta = \dfrac{\sqrt{3}}{2} \ \Rightarrow\ y = e^{-\frac{1}{2}x}\left(C_1 \cos\dfrac{\sqrt{3}}{2}x + C_2 \sin\dfrac{\sqrt{3}}{2} \right)$

$\therefore\ y = e^{-\frac{1}{2}x}\left(C_1 \cos\dfrac{\sqrt{3}}{2}x + C_2 \sin\dfrac{\sqrt{3}}{2} \right)$

3. $y'' - 10y' + 25y = 0$

sol 특성방정식은 $m^2 - 10m + 25 = 0 \quad \Rightarrow \quad (m - 5)^2 = 0$

$m = 5$ (중근) $\ \Rightarrow\ y = C_1 e^{5x} + C_2 x e^{5x}$

$\therefore\ y = C_1 e^{5x} + C_2 x e^{5x}$

4. $y'' + 2y' - y = 0,\ \ y(1) = 0,\ y'(1) = 0$

sol 특성방정식은 $m^2 - 2m + 1 = 0 \quad \Rightarrow \quad (m - 1)^2 = 0$

$m = 1$ (중근)

$\therefore\ y = e^x (C_1 + C_2 x),\ y' = e^x (C_1 + C_2 + C_2 x)$

$y(1) = 0 \quad \Rightarrow \quad e(C_1 + C_2) = 0$

$y'(1) = 0 \quad \Rightarrow \quad e(C_1 + C_2 + C_2) = 0 \quad \Rightarrow \quad C_1 = 0,\ C_2 = 0$

$\therefore\ y = 0$

5. $y'' - 2y' + 3y = 0,\ y(0) = 0,\ y'(0) = 3$

sol 특성방정식은 $m^2 - 2m + 3 = 0 \quad \Rightarrow \quad m = 1 \pm \sqrt{2}i$

$\therefore\ y = e^x \left(C_1 \cos \sqrt{2}x + C_2 \sin \sqrt{2}x \right)$

$\therefore\ y' = e^x \left(C_1 \cos \sqrt{2}x + C_2 \sin \sqrt{2}x \right)$

$\qquad + e^x \left(-\sqrt{2}C_1 \sin \sqrt{2}x + \sqrt{2}C_2 \cos \sqrt{2}x \right)$

$y(0) = 0 \quad \Rightarrow \quad C_1 = 0$

$y'(0) = 3 \quad \Rightarrow \quad C_1 + \sqrt{2}C_2 = 3 \quad \Rightarrow \quad C_2 = \dfrac{3}{\sqrt{2}}$

$\therefore\ y = e^x \left(\dfrac{3}{\sqrt{2}} \sin \sqrt{2}x \right)$

6. $y'' - y' - 2y = 0,\ y(0) = 5,\ y'(0) = 7$

sol 특성방정식은 $m^2 - m - 2 = 0 \quad \Rightarrow \quad m = -1, 2$

$\therefore\ y = C_1 e^{-x} + C_2 e^{2x}$

$\therefore\ y' = -C_1 e^{-x} + 2C_2 e^{2x}$

$y(0) = 5 \quad \Rightarrow \quad C_1 + C_2 = 5$

$y'(0) = 7 \quad \Rightarrow \quad -C_1 + 2C_2 = 7 \quad \Rightarrow \quad C_2 = 4,\ C_1 = 1$

$\therefore\ y = e^{-x} + 4e^{2x}$

7. $y''' + 3y'' - 4y = 0$

sol 특성방정식은 $m^3 + 3m - 4 = 0 \quad \Rightarrow \quad (m-1)(m+2)^2 = 0$

$m = 1,\ m = -2$ (중근) $\Rightarrow \quad y = C_1 e^x + C_2 e^{-2x} + C_3 x e^{-2x}$

$\therefore\ y = C_1 e^x + C_2 e^{-2x} + C_3 x e^{-2x}$

8. $y''' - 6y'' + 12y' - 8y = 0$

sol 특성방정식은

$m^3 - 6m^2 + 12m - 8 = 0 \quad \Rightarrow \quad (m-2)^2(m+3)(m-3) = 0$

$m = 3,\ -3,\ 2$ (중근) $\Rightarrow \quad y = e^{2x}(C_1 + C_2 x) + C_3 e^{3x} + C_4 e^{-3x}$

$\therefore\ y = e^{2x}(C_1 + C_2 x) + C_3 e^{3x} + C_4 e^{-3x}$

9. $y''' + 6y'' + 10y' = 0$

sol 특성방정식은 $m^3 + 6m^2 + 10m = 0 \quad \Rightarrow \quad m(m^2 + 6m + 10) = 0$

$m = 0, \ -3 \pm i \quad \Rightarrow \quad m = 0, \ \alpha = -3, \ \beta = 1$

$y = C_1 e^{ox} + e^{-3x}(C_2 \cos x + C_3 \sin x)$

$\therefore \ y = C_1 + e^{-3x}(C_2 \cos x + C_3 \sin x)$

10. $y''' - 2y'' + 3y' - 6y = 0$

sol 특성방정식은 $m^3 - 2m^2 + 3m - 6 = 0$

$\Rightarrow \quad (m - 2)(m^2 + 3) = 0$

$m = 2 \ , \ \pm\sqrt{3}i \quad \Rightarrow \quad m = 2, \ \alpha = 0 \ , \ \beta = \sqrt{3}$

$\therefore \ y = C_1 e^{2x} + (C_2 \cos\sqrt{3}x + C_3 \sin\sqrt{3}x)$

11. $y''' - 2y'' - 5y' + 6y = 0$

sol 특성방정식은 $m^3 - 2m^2 - 5m + 6 = 0$

$\Rightarrow (m - 1)^2(m + 1) = 0$

$m = -1, \ 1$ (중근)

$\therefore \ y = C_1 e^{x} + C_2 x e^{x} + C_3 e^{-x}$

12. $y^{(4)} - 4y''' + 6y'' - 4y' + y = 0$

sol 특성방정식은 $m^4 - 4m^3 + 6m^2 - 4m + 1 = 0 \quad \Rightarrow \quad (m - 1)^4 = 0$

$m = 1$ (4중근)

$\therefore \ y = e^{x}(C_1 + C_2 x + C_3 x^2 + C_4 x^3)$

13. $y^{(5)} - 2y^{(4)} + y''' - 12y' + 8y = 0$

sol 특성방정식은 $m^5 - 2m^4 + 8m^2 - 12m + 8 = 0$

$\Rightarrow (m + 2)(m^2 - 2m + 2)^2 = 0$

$m = -2, \ 1 \pm i$ (중근)

$\therefore \ y = C_1 e^{-2x} + e^{x}(\cos x + i \sin x) + e^{x}(C_2 + C_3 x)\cos x$

$+ e^{x}(C_4 + C_5 x)\sin x$

14. $y^{(5)} - 7y^{(4)} + 15y''' - 15y'' + 14y' - 8y = 0$

sol 특성방정식은 $m^5 - 7m^4 + 15m^3 - 15m^2 + 14m - 8 = 0$

$\Rightarrow (m-1)(m-2)(m-4)(m^2+1) = 0 \Rightarrow m = 1, 2, 4, \pm i$

$\therefore y = C_1 e^x + C_2 e^{2x} + C_3 e^{4x} + C_4 \cos x + C_5 \sin x$

15. $y'' - 4y = 0,\ \ y(0) = 1,\ y'(0) = 10$

sol 특성방정식은 $m^2 - 4 = 0 \quad \Rightarrow \quad m = \pm 2$ (서로 다른 두 실근)

$y = C_1 e^{-2x} + C_2 e^{2x},\ y' = -2e^{-2x} + 2C_2 e^{2x}$

$y(0) = 1 \quad \Rightarrow \quad C_1 + C_2 = 1$

$y'(0) = 10 \quad \Rightarrow \quad -2C_1 + 2C_2 = 10$

$\therefore C_1 = -2,\ C_2 = 3$

$\therefore y = -2e^{-2x} + 3e^{2x}$

16. $y'' + y' + y = 0,\ y(0) = 1,\ y'(0) = 3$

sol 특성방정식은 $m^2 + m + 1 = 0 \quad \Rightarrow \quad m = \dfrac{-1 \pm \sqrt{3}i}{2}$

$$y = e^{-\frac{1}{2}x}\left(C_1 \cos\frac{\sqrt{3}}{2}x + C_2 \sin\frac{\sqrt{3}}{2}x\right)$$

$$y = -\frac{1}{2}e^{-\frac{1}{2}x}\left(C_1 \cos\frac{\sqrt{3}}{2}x + C_2 \sin\frac{\sqrt{3}}{2}x\right)$$
$$+ e^{-\frac{1}{2}x}\left(-\frac{\sqrt{3}}{2}C_1 \cos\frac{\sqrt{3}}{2}x + \frac{\sqrt{3}}{2}C_2 \sin\frac{\sqrt{3}}{2}x\right)$$

$y(0) = 1 \quad \Rightarrow \quad C_1 = 1$

$y'(0) = 3 \quad \Rightarrow \quad -\dfrac{1}{2}C_1 + \dfrac{\sqrt{3}}{2}C_2 = 3 \quad \Rightarrow \quad C_2 = \dfrac{7}{\sqrt{3}}$

$$\therefore y = e^{-\frac{1}{2}x}\left(\cos\frac{\sqrt{3}}{2}x + \frac{7}{\sqrt{3}}\sin\frac{\sqrt{3}}{2}x\right)$$

17. $8y'' + 6y' + y = 0,\ y(-2) = 3e,\ y'(-2) = -\dfrac{3}{2}e$

sol 특성방정식은 $8m^2 + 6m + 1 = 0 \quad \Rightarrow \quad m = -\dfrac{1}{2},\ -\dfrac{1}{4}$

$$y = C_1 e^{-\frac{1}{4}x} + C_2 e^{-\frac{1}{2}x},\ y' = -\frac{1}{4}C_1 e^{-\frac{1}{4}x} - \frac{1}{2}C_2 e^{-\frac{1}{2}x}$$

$$y(-2) = 3e \ \Rightarrow\ 3e = C_1 e^{\frac{1}{2}} + C_2 e$$

$$y'(-2) = -\frac{3}{2}e \ \Rightarrow\ -\frac{3}{2}e = -\frac{1}{4}C_1 e^{\frac{1}{2}} - \frac{1}{2}C_2 e$$

$$\therefore C_1 = 0,\ C_2 = 3$$

$$\therefore y = 3e^{-\frac{1}{2}x}$$

18. $y'' + 12y' + 36y = 0,\ y(0) = -2,\ y'(0) = -3$

sol 특성방정식은 $m^2 + 12m + 36 = 0 \ \Rightarrow\ (m+6)^2 = 0$

$\Rightarrow\ m = -6$ (중근)

$$y = C_1 e^{-6x} + C_2 x e^{-6x},\ \ y' = -6C_1 e^{-6x} - 6C_2 x e^{-6x} + C_2 e^{-6x}$$

$$y(0) = -2 \ \Rightarrow\ C_1 = -2$$

$$y'(0) = -3 \ \Rightarrow\ 12 + C_2 = -3,\ C_2 = -15$$

$$\therefore y = e^{-6x}(-2 - 15x)$$

19. $y'' + 3y' - 2y = 0,\ \ y(0) = 2,\ \ y'(0) = -3$

sol 특성방정식은 $m^2 + 3m - 2 = 0 \ \Rightarrow\ m = \dfrac{-3 \pm \sqrt{17}}{2}$ (서로 다른 두 실근)

$$y = e^{-\frac{3}{2}x}\left(C_1 e^{\frac{\sqrt{17}}{2}x} + C_2 e^{-\frac{\sqrt{17}}{2}x}\right)$$

$$y' = -\frac{3}{2}e^{-\frac{3}{2}x}\left(C_1 e^{\frac{\sqrt{17}}{2}x} + C_2 e^{-\frac{\sqrt{17}}{2}x}\right) + e^{-\frac{3}{2}x}\left(\frac{\sqrt{17}}{2}C_1 e^{\frac{\sqrt{17}}{2}x} - \frac{\sqrt{17}}{2}C_2 e^{-\frac{\sqrt{17}}{2}x}\right)$$

$$y(0) = 2 \ \Rightarrow\ C_1 + C_2 = 2$$

$$y'(0) = -3 \ \Rightarrow\ \left(-\frac{3}{2} + \frac{\sqrt{17}}{2}\right)C_1 + \left(-\frac{3}{2} - \frac{\sqrt{17}}{2}\right)C_2 = -3$$

$$\therefore C_1 = 1,\ C_2 = 1$$

$$\therefore y = e^{-\frac{3}{2}x}\left(e^{\frac{\sqrt{17}}{2}x} + e^{-\frac{\sqrt{17}}{2}}\right)$$

20. $y'' + 2y' + 4y = 0,\quad y(0) = 1,\ y'(0) = 0$

sol 특성방정식은 $m^2 + 2m + 4 = 0 \;\Rightarrow\; m = -1 \pm \sqrt{3}i$ (서로 다른 두 허근)

$$y = e^{-x}(C_1 \cos\sqrt{3}x + C_2 \sin\sqrt{3}x)$$

$$y = -e^{-x}(C_1 \cos\sqrt{3}x + C_2 \sin\sqrt{3}x)$$
$$+ e^{-x}(-\sqrt{3}C_1 \sin\sqrt{3}x + \sqrt{3}C_2 \cos\sqrt{3}x)$$

$$y(0) = 1 \Rightarrow C_1 = 1,\ y'(0) = 0 \Rightarrow -C_1 + \sqrt{3}C_2 = 0,\ C_2 = \frac{1}{\sqrt{3}}$$

$$\therefore\ y = e^{-x}\left(\cos\sqrt{3}x + \frac{1}{\sqrt{3}}\sin\sqrt{3}x\right)$$

21. $y'' + 4y' + (4 + \pi^2)y = 0,\quad y\left(\frac{1}{2}\right) = 2,\quad y(1) = e^{-2}$

sol 특성방정식은 $m^2 + 4m + (4 + \pi^2) = 0 \;\Rightarrow\; m = -2 \pm \pi i$ (서로 다른 두 허근)

(cf) $ax^2 + 2b'x + c = 0$의 근의 공식 ☞ $x = \dfrac{-b' \pm \sqrt{b'^2 - ac}}{a}$

$$y = e^{-2x}(C_1 \cos\pi x + C_2 \sin\pi x)$$

$$y\left(\frac{1}{2}\right) = 2 \Rightarrow e^{-1}\left(C_1\cos\frac{\pi}{2} + C_2\sin\frac{\pi}{2}\right)$$

$$\Rightarrow C_2 \cdot e^{-1} = 2,\ C_2 = 2e$$

$$y(1) = e^{-2} \Rightarrow e^{-2}(-C_1\cos\pi + C_2\sin\pi)$$

$$\Rightarrow -e^{-2} \cdot C_1 = e^{-2},\ C_1 = -1$$

$$\therefore\ y = e^{-2x}(-\cos\pi x + 2e\sin\pi x)$$

22. $y'' - 2y' + (\pi^2 + 1)y = 0,\ y(0) = \pi,\ y'(0) = 0$

sol 특성방정식은 $m^2 - 2m + (\pi^2 + 1) = 0 \quad\Rightarrow\quad m = 1 \pm \pi i$

$$y = e^{x}(C_1\cos\pi x + C_2\sin\pi x)$$

$$y' = e^{x}((C_1 + \pi C_2)\cos\pi x + (C_2 - \pi C_1)\sin\pi x)$$

$$y(0) = \pi \;\Rightarrow\; C_1 = \pi,\ y'(0) = 0 \;\Rightarrow\; C_2 = -1$$

$$\therefore\ y = e^{x}(\pi\cos\pi x - \sin\pi x)$$

23. $y'' - 16y = 0,\ y(0) = 3,\ y\left(\frac{1}{4}\right) = 3e$

sol 특성방정식은 $m^2 - 16 = 0 \quad \Rightarrow \quad m = \pm 4$

$y = C_1 e^{-4x} + C_2 e^{4x}$

$y(0) = 3 \Rightarrow C_1 + C_2 = 3,\ y\left(\frac{1}{4}\right) = 3e \quad \Rightarrow \quad C_1 e^{-1} + C_2 e = 3e$

$\Rightarrow \ C_1 = 0,\ C_2 = 3$

$\therefore\ y = 3e^{4x}$

CHAPTER 9

오일러-코시 미분방정식과 해법

정의

$a\,x^2\,y'' + b\,x\,y' + c\,y = 0$의 형태를 가진 미분방정식

〈계수비교〉 y의 계수와 x의 제곱계수가 동일(Equi-Dimensional)

'y' 관련 ▶	y'' (y를 두 번 미분)	y' (y를 한 번 미분)	y (y를 0번 미분)
'x' 관련 ▶	x^2 (x를 두 번 곱함)	x (x를 한 번 곱함)	1 (x의 0번 제곱)

▶ 변수계수를 갖는 2계 선형미분방정식

ex. 1 $x\,y'' - y' = 0$은 오일러-코시 미분방정식인가?

sol 양변 x를 곱한다. $\Rightarrow$ $x^2\,y'' - x\,y' = 0$ $\therefore$ 오일러-코시 미분방정식

해법

$a\,x^2\,y'' + b\,x\,y' + c\,y = 0$에서

오일러-코시 미분방정식의 일반해 ☞ $y = x^m$로 예상

▶ $y' = m \cdot x^{m-1}$, $y'' = m \cdot (m-1) \cdot x^{m-1}$ $\Rightarrow$ 원 식에 대입하여 정리

▶ $a\,(m-1)\,x^m + b\,m\,x^m + c\,x^m = 0$ $\Rightarrow$ x^m에 대해서 정리

▶ $x^m\,(a\,(m-1) + b\,m + c) = 0$ $\Rightarrow$ $x^m \neq 0$ ($\because$ $x \neq 0$)

$a\,(m-1) + b\,m + c = 0$이 되어야 한다.

$\therefore$ $a\,m\,(m-1) + b\,m + c = 0$ $\Rightarrow$ 오일러-코시 미분방정식의 특성방정식

$$\therefore\ a\,m^2 + (b-a)\,m + c = 0$$ $\Rightarrow$ 항상 해가 구해지는 2차 방정식 (특성방정식 또는 보조방정식)

☞ 특성방정식(Characteristic Equation), 보조방정식(Auxiliary Equation)

☞ 특성방정식의 해(Characteristic Root)의 형태에 따라 일반해의 형태가 달라짐.

☞ 해의 형태 : 서로 다른 두 실근, 중근, 서로 다른 두 허근(켤레복소수 근)

(1) 서로 다른 두 실근을 갖는 경우 (m_1, m_2)

$y_1 = x^{m_1}$, $y_2 = x^{m_2}$이라고 가정(서로 독립)

일반해 ▶ $$y = C_1 \cdot x_1^m + C_2 \cdot x^{m_2}$$

ex. 2 $2\,x^2\,y'' + 5\,x\,y' + y = 0$

sol $y = x^m$이라고 하면 ☞ $y' = m\,x^{m-1}$, $y'' = m\,(m-1)\,x^{m-2}$

☞ 원 식에 대입하여 정리

$\therefore x^m(2m^2+(5-2)m+1)=0 \quad \Rightarrow \quad x^m(2m+1)(m+1)=0$

$x^m \neq 0$이므로 $(2m+1)(m+1)=0$이어야 한다.

특성방정식의 해를 구하면 $\Rightarrow \quad m = -\dfrac{1}{2}, -1$

$\therefore$ 일반해 $y = C_1 \cdot x^{-\frac{1}{2}} + C_2 \cdot x^{-1}$

ex. 3 $x^2y'' - 4xy' + 6y = 0$

sol 주어진 미분방정식의 특성방정식은

$x^m(m(m-1)-4m+6)=0 \quad \Rightarrow \quad m = 2, 3$

$\therefore$ 일반해 $y = C_1 \cdot x^2 + C_2 \cdot x^3$

(2) 중근을 갖는 경우 $\left(m = \dfrac{-(b-a)}{2a}\right)$

$y_1 = x^{\frac{-(b-a)}{2a}}$ 와 독립인 두 번째 해 y_2를 라그랑주 공식을 적용하면,

$$y_2 = y_1 \cdot \int \frac{1}{y_2^2} \cdot e^{-\int P(x)\,dx} dx \Rightarrow y_2 = x^m \cdot \int \frac{1}{(x^m)^2} \cdot e^{-\int \frac{b}{ax}dx} dx$$

$= x^m \cdot \ln|x|$

$\therefore y_2 = x^m \cdot \ln|x|$

일반해 ▶ $\boxed{y = (C_1 + C_2 \ln|x|)x^m}$

ex. 4 $x^2y'' - 5xy' + 9y = 0$

sol 특성방정식은 $m(m-1)-5m+9=0$, $m=3$ (중근)

$\therefore$ 일반해 $y = (C_1 + C_2 \ln|x|)x^3$

ex. 5 $4x^2y'' + 8xy' + y = 0$

sol 특성방정식은 $4m^2+4m+1=0$, $m = -\dfrac{1}{2}$ (중근)

$\therefore$ 일반해 $y = C_1 \cdot x^{-\frac{1}{2}x} + C_2 \cdot x^{-\frac{1}{2}} \ln|x|$

(3) 서로 다른 허근을 갖는 경우 ($m = \alpha \pm i\beta$)

$y_1 = x^{\alpha+i\beta}$, $y_2 = x^{\alpha-i\beta}$는 서로 독립

$y = C_1 \cdot y_1 + C_2 \cdot y_2 = C_1 \cdot x^{\alpha+i\beta} + C_2 \cdot x^{\alpha-i\beta}$

⇒ 실수함수 형태로 전환하기 위해서 오일러 공식 적용

NOTE ▶ 오일러 공식(Euler's Equation)

$x^{i\beta} = e^{i\beta \ln|x|} = \cos(\beta \ln|x|) + i\sin(\beta \ln|x|)$ ☞ 실수부와 허수부를 선택

$x^{-i\beta} = e^{-i\beta \ln|x|} = \cos(\beta \ln|x|) - i\sin(\beta \ln|x|)$

$$y = C_1 \cdot x^{\alpha} \cdot (\cos(\beta \ln|x|) + i\sin(\beta \ln|x|))$$
$$+ C_2 \cdot x^{\alpha} \cdot (\cos(\beta \ln|x|) - i\sin(\beta \ln|x|))$$
$$= x^{\alpha} \cdot [(C_1 + C_2) \cdot \cos(\beta \ln|x|) + (C_1 - C_2)i \cdot \sin(\beta|x|)]$$

▶ $C_1 + C_2 \Rightarrow C_1$, $C_1 - C_2 \Rightarrow C_2$로 치환 (∵ 허수부는 허수가 아니라 실수)

▶ cos은 우함수, sin은 기함수

$$= C_1 \cdot x^{\alpha} \cdot \cos(\beta \ln|x|) + C_2 \cdot x^{\alpha} \cdot \sin(\beta \ln|x|)$$

▶ $e^{\alpha x} \cdot \cos\beta x = y_1$(실수), $e^{\alpha x} \cdot \sin\beta x = y_2$(실수) ⇒ 서로 독립인 실수 함수

일반해 ▶
$$y = C_1 \cdot x^{\alpha} \cdot \cos(\beta \ln|x|) + C_2 \cdot x^{\alpha} \cdot \sin(\beta \ln|x|)$$
$$= x^{\alpha} \cdot (C_1 \cdot \cos(\beta \ln|x|) + C_2 \cdot \sin(\beta \ln|x|))$$

ex. 6 $3x^2 y'' + 6xy' + y = 0$

sol 특성방정식은 $3m^2 + 3m + 1 = 0$, $m = -\frac{1}{2} \pm \frac{\sqrt{3}}{6}i$(서로 다른 두 허근)

$\alpha = -\frac{1}{2}$, $\beta = \frac{\sqrt{3}}{6}$

∴ 일반해 $y = C_1 \cdot x^{-\frac{1}{2}} \cdot \cos\left(\frac{\sqrt{3}}{6}\ln|x|\right) + C_2 \cdot e^{-2x} \cdot \sin(\sqrt{3}\ln|x|)$

NOTE '상수계수를 갖는 2계 선형미분방정식'과 '오일러-코시 미분방정식'의 특성방정식의 비교

	상수계수를 갖는 2계 선형미분방정식	오일러-코시 미분방정식
서로 다른 두 실근	$y = C_1 \cdot e^{m_1 x} + C_2 \cdot e^{m_2 x}$	$y = C_1 \cdot x^{m_1} + C_2 \cdot x^{m_2}$
중근	$y = C_1 \cdot e^{m x} + x \cdot C_2 \cdot e^{m x}$	$y = (C_1 + C_2 \ln\|x\|) x^m$
서로 다른 두 허근	$y = C_1 \cdot e^{\alpha x} \cdot \cos(\beta x) + C_2 \cdot e^{\alpha x} \cdot \sin(\beta x)$	$y = C_1 \cdot x^{\alpha} \cdot \cos(\beta \ln\|x\|) + C_2 \cdot x^{\alpha} \cdot \sin(\beta \ln\|x\|)$

NOTE 상수계수를 갖는 2계 선형미분방정식의 특성방정식의 x 대신 $x \ln|x|$를 대입
☞ 오일러-코시 미분방정식의 특성방정식이 된다.

오일러-코시 미분방정식의 형태 ☞ $x^2 y'' + a x y' + b y = R(x)$

ex. 7 $x^2 y'' - 4 x y' + 6 y = 21 x^{-4}$

sol $m^2 - 5m + 6 = 0 \Rightarrow m = 2,\ 3 \Rightarrow y_h = C_1 x^2 + C_2 x^3$

y_h와 $21 x^{-4}$는 독립 $\Rightarrow y_p = A x^{-4}$으로 가정할 수 있다.

$y_p{}' = -4 A x^{-5}$, $y_p{}'' = 20 A x^{-6} \Rightarrow$ 원 식에 대입하여 정리 $\Rightarrow A = \frac{1}{2}$

$\therefore y_p = \frac{1}{2} x^{-4}$

$\therefore y = C_1 x^2 + C_2 x^3 + \frac{1}{2} x^{-4}$

ex. 8 $y''' + 3 y'' + 3 y' + y = 0$

sol $m^3 + 3m^2 + 3m + 1 = 0 \Rightarrow (m+1)^3 = 0 \Rightarrow m = -1$ (삼중근)

$\therefore y_h = C_1 e^{-x} + C_2 x e^{-x} + C_3 x^2 e^{-x}$

ex. 9 $y''' - y'' - y' + y = 0,\ y(0) = 2,\ y'(0) = 1,\ y''(0) = 0$

sol $m^3 - m^2 - m + 1 = 0 \Rightarrow (m-1)^2(m+1) = 0 \Rightarrow m = -1,\ 1$ (중근)

$y_h = C_1 e^{-x} + C_2 e^x + C_3 x e^x$

$y(0) = 2 \quad \Rightarrow \quad C_1 + C_2 = 2$

$y'(0) = 1 \quad \Rightarrow \quad -C_1 + C_2 + C_3 = 1$

$y''(0) = 0 \quad \Rightarrow \quad C_1 + C_2 + 2C_3 = 0$

$\therefore\ C_1 = 0,\ C_2 = 2,\ C_3 = -1$

$\therefore\ y_h = 2e^x - xe^x$

> **NOTE** 2계 이상의 오일러-코시 방정식에 대한 특성방정식
>
> $ax^3 y''' + bx^2 y'' + cxy' + d = 0$
>
> ▶ $am(m-1)(m-2) + bm(m-1) + cm + d = 0$
>
> ▶ n계까지 확장 가능

ex. 10 $x^3 y''' + 2xy' - 2y = 0$

sol $m(m-1)(m-2) + 2m - 2 = 0 \quad \Rightarrow \quad m^3 - 3m^2 + 2m + 2m - 2 = 0$

$m^3 - 3m^2 + 4m - 2 = 0 \Rightarrow (m-1)(m^2 - 2m + 2) = 0$

$\Rightarrow m = 1,\ 1 \pm i$

$\therefore\ y_h = C_1 x + [\,C_2 \cos(\ln x) + C_3 \sin(\ln x)\,]\,x$

ex. 11 $x^3 y''' + 7x^2 y'' + 4xy' - 4y = 0$

sol $m(m-1)(m-2) + 7m(m-1) + 4m - 4 = 0$

$(m-1)(m^2 - 2m + 7m + 4) = 0$

$\Rightarrow (m-1)(m+1)(m+4) = 0$

$\Rightarrow m = -4,\ -1,\ 1$

$\therefore\ y_h = C_1 x^{-4} + C_2 x^{-2} + C_3 x$

ex. 12 $x^3 y''' - 3xy' + 3y = 0$

sol $m(m-1)(m-2) - 3m + 3 = 0$

$\Rightarrow \quad (m-1)(m-3)(m+1) = 0 \Rightarrow \quad m = -1,\ 1,\ 3$

$\therefore\ y_h = C_1 x^{-1} + C_2 x + C_3 x^3$

ex. 13 $(2x+1)^2 y'' - 2(2x+1)y' - 12y = 0$

sol $2x + 1 = e^t$로 치환하여 상수계수를 갖는 선형미분방정식으로 변형

$[(e^{2t})^2]D^2 = 4e^{2t},\ [-2e^{2t}]D = -4e^t$

$\Rightarrow\ [4D(D-1) - 4D - 12]y = 0 \ \Rightarrow\ 4(D-3)(D+1)y = 0$

특성방정식은 $(m-3)(m+1) = 0 \ \Rightarrow\ m = -1,\ 3$

$\therefore\ y_h = C_1 e^{-t} + C_2 e^{3t} \ \Rightarrow\ \therefore\ y_h = C_1(2x+1)^{-1} + C_2(2x+1)^3$

연습문제

1. $x^2 y'' + 2xy' - 6y = 0$

sol $m(m-1) + 2m - 6 = 0 \quad \Rightarrow \quad m^2 + m - 6 = 0$

$m = -3,\ 2$

$\therefore\ y = C_1 x^{-3} + C_2 x^2$

2. $x^2 y'' - xy' + 2y = 0$

sol $m^2 - 2m + 2 = 0 \quad \Rightarrow \quad m = 1 \pm i$

$\therefore\ y = x\,(C_1 \cdot \cos(\ln|x|) + C_2 \cdot \sin(\ln|x|))$

3. $x^2 y'' - 7xy' + 16y = 0$

sol $m^2 - 8m + 16 = 0 \quad \Rightarrow \quad (m-4)^2 = 0 \quad \Rightarrow \quad m = 4$ (중근)

$\therefore\ y = x^4 (C_1 + C_2 \ln|x|)$

4. $4x^2 y'' + 12xy' + 3y = 0$

sol $m^2 + 2m + \dfrac{3}{4} = 0 \quad \Rightarrow \quad \left(m + \dfrac{1}{2}\right)\left(m + \dfrac{3}{2}\right) = 0$

$\Rightarrow \quad m = -\dfrac{1}{2},\ -\dfrac{3}{2}$

$\therefore\ y = C_1 x^{-\frac{1}{2}} + C_2 x^{-\frac{3}{2}}$

5. $x^2 y'' + 3xy' + 5y = 0$

sol $m^2 + 2m + 5 = 0 \quad \Rightarrow \quad m = -1 \pm 2i$

$\therefore\ y = x^{-1} \cdot (C_1 \cdot \cos(2\ln|x|) + C_2 \cdot \sin(2\ln|x|))$

6. $x^2 y'' + 7xy' + 24y = 0$

sol $m^2 + 6m + 24 = 0 \quad \Rightarrow \quad m = -3 \pm \sqrt{15}\,i$

$\therefore\ y = x^{-3} \cdot (C_1 \cdot \cos(\sqrt{15}\ln|x|) + C_2 \cdot \sin(\sqrt{15}\ln|x|))$

7. $x^2 y'' + x y' - 6y = 0$

sol $m^2 - 6 = 0 \quad \Rightarrow \quad m = \pm\sqrt{6}$

$\therefore\ y = C_1 x^{-\sqrt{6}} + C_2 x^{\sqrt{6}}$

8. $x^2 y'' - 9 x y' + 25 y = 0$

sol $m^2 - 10m + 25 = 0 \quad \Rightarrow \quad m = 5$ (중근)

$\therefore\ y = x^5 (C_1 + C_2 \ln|x|)$

9. $x^2 y'' + 7 x y' + 6 y = 0$

sol $m^2 + 6m + 6 = 0 \quad \Rightarrow \quad m = -3 \pm \sqrt{3}$

$\therefore\ y = x^{-3} (C_1 x^{-\sqrt{3}} + C_2 x^{\sqrt{3}})$

10. $x^2 y'' - 2 x y' + 10 y = 0$

sol $m(m-1) - 2m + 10 = 0 \quad \Rightarrow \quad m^2 - 3m + 10 = 0$

$m = \frac{3}{2} \pm \frac{\sqrt{7}}{2} i$

$\therefore\ y = x^{\frac{3}{2}} \cdot \left(C_1 \cdot \cos(\frac{\sqrt{7}}{2} \ln|x|) + C_2 \cdot \sin(\frac{\sqrt{7}}{2} \ln|x|) \right)$

11. $x^2 y'' + 3 x y' + 2 y = 0$

sol $m(m-1) + 3m + 2 = 0 \quad \Rightarrow \quad m^2 + 2m + 2 = 0$

$m = -1 \pm i$

$\therefore\ y = x^{-1} \cdot (C_1 \cdot \cos(\ln|x|) + C_2 \cdot \sin(\ln|x|))$

12. $x^2 y'' + 5 x y' + 20 y = 0$

sol $m(m-1) + 5m + 20 = 0 \quad \Rightarrow \quad m^2 + 4m + 20 = 0$

$m = -2 \pm 4i$

$\therefore\ y = x^{-2} \cdot (C_1 \cdot \cos(4\ln|x|) + C_2 \cdot \sin(4\ln|x|))$

13. $x^2 y'' + 25xy' + 144y = 0$

sol $m(m-1) + 25m + 144 = 0 \quad \Rightarrow \quad m^2 + 24m + 144 = 0$

$m = -12$ (중근)

$\therefore\ y = x^{-12}(C_1 + C_2 \ln|x|)$

14. $x^2 y'' + xy' - y = 0,\quad y(2) = 1,\quad y'(2) = -3$

sol $m(m-1) + m - 1 = 0 \quad \Rightarrow \quad m^2 - 1 = 0 \quad \Rightarrow \quad m = \pm 1$

$\therefore\ y = C_1 x + C_2 x^{-1}$

$y(2) = 1 \Rightarrow 2C_1 + \frac{1}{2}C_2 = 1,\ y'(2) = -3 \Rightarrow C_1 - 4C_2 = -3$

$C_1 = -\frac{5}{4},\quad C_2 = 7$

$\therefore\ y = -\frac{5}{4}x + 7x^{-1}$

15. $x^2 y'' - 3xy' + 4y = 0,\quad y(1) = 0,\quad y'(1) = 3$

sol $m(m-1) - 3m + 4 = 0 \quad \Rightarrow \quad (m-2)^2 = 0 \quad \Rightarrow \quad m = 2$ (중근)

$\therefore\ y = x^2(C_1 + C_2 \ln|x|)$

$y(1) = 2 \quad \Rightarrow \quad C_1 = 0,\ y'(1) = 3 \quad \Rightarrow \quad 2C_1 + C_2 = 3$

$C_1 = 0,\quad C_2 = 3$

$\therefore\ y = 3x^2 \ln|x|$

16. $x^2 y'' + xy' + 9y = 0,\quad y(1) = 0,\quad y'(1) = 0$

sol $m(m-1) + m + 9 = 0 \quad \Rightarrow \quad m^2 + 9 = 0 \quad \Rightarrow \quad m = \pm 3i$

$\therefore\ y = C_1 \cdot \cos(3\ln|x|) + C_2 \cdot \sin(3\ln|x|)$

$y' = 3x^{-1} \cdot (-C_1 \cdot \sin(3\ln|x|) + C_2 \cdot \cos(3\ln|x|))$

$y(1) = 2 \quad \Rightarrow \quad C_1 = 2,\ y'(1) = 0 \quad \Rightarrow \quad C_2 = 0$

$\therefore\ y = 2\cos(3\ln|x|)$

17. $x^2 y'' + xy' - 4y = 0,\quad y(1) = 3,\quad y'(1) = 2$

sol $m(m-1) + m - 4 = 0 \quad\Rightarrow\quad m^2 - 4 = 0 \quad\Rightarrow\quad m = \pm 2$

$\therefore\ y = C_1 x^2 + C_2 x^{-2}$

$y(1) = 3 \quad\Rightarrow\quad C_1 = 1,\quad y'(1) = 2 \quad\Rightarrow\quad C_2 = 3$

$\therefore\ y = x^2 + 3x^{-2}$

18. $x^2 y'' + 7xy' + 13y = 0,\quad y(1) = 1,\quad y'(1) = 3$

sol $m(m-1) + 7m + 13 = 0 \quad\Rightarrow\quad m^2 + 6m + 13 = 0$

$\Rightarrow\quad m = -3 \pm 2i$

$\therefore\ y = x^{-3} \cdot (C_1 \cdot \cos(2\ln|x|) + C_2 \cdot \sin(2\ln|x|))$

$y(1) = 1 \quad\Rightarrow\quad C_1 = 1,\quad y'(1) = 3 \quad\Rightarrow\quad C_2 = 3$

$\therefore\ y = x^{-3} \cdot (\cos(2\ln|x|) + 3 \cdot \sin(2\ln|x|))$

19. $x^2 y'' - xy' + 2y = 0,\quad y(1) = 3,\quad y'(1) = -4$

sol $m(m-1) - m + 2 = 0 \quad\Rightarrow\quad m^2 - 2m + 2 = 0 \quad\Rightarrow\quad m = 1 \pm i$

$\therefore\ y = x \cdot (C_1 \cdot \cos(\ln|x|) + C_2 \cdot \sin(\ln|x|))$

$y' = (C_1 + C_2) \cdot (\cos(\ln|x|) + (C_2 - C_1) \cdot \sin(\ln|x|)$

$y(1) = 3 \Rightarrow C_1 = -1,\ y'(1) = -4 \Rightarrow -1 = C_1 + C_2 \Rightarrow C_2 = 0$

$\therefore\ y = -x \cdot \cos(\ln|x|)$

20. $x^2 y'' + 3xy' + y = 0,\quad y(1) = 3,\quad y'(1) = -1$

sol $m(m-1) + 3m + 1 = 0 \Rightarrow (m+1)^2 = 0 \Rightarrow m = -1$ (중근)

$\therefore\ y = x^{-1}(C_1 + C_2 \ln|x|)$

$y' = x^{-2}(C_2 - (C_1 + C_2 \ln|x|))$

$y(1) = 3 \Rightarrow C_1 = 3,\ y'(1) = -1 \Rightarrow C_2 - C_1 = -4 \Rightarrow C_2 = -1$

$\therefore\ y = x^{-1}(3 - \ln|x|)$

21. $x^3 y''' + 3x^2 y'' - 2xy' + 2y = 0$

sol $m(m-1)(m-2) + 2m(m-1) - 2m + 2 = 0$

$\Rightarrow (m-1)^2(m+2) = 0$

$m = 1$ (중근), -2

$\therefore y_h = C_1 x^{-2} + (C_2 + C_3 \ln x)x$

22. $x^3 y''' + 12x^2 y'' + 37xy' + 27y = 0$

sol $m(m-1)(m-2) + 12m(m-1) + 37m + 27 = 0$

$(m+3)^2 = 0 \quad \Rightarrow \quad m = -3$ (삼중근)

$\therefore y_h = [C_1 + C_2 \ln x + C_3 (\ln x)^2] x^{-3}$

23. $x^4 y^{(4)} - 2x^3 y''' + 7x^2 y'' - 15xy' + 16y = 0$

sol $m(m-1)(m-2)(m-3) - 2m(m-1)(m-2) + 7m(m-1) - 15m + 16$

$= 0 \ (m-2)^4 = 0 \quad \Rightarrow \quad m = 2$ (4중근)

$\therefore y_h = [C_1 + C_2 \ln x + C_3 (\ln x)^2 + C_4 (\ln x)^3] x^2$

24. $(x+2)^2 y'' - (x+2)y' + y = 0$

sol $x + 2 = e^t$로 치환 $\Rightarrow t^2 y'' - ty' + y = 0 \Rightarrow$ 오일러-코시 미분방정식

$m(m-1) - m + 1 = 0 \quad \Rightarrow \quad (m-1)^2 = 0 \quad \Rightarrow \quad m = 1$ (중근)

$\therefore y_h = (C_1 + C_2 \ln t)t$

$\therefore y_h = [C_1 + C_2 \ln(x+2)](x+2)$ ☞ $x + 2 = t$

25. $(3x+2)^2 y'' + 3(3x+2)y' - 36y = 0$

sol $3x + 2 = e^t$로 치환 $\Rightarrow 9m(m-1) + 3 \cdot 3m - 36 = 0$

$9m^2 - 9m + 9m - 36 = 0 \Rightarrow m^2 - 4 = 0 \Rightarrow m = \pm 2$

$\therefore y_h = C_1 e^{-2t} + C_2 e^{2t}$

$\therefore y_h = C_1 (3x+2)^{-2} + C_2 (3x+2)^2$

☞ $t = \ln(3x+2)$

NOTE $e^{\ln t} = t$

CHAPTER 10

특수해를 구하는 방법

고계선형미분방정식의 특수해를 구하는 방법에는 여러 가지 방법이 있다.

본서에서는 미정계수법, 미분연산자법, 매개변수법을 이용하여 특수해를 구하는 방법에 대해서 살펴보도록 하겠다.

1. 미정계수법

정의

미정계수법

미지의 계수를 구하는 방법. 즉, 처음부터 해를 가정하여 상수를 결정하는 방법.

⇒ 가정한 해가 틀릴 경우? ☞ 가정한 해를 수정 및 보완한다.

(1) $P(x)$, $Q(x)$가 동시에 상수인 경우

(상수계수를 갖는 제2계 비제차 선형미분방정식)

☞ $y'' + ay' + by = R(x)$

(2) 오일러-코시 미분방정식의 형태 ☞ $x^2y'' + axy' + by = R(x)$

해법

$y'' + ay' + by = R(x)$에서 $R(x)$의 형태에 따라 해를 가정한다.

(i) $R(x)$ 가 x에 대한 다항식의 경우

☞ '특수해'도 x에 대한 다항식이라고 가정

(ii) $R(x)$ 가 e^{mx}인 형태의 지수함수의 경우

☞ '특수해' Axe^{mx}라고 가정

(iii) $R(x)$ 가 $\cos kx$ 또는 $\sin kx$인 형태의 삼각함수의 경우

☞ '특수해' $A\cos kx$ 또는 $A\sin kx$라고 가정

(i) $R(x)$가 x에 대한 다항식의 경우 ☞ '특수해'도 x에 대한 다항식이라고 가정.

ex. 1 $y'' + 4y = 8x^2$의 일반해는?

sol $y_p = Ax^2$이라고 가정 ⇒ $y_p' = 2Ax$, $y_p'' = 2A$

☞ $A = 2$라고 가정하는 것이 적절

☞ 어떠한 방법으로도 가정한 해의 형태인 $y_p = Ax^2$는 주어진 미분방정식의 해가 아니다.

☞ $R(x)$ 가 x에 대한 다항식인 경우 ⇒ 내림차순으로 정리하여 가정!!

☞ 결정할 수 있는 다항식의 상수는 미리 결정

⇒ 상수결정을 위한 연립방정식의 감소를 위함.

☞ 해의 형태를 수정한다. 즉, $y_p = 2x^2 + Bx + C$ ➡ 수정된 가정해

$y_p' = 4x + B$, $y_p'' = 4$를 주어진 미분방정식에 대입하면 다음과 같다.

$y'' + 4y = 4 + 4(2x^2 + Bx + C) = 8x^2$

$\Rightarrow 8x^2 + 4Bx + 4C + 4 = 8x^2$

$\therefore B = 0,\ 4C + 4 = 0 \quad \Rightarrow \quad B = 0,\ C = -1$

$\therefore y_p = 2x^2 - 1$

$y_h = ?$ ⇒ 보조방정식은 다음과 같다. $m^2 + 4 = 0 \quad \Rightarrow \quad m = \pm 2i$

$\therefore y_h = C_1 \cos 2x + C_2 \sin 2x$

∴ 일반해 : $y = 2x^2 - 1 + C_1 \cos 2x + C_2 \sin 2x$

ex. 2 $y'' + 3y' + 2y = 2x^3 + 4$

sol $y_p = Ax^3 + Bx^2 + Cx + D$ 라고 가정

⇒ A, B, C, D를 결정할 수 있는 변수를 선택

최고차항의 비교 ☞ $2Ax^3 = 2x^3 \ \therefore A = 1$

$\Rightarrow y_p = x^3 + Bx^2 + Cx + D$

$y_p' = 3x^2 + 2Bx + C$, $y_p'' = 6x + 2B$를 원 식에 대입하여 정리한다.

$\therefore 6x + 2B + 3(3x^2 + 2Bx + C) + 2(x^3 + Bx^2 + Cx + D) = 2x^3 + 4$

$2x^3 + (9 + 2B)x^2 + (6 + 6B + 2C)x + 2B + 3C + 2D = 2x^3 + 4$

$\therefore B = -\dfrac{9}{2},\quad C = \dfrac{21}{2},\quad D = -\dfrac{37}{4}$

$\therefore y_p = x^3 - \dfrac{9}{2}x^2 + \dfrac{21}{2}x - \dfrac{37}{4}$

$y_h = ?$ ⇒ 보조방정식은 다음과 같다. $m^2 + 3m + 2 = 0$

$\Rightarrow m = -2,\ -1$

$y_h = C_1 e^{-2x} + C_2 e^{-x}$

$\therefore y = C_1 e^{-2x} + C_2 e^{-x} + x^3 - \dfrac{9}{2}x^2 + \dfrac{21}{2}x - \dfrac{37}{4}$

ex. 3 $y'' + 4y' = 8x^2$

sol $y_p = Ax^3 + Bx^2 + Cx + D$라고 가정 ⇒ 우변의 형태에 따른 해의 가정

최고차항의 비교 ☞ $12Ax^2 = 8x^2 \quad \therefore A = \frac{2}{3}$

$$\Rightarrow y_p = \frac{2}{3}x^3 + Bx^2 + Cx + D$$

$y_p' = 2x^2 + 2Bx + C$, $y_p'' = 4x + 2B$를 원 식에 대입하여 정리한다.

$\therefore 4x + 2B + 4(2x^2 + 2Bx + C) = 8x^2$

$8x^2 + (8B + 4)x + 2B + 4C = 8x^2$

$\therefore B = -\frac{1}{2}, \quad C = \frac{1}{4}, \quad D = 0$

$\therefore y_p = \frac{2}{3}x^3 - \frac{1}{2}x^2 + \frac{1}{4}x$

$y_h = ?$ ⇒ 보조방정식은 다음과 같다. $m^2 + 4m = 0$

$\Rightarrow m = -4, \ 0$

$y_h = C_1 e^{-4x} + C_2$

$\therefore y = C_1 e^{-4x} + C_2 + \frac{2}{3}x^3 - \frac{1}{2}x^2 + \frac{1}{4}x$

(ii) $R(x)$가 e^{mx}인 형태의 지수함수의 경우 ☞ '특수해' Axe^{mx}라고 가정.

ex. 4 $y'' - 3y' + 2y = e^{3x}$

sol $y_p = Ae^{3x}$라고 가정 ⇒ $y_p' = 3Ae^{3x}$, $y_p'' = 9Ae^{3x}$ 원 식에 대입하여 정리

$9Ae^{3x} - 9Ae^{3x} + 2Ae^{3x} = e^{3x} \quad \Rightarrow \quad A = \frac{1}{2}$

$\therefore y_p = \frac{1}{2}e^{3x}$

$y_h = ?$ ⇒ 보조방정식은 다음과 같다. $m^2 - 3m + 2 = 0 \Rightarrow m = 1, 2$

$y_h = C_1 e^x + C_2 e^{2x}$

$\therefore y = C_1 e^x + C_2 e^{2x} + \frac{1}{2}e^{3x}$

ex. 5 $y'' - 3y' + 2y = e^{2x}$

sol $y_p = Ae^{2x}$라고 가정 $\Rightarrow$ $y_p' = 2Ae^{2x}$, $y_p'' = 4Ae^{2x}$ 원 식에 대입하여 정리

$4Ae^{2x} - 6Ae^{2x} + 2Ae^{2x} = e^{2x} \Rightarrow 0 \neq e^{2x}$($y_p = Ae^{2x}$해가 아니다.

☞ 가정의 수정이 필요.

$y_p = Axe^{2x}$라고 가정 $\Rightarrow$ $y_p' = Ae^{2x} + 2Axe^{2x}$, $y_p'' = 4Ae^{2x} + 4Axe^{2x}$

☞ 원 식에 대입하여 정리

$A = 1 \Rightarrow \therefore y_p = xe^{2x}$

$y_h = ? \Rightarrow$ 보조방정식은 다음과 같다. $m^2 - 3m + 2 = 0 \Rightarrow m = 1, 2$

$y_h = C_1e^x + C_2e^{2x}$

$\therefore y = C_1e^x + C_2e^{2x} + xe^{2x}$

> **NOTE** 제차 미분방정식의 해와 동일한 형태가 $R(x)$에 있는 경우 ➡ x를 곱한다.

(iii) $R(x)$가 $\cos kx$ 또는 $\sin kx$인 형태의 삼각함수의 경우

☞ '특수해' $A\cos kx$ 또는 $A\sin kx$ 라고 가정.

☞ y_h와 y_p 는 독립, 홀수번 미분항이 없는 경우.

☞ '특수해' $A\cos kx + B\sin kx$ 라고 가정. ☞ 홀수번 미분항이 있는 경우.

ex. 6 $y'' + 4y = \sin 3x$

sol $y_p = A\sin 3x \Rightarrow y_p' = 3A\cos 3x$, $y_p'' = -9A\sin 3x$

$-9A\sin 3x + 4A\sin 3x = \sin 3x \Rightarrow -5A = 1$, $\therefore A = -\dfrac{1}{5}$

$\therefore y_p = -\dfrac{1}{5}\sin 3x$

$y_h = ? \Rightarrow$ 보조방정식은 $m^2 + 4 = 0 \Rightarrow m = \pm 2i$

$\therefore y_h = C_1\cos 2x + C_2\sin 2x$

$\therefore y = -\dfrac{1}{5}\sin 3x + C_1\cos 2x + C_2\sin 2x$

ex. 7 $y'' - 2y' - 3y = 4\sin x$

sol $y_p = A\sin x + B\cos x \Rightarrow y_p' = A\cos x - B\sin x$,

$y_p'' = -A\sin x - B\cos x$

$-A\sin x - B\cos x - 2A\cos x - 2B\sin x - 3A\sin x - 3B\cos x = 4\sin x$

$(-4A - 2B)\sin x + (-4B - 2A)\cos x = 4\sin x$

$\Rightarrow \quad A = \frac{4}{3},\ B = \frac{2}{3}$

$\therefore\ y_p = -\frac{4}{3}\sin x - \frac{2}{3}\cos x$

$y_h = ?$ $\Rightarrow$ 보조방정식은 $m^2 - 2m - 3 = 0 \Rightarrow m = -1,\ 3$

$\therefore\ y = C_1 e^{-x} + C_2 e^{3x} - \frac{4}{3}\sin x - \frac{2}{3}\cos x$

ex. 8 $y'' + 4y = \sin 2x$

sol $y_p = A\sin 2x$로 가정 $\Rightarrow$ $y_p{}' = 2A\cos 2x,\ y_p{}'' = -4A\sin 2x$

$-4A\sin 2x + 4A\sin 2x = \sin 2x \Rightarrow 0 \neq \sin 2x$

$\Rightarrow$ 해의 가정이 틀림. ☞ 가정한 해의 형태를 수정이 필요

> **NOTE** 제차 미분방정식의 해를 확인!! $\Rightarrow$ y_h와 y_p는 독립이어야 한다.

$y_h = ?$ $\Rightarrow$ 보조방정식은 $m^2 + 4 = 0$ $\Rightarrow$ $m = \pm 2i$

$\therefore\ y_h = C_1\cos 2x + C_2\sin 2x$

$y_p = Ax\cos 2x + Bx\sin 2x$ 라고 가정 $\Rightarrow$ 독립 보장 및 비교 가능

$y_p{}' = A\sin 2x + 2Ax\cos 2x + B\cos 2x - 2Bx\sin 2x$

$$y_p{}'' = 2A\cos 2x + 2A\cos 2x - 4Ax\sin 2x - 2B\sin 2x - 2B\sin 2x - 4Bx\cos 2x$$

$$= 4A\cos 2x - 4B\sin 2x - 4Ax\sin 2x - 4Bx\cos 2x$$

$y_p{}'' + 4y \Rightarrow 4A\cos 2x - 4B\sin 2x = \sin 2x \Rightarrow A = 0,\ B = -\frac{1}{4}$

$\therefore\ y_p = -\frac{1}{4}x\sin 2x$

$\therefore\ y = C_1\cos 2x + C_2\sin 2x - \frac{1}{4}x\sin 2x$

ex. 9 $y'' + 4y = \cos 2x$

sol $y_p = A\cos 2x$로 가정 $\Rightarrow$ $y_p{}' = -2A\sin 2x,\ y_p{}'' = -4A\cos 2x$

$-4A\cos 2x + 4A\cos 2x = \cos 2x \Rightarrow 0 \neq \cos 2x$

$\Rightarrow$ 해의 가정이 틀림. ☞ 가정한 해의 형태를 수정이 필요

$y_h = ?$ $\Rightarrow$ 보조방정식은 $m^2 + 4 = 0$ $\Rightarrow$ $m = \pm 2i$

$\therefore\ y_h = C_1 \cos 2x + C_2 \sin 2x$

$y_p = A x \cos 2x + B x \sin 2x$ 라고 가정 $\Rightarrow$ 독립 보장 및 비교 가능

$y_p' = A \sin 2x + 2Ax \cos 2x + B \cos 2x - 2Bx \sin 2x$

$$y_p'' = 2A \cos 2x + 2A \cos 2x - 4Ax \sin 2x - 2B \sin 2x - 2B \sin 2x - 4Bx \cos 2x = 4A \cos 2x - 4B \sin 2x - 4Ax \sin 2x - 4Bx \cos 2x$$

$y_p'' + 4y \Rightarrow 4A \cos 2x - 4B \sin 2x = \cos 2x \Rightarrow A = \frac{1}{4},\ B = 0$

$\therefore\ y_p = \frac{1}{4} x \cos 2x$

$\therefore\ y = C_1 \cos 2x + C_2 \sin 2x + \frac{1}{4} x \cos 2x$

ex. 10 $3y'' + 10y' + 3y = 9x + 5\cos x$

sol $3y'' + 10y' + 3y = 0$ $\Rightarrow$ 제차 미분방정식

$y_h = ? \Rightarrow 3m^2 + 10m + 3 \Rightarrow m = -\frac{1}{3},\ -3$

$\Rightarrow\ y_h = C_1 e^{-\frac{1}{3}x} + C_2 e^{-3x}$

$y_p = ?$ $\Rightarrow$ $Ax + B + C\cos x + D \sin x$ 라고 가정

$y_p' = A - C \sin x + D \cos x,\ y_p'' = -C \cos x - D \sin x$

원 식에 대입하여 정리 $\Rightarrow$ $A = 3,\ B = -10,\ C = 0,\ D = \frac{1}{2}$

$\therefore\ y_p = 3x - 10 + \frac{1}{2} \sin 2x$

$\therefore\ y = C_1 e^{-\frac{1}{3}x} + C_2 e^{-3x} + 3x - 10 + \frac{1}{2} \sin 2x$

ex. 11 $y'' + 2y' + 4y = e^x \cos \sqrt{3}\, x$

sol $y'' + 2y' + 4y = 0 \Rightarrow$ 제차 미분방정식

$y_h = ?$ $\Rightarrow$ $m^2 + 2m + 4 = 0 \Rightarrow m = -1 \pm \sqrt{3} i$

$\Rightarrow\ y_h = C_1 e^{-x} \cos \sqrt{3}\, x + C_2 e^{-x} \sin \sqrt{3}\, x$

$y_p = ? \quad \Rightarrow \quad A e^x \cos\sqrt{3}x + B e^x \sin\sqrt{3}x$ 라고 가정

$y_p{}' = (A + \sqrt{3}B)e^x \cos\sqrt{3}x + (-\sqrt{3}A + B)e^x \sin\sqrt{3}x$

$y_p{}'' = (-2A + 2\sqrt{3}B)e^x \cos\sqrt{3}x + (-2\sqrt{3}A + 2B)e^x \sin\sqrt{3}x$

원 식에 대입하여 정리 $\Rightarrow \quad A = \frac{1}{16},\ B = \frac{\sqrt{3}}{16}$

$\therefore\ y_p = \frac{1}{16}e^x \cos\sqrt{3}x + \frac{\sqrt{3}}{16}e^x \sin\sqrt{3}x$

$$\therefore y = C_1 e^{-x}\cos\sqrt{3}x + C_2 e^{-x}\sin\sqrt{3}x + \frac{1}{16}e^x\cos\sqrt{3}x + \frac{\sqrt{3}}{16}e^x \sin\sqrt{3}x$$

연습문제

1. $y'' + 2y' + y = 3x^2$

sol $y_h = (m+1)^2 \Rightarrow m = -1$ (중근) $\Rightarrow y_h = C_1 e^{-x} + C_2 x e^{-x}$

$y_p = Ax^2 + Bx + C$ 라고 가정

$\Rightarrow$ 최고차항의 비교 ☞ 미지계수를 줄이는 목적

$Ax^2 = 3x^2 \Rightarrow A = 3 \Rightarrow \therefore y_p = 3x^2 + Bx + C$

$y'_p = 6x + B,\ y''_p = 6x$

$6x + 2(6x + B) + 3x^2 + Bx + C = 3x^2$

$3x^2 + (12 + B)x + 2B + C = 3x^2$

$\therefore B = -12,\ C = 18$

$\therefore y_p = 3x^2 - 12x + 18$

$\therefore y = y_h + y_p = C_1 e^{-x} + C_2 x e^{-x} + 3x^2 - 12x + 18$

2. $y'' + y' - 2y = 3e^x$

sol $y_h = m^2 + m - 2 \Rightarrow m = -2, 1 \Rightarrow y_h = C_1 e^{-2x} + C_2 e^x$

$y_p = Axe^x$ 라고 가정

$y'_p = Ae^x + Axe^x,\ y''_p = Ae^x + Ae^x + Axe^x = 2Ae^x + Axe^x$

$2Ae^x + Axe^x + (Ae^x + Axe^x) - 2Axe^x = 3e^x$

$3Ae^x = 3e^x \Rightarrow \therefore A = 1$

$\therefore y_p = xe^x$

$\therefore y = y_h + y_p = C_1 e^{-2x} + C_2 e^x + xe^x$

3. $y'' + y' + 6y = 6x^3 - x$

sol $y_h = m^2 + m + 6 \Rightarrow m = -\frac{1}{2} \pm \frac{\sqrt{23i}}{2}$ (서로 다른 두 허근)

$\Rightarrow y_h = C_1 e^{-\frac{1}{2}x} \cdot \cos\frac{\sqrt{23i}}{2}x + C_2 e^{-\frac{1}{2}x} \cdot \sin\frac{\sqrt{23i}}{2}x$

$y_p = Ax^3 + Bx^2 + Cx + D \Rightarrow 6Ax^3 = 6x^3$

$\Rightarrow \quad A = 1 \quad \Rightarrow \quad \therefore\ y_p = x^3 + Bx^2 + Cx + D$

$y'_p = 3x^2 + 2Bx + C,\ y''_p = 6x + 2B$

$6x + 2B + 3x^2 + 2Bx + C + 6(x^3 + 6Bx^2 + Cx + D) = 6x^3 - x$

$6B + 3 = 0,\ 6 + 2B + 6D = -1,\ 2B + C + 6D = 0$

$\therefore\ B = -\dfrac{1}{2},\ C = -1,\ D = \dfrac{1}{3}$

$\therefore\ y_p = x^3 - \dfrac{1}{2}x^2 - x + \dfrac{1}{3}$

$\therefore\ y = y_h + y_p$

$$= C_1 e^{-\frac{1}{2}x} \cdot \cos\frac{\sqrt{23i}}{2}x + C_2 e^{-\frac{1}{2}x} \cdot \sin\frac{\sqrt{23i}}{2}x$$

$$+ x^3 - \frac{1}{2}x^2 - x + \frac{1}{3}$$

4. $y''' + 2y'' - y' - 2y = 1 - 2x^3$

sol $y_h = m^3 + 2m^2 - m - 2 \quad \Rightarrow \quad m = -2,\ -1,\ 1$

$\Rightarrow y_h = C_1 e^{-2x} + C_2 e^{-x} + C_3 e^x$

$y_p = Ax^3 + Bx^2 + Cx + D \ \Rightarrow -2Ax^3 = -2x^3 \ \Rightarrow \ A = 1$

$\Rightarrow \quad \therefore\ y_p = x^3 + Bx^2 + Cx + D$

$y'_p = 3x^2 + 2Bx + C,\ y''_p = 6x + 2B,\ y''' = 6$

$6 + 2(6x + 2B) - (3x^2 + 2Bx + C) - 2(x^3 + Bx^2 + Cx + D) = 1 - 2x^3$

$-2x^3 + (-2B - 3)x^2 + (12 - 2B - 2C)x + 6 + 4B - C - 2D = 1 - 2x^3$

$\therefore\ B = -\dfrac{3}{2},\ C = \dfrac{15}{2},\ D = -\dfrac{17}{4}$

$\therefore\ y_p = x^3 - \dfrac{3}{2}x^2 + \dfrac{15}{2}x - \dfrac{17}{4}$

$\therefore\ y = y_h + y_p = C_1 e^{-2x} + C_2 e^{-x} + C_3 e^x + x^3 - \dfrac{3}{2}x^2 + \dfrac{15}{2}x - \dfrac{17}{4}$

5. $y''' - y'' - 4y' + 4y = -6e^{-x}$

sol $y_h = m^3 - m^2 - 4m + 4 \quad \Rightarrow \quad m = 1,\ \pm 2$

$\Rightarrow y_h = C_1 e^{-2x} + C_2 e^x + C_3 e^{2x}$

$y_p = -A\,e^{-x}$라고 가정

$y'_p = A\,e^{-x},\ y''_p = -A\,e^{-x},\ y'''_p = A\,e^{-x}$

$A\,e^{-x} + A\,e^{-x} - 4A\,e^{-x} - 4A\,e^{-x} = -6\,e^{-x}$

$-6\,A\,e^{x} = -6\,e^{x} \quad \Rightarrow \quad \therefore\ A = 1$

$\therefore\ y_p = -e^{-x}$

$\therefore\ y = y_h + y_p = C_1\,e^{-2x} + C_2\,e^{x} + C_3\,e^{2x} - e^{-x}$

6. $y'' - y' - 2y = 3\cos x + \sin x + e^{x}$

sol $y_h = m^2 - m - 2 \quad \Rightarrow \quad m = -2\,,\,1 \quad \Rightarrow \quad y_h = C_1\,e^{-2x} + C_2\,e^{x}$

$y_p = A\cos x + B\sin x + Ce^{x}$라고 가정

$y'_p = -A\sin x + B\cos x + Ce^{x}$

$y''_p = -A\cos x - B\sin x + Ce^{x}$

$-A\cos x - B\sin x + Ce^{x} + A\sin x - B\cos x$

$- Ce^{x} - 2A\cos x - 2B\sin x - 2\,Ce^{x}$

$= 3\cos x + \sin x + e^{x}(-A - B - 2A\,)\cos x$

$+ (-B + A - 2B)\sin x - 2\,Ce^{x}$

$= 3\cos x + \sin x + e^{x}$

$\therefore\ A = -\dfrac{4}{5},\ B = -\dfrac{3}{5},\ C = -\dfrac{1}{2}$

$\therefore\ y_p = -\dfrac{4}{5}\cos x - \dfrac{3}{5}\sin x - \dfrac{1}{2}e^{x}$

$\therefore\ y = y_h + y_p = C_1\,e^{-2x} + C_2\,e^{x} - \dfrac{4}{5}\cos x - \dfrac{3}{5}\sin x - \dfrac{1}{2}e^{x}$

7. $y'' - 4y' + 3y = \sin x - \cos x$

sol $y_h = m^2 - 4m + 3 \quad \Rightarrow \quad m = 1\,,\,3 \quad \Rightarrow \quad y_h = C_1\,e^{x} + C_2\,e^{3x}$

$y_p = A\sin x - B\cos x$라고 가정

$y'_p = A\cos x + B\sin x,\ y''_p = -A\sin x + B\cos x$

$-A\sin x + B\cos x - 4A\cos x - 4B\sin x + 3A\sin x - 3B\cos x$

$= \sin x - \cos x$

$(-A - 4B + 3A\,)\sin x - (-B + 4A + 3B)\cos x = \sin x - \cos x$

$\therefore\ A = \frac{3}{10},\ B = -\frac{1}{10}$

$\therefore\ y_p = \frac{3}{10}\sin x + \frac{1}{10}\cos x$

$\therefore\ y = y_h + y_p = C_1 e^{x} + C_2 e^{3x} + \frac{3}{10}\sin x + \frac{1}{10}\cos x$

8. $y^{(4)} - 5y'' + 4y = 5\cos x$

sol $y_h = m^4 - 5m^2 + 4 \quad \Rightarrow \quad m = \pm 1\ ,\ \pm 2$

$\Rightarrow y_h = C_1 e^{-2x} + C_2 e^{-x} + C_3 e^{x} + C_4 e^{2x}$

$y_p = A\cos x + B\sin x$라고 가정

$y'_p = -A\sin x + B\cos x,\ y''_p = -A\cos x - B\sin x$

$y'''_p = A\sin x - B\cos x,\ y_p^{(4)} = A\cos x + B\sin x$

$A\cos x + B\sin x + 5A\cos x + 5B\sin x + 4A\cos x + 4B\sin x = 5\cos x$

$(A + 5A + 4A)\cos x + (B + 5B + 4B)\sin x = 5\cos x$

$\therefore\ A = -\frac{1}{2},\ B = 0$

$\therefore\ y_p = -\frac{1}{2}\cos x$

$\therefore\ y = y_h + y_p = C_1 e^{-2x} + C_2 e^{-x} + C_3 e^{x} + C_4 e^{2x} - \frac{1}{2}\cos x$

9. $y'' - y' - 2y = 6e^{x}$

sol $y_h = m^2 - m - 2 \quad \Rightarrow \quad m = -1, 2 \quad \Rightarrow \quad y_h = C_1 e^{-x} + C_2 e^{2x}$

$y_p = Axe^{2x}$라고 가정

$y'_p = Ae^{2x} + 2Axe^{2x},\ y''_p = 4Ae^{2x} + 4Axe^{2x}$

$4Ae^{2x} + 4Axe^{2x} - (Ae^{2x} + 2Axe^{2x}) - 2Axe^{2x} = 6e^{2x}$

$3Ae^{2} = 6e^{2x} \quad \Rightarrow \quad \therefore\ A = 2$

$\therefore\ y_p = 2xe^{2x}$

$\therefore\ y = y_h + y_p = C_1 e^{-x} + C_2 e^{2x} + 2xe^{2x}$

10. $y''' - y'' + y' - y = x^3 + 4x^2$

sol $y_h = m^3 - m^2 + m - 1 \Rightarrow m = \pm 2\ ,\ \pm 1$

$\Rightarrow y_h = C_1 e^{-2x} + C_2 e^{-x} + C_3 e^{x} + C_4 e^{2x}$

$y_p = Ax^3 + Bx^2 + Cx + D \quad \Rightarrow \quad -Ax^3 = x^3 \quad \Rightarrow \quad A = -1 \Rightarrow$

$\therefore y_p = -x^3 + Bx^2 + Cx + D$

$y'_p = -3x^2 + 2Bx + C,\ y''_p = -6x + 2B,\ y''' = -6$

$-6 - (-6x + 2B) + (-3x^2 + 2Bx + C) - (-x^3 + Bx^2 + Cx + D)$

$= x^3 + 4x^2$

$x^3 + (-3 - 3B)x^2 + (6 + 2B - C)x - 6 - 2B + C - D = x^3 + 4x^2$

$\therefore B = -7,\ C = -8,\ D = 0$

$\therefore y_p = -x^3 - 7x^2 - 8x$

$\therefore y = y_h + y_p$

$= C_1 e^{-2x} + C_2 e^{-x} + C_3 e^{x} + C_4 e^{2x} - x^3 - 7x^2 - 8x$

2. 미분연산자법

x의 한 함수 y를 미분하여 그 도함수 $\frac{d}{dx}y$를 얻는다. 이 때, $\frac{d}{dx}$를 D라 놓으면, $\frac{d}{dx}y$는 Dy로 표현할 수 있다. D ☞ 미분연산자.

▶ $\frac{d}{dx}y \Rightarrow Dy$

▶ $\frac{d^2}{dx^2}y = \frac{d}{dx}\left(\frac{d}{dx}y\right) = D(Dy)$

일반적으로 $\frac{d^n}{dx^n} = D^n$

정의

$f(D) = D^n + a_{n-1}D^{n-1} + a_{n-2}D^{n-2} + \cdots + a_1 D^1 + a_0$

▶ 미분연산자 다항식이라고 한다.

공식 1

(1) $f(D) \cdot e^{ax} = f(a) \cdot e^{ax}$

(2) $f(a) \neq 0$ 일 때, $\frac{1}{f(D)} \cdot e^{ax} = \frac{1}{f(a)} \cdot e^{ax}$

증명

(1) $f(D) \cdot e^{ax} = D^n + a_{n-1}D^{n-1} + a_{n-2}D^{n-2} + \ldots + a_1 D^1 + a_0$

$De^{ax} = ae^{ax},\ D^2 e^{ax} = a^2 e^{ax},\ \cdots,\ D^n e^{ax} = a^n e^{ax}$ 이므로

$$f(D) \cdot e^{ax} = (D^n + a_{n-1}D^{n-1} + a_{n-2}D^{n-2} + \ldots + a_1 D^1 + a_0)e^{ax}$$

$$= (a^n + a_1 a^{n-1} + a_2 a^{n-2} + \ldots + a_{n-1}a + a_n)e^{ax}$$

$$= f(a)e^{ax}$$

(2) $f(D)\left[\frac{1}{f(a)} \cdot e^{ax}\right] = \frac{1}{f(a)} \cdot f(D) \cdot e^{ax}$

$$= \frac{1}{f(a)} \cdot f(a) \cdot e^{ax} = e^{ax}$$

ex. 1 $f(D) = (D+1)(D+2)(D+3)$

(1) $f(D) \cdot e^{ax} = ? \quad \Rightarrow \quad a = 1 \quad \Rightarrow \quad f(1) \cdot e^{ax}$

$\therefore D = 1$ 대입 ☞ $f(D) = 2 \cdot 3 \cdot 4 \cdot e^{ax} = 24 \cdot e^{ax}$

(2) $\dfrac{1}{f(D)} \cdot e^{ax} = ? \quad \Rightarrow \quad a = 1 \quad \Rightarrow \quad \dfrac{1}{f(1)} \cdot e^{ax} \quad \Rightarrow \quad \dfrac{1}{24} \cdot e^{ax}$

공식 2

(1) $f(D)(e^{ax} \cdot F(x)) = e^{ax} \cdot f(D+a) \cdot F(x)$

(2) $\dfrac{1}{f(D)} \cdot (e^{ax} \cdot F(x)) = e^{ax} \cdot \dfrac{1}{f(D+a)} \cdot F(x)$

증명

(1) $D(e^{ax} \cdot F(x)) = a \cdot e^{ax} \cdot F(x) + e^{ax} \cdot D \cdot F(x)$

$= e^{ax} \cdot a \cdot F(x) + e^{ax} \cdot D \cdot F(x)$

$= e^{ax}[a + D]F(x)$

$= e^{ax}[D + a]F(x)$

$D^2(e^{ax} \cdot F(x)) = D \cdot D(e^{ax} \cdot F(x))$

$= D \cdot e^{ax}(D + a)F(x)$

$a \cdot e^{ax}(D+a)F(x) + e^{ax} \cdot D(D+a) \cdot F(x)$

$e^{ax}(a \cdot D + a)F(x) + e^{ax}(D(D+a)) \cdot F(x)$

$e^{ax}(D+a)^2 \cdot F(x)$

$\therefore D^n(e^{ax} \cdot F(x)) = e^{ax} \cdot (D+a)^n \cdot F(x)$

$\therefore f(D)(e^{ax} \cdot F(x)) = (D^n + a_{n-1}D^{n-1} + \ldots + a_1 D + a_0)(e^{ax} \cdot F(x))$

$\Rightarrow \quad e^{ax}[(D+a)^n + a_{n-1}(D+a)^{n-1} + \ldots + a_1(D+a) + a_0]F(x)$

$\Rightarrow \quad e^{ax} \cdot f(D+a) \cdot F(x)$

(2) $f(D)\left[e^{ax} \cdot \dfrac{1}{f(D+a)} \cdot F(x)\right]$

$\Rightarrow e^{ax} f(D+a) \cdot \dfrac{1}{f(D+a)} \cdot F(x) \Rightarrow e^{ax} \cdot F(x)$

$$\therefore \frac{1}{f(D)} \cdot e^{ax} \cdot F(x) = e^{ax} \cdot \frac{1}{f(D+a)} \cdot F(x)$$

만약, $f(D) = (D-a)^n$인 경우

공식 3

(3) $(D-a)^n \cdot (e^{ax} \cdot F(x)) = e^{ax} \cdot D^n \cdot F(x)$
$= e^{ax} \cdot F^{(n)}(x)$

(4) $\dfrac{1}{(D-a)^n} \cdot (e^{ax} \cdot F(x)) = e^{ax} \cdot \dfrac{1}{D^n} \cdot F(x)$

- $\dfrac{1}{D^n}$: 적분연산자(미분연산자의 역수) ☞ $F(x)$를 n번 적분

ex. 2 $(D+3)^2 (e^{-3x} \cdot \sin x)$

sol $e^{-3x} \cdot D^2 \cdot \sin x \quad \Rightarrow \quad -e^{-3x} \cdot \sin x$

ex. 3 $\dfrac{1}{(D+3)^2} (e^{-3x} \cdot \sin x)$

sol $e^{-3x} \cdot \dfrac{1}{D^2} \cdot \sin x \quad \Rightarrow \quad e^{-3x} \iint \sin x \, dx$

$\Rightarrow \quad e^{-3x} \int (-\cos x) \, dx = -e^{-3x} \cdot \sin x$

공식 4

(1) $f(D) \cdot F(x) = e^{ax} \cdot f(D+a) \cdot e^{-ax} \cdot F(x)$

(2) $\dfrac{1}{f(D)} \cdot F(x) = e^{ax} \cdot \dfrac{1}{f(D+a)} \cdot e^{-ax} \cdot F(x)$

NOTE $f(D) \cdot (e^{ax} \cdot G(x)) = e^{ax} \cdot f(D+a) \cdot G(x)$

증명

(1) $f(D) \cdot F(x) = e^{ax} \cdot f(D+a) \cdot e^{-ax} \cdot F(x)$

$F(x) = e^{ax} \cdot G(x)$라고 가정 $\quad \Rightarrow \quad G(x) = e^{-ax} \cdot F(x)$

$\therefore f(D) \cdot F(x) = f(D) \cdot (e^{ax} \cdot G(x))$

$= e^{ax} \cdot f(D+a) \cdot e^{-ax} \cdot F(x)$

(2) $\dfrac{1}{f(D)} \cdot F(x) = e^{ax} \cdot \dfrac{1}{f(D+a)} \cdot e^{-ax} \cdot F(x)$

$F(x) = f(D) \cdot [\, e^{ax} \cdot \dfrac{1}{f(D+a)} \cdot e^{-ax} \cdot F(x) \,] G(x)$

우변에서 [ ] 안의 $\dfrac{1}{f(D+a)} \cdot e^{-ax} \cdot F(x) \quad \Rightarrow$

$\Rightarrow e^{ax} \cdot f(D+a) \cdot \dfrac{1}{f(D+a)} \cdot e^{-ax} \cdot F(x) = F(x)$

☞ 좌변과 동일

$\therefore \dfrac{1}{f(D)} \cdot F(x) = e^{ax} \cdot \dfrac{1}{f(D+a)} \cdot e^{-ax} \cdot F(x)$

만일 $f(D) = (D-a)^n$일 때

공식 5

(3) $(D-a)^n \cdot F(x) = e^{ax} \cdot D^n \cdot e^{-ax} \cdot F(x)$

(4) $\dfrac{1}{(D-a)^n} \cdot F(x) = e^{ax} \cdot \dfrac{1}{D^n} \cdot e^{-ax} \cdot F(x)$

ex. 4 $(D^2 - 5D + 6)y = e^x$

sol $y_p = \dfrac{1}{(D-2)(D-3)} \cdot e^x$

$D = 1$ 대입 $\Rightarrow \dfrac{1}{(1-2)(1-3)e^x}$

$\therefore y_p = \dfrac{1}{2} e^x$

ex. 5 $(D^2 - 2D + 1)y = x e^x$

sol $y_p = \dfrac{1}{(D-1)^2} \cdot x e^x = e^x \cdot \dfrac{1}{((D+1)-1)^2} \cdot e^{-x} \cdot x e^x$

$= e^x \cdot \iint x \, dx$

$\therefore y_p = \dfrac{1}{6} e^x x^3$

3. $R(x)$의 형태에 따른 특수해를 구하는 방법

(1) $R(x)$가 x에 대한 다항식인 경우

정의 $f(D)\cdot y = R(x)$ 일 때 ☞ $y_p = \dfrac{1}{f(D)}\cdot R(x)$

NOTE

무한등비수열 ☞ $\dfrac{1}{1-x} = 1 + x + x^2 + \ldots + x^n$

미분연산자에 적용 ☞ $\dfrac{1}{1-D} = 1 + D + D^2 + \ldots + D^n$

ex. 1 $y'' - 3y' + 2y = x^2 + 1$

sol 미정계수법과 미분연산자법의 비교

① 미정계수법 : 제차 미분방정식의 해$(y_c) = C_1 e^x + C_2 e^{2x}$

$y_p = Ax^2 + Bx + C$ 라고 가정 $\Rightarrow$ $R(x)$와 비교

$y_p' = 2Ax + B$

$y_p'' = 2A \Leftrightarrow x^2 + 1$ ☞ $2A = 1 \Rightarrow \therefore A = \dfrac{1}{2}$

y_p를 주어진 미분방정식에 대입

$\Rightarrow x^2 + (2B - 3)x + (2C - 3B + 1) = 0$

$2B - 3 = 0,\ 2C - 3B + 1 = 1$ ☞ $B = \dfrac{3}{2}\ ,\ C = \dfrac{9}{4}$

$\therefore y_p = \dfrac{1}{2}x^2 + \dfrac{3}{2}x + \dfrac{9}{4}$

$\therefore y = y_c + y_p = C_1 e^x + C_2 e^{2x} + \dfrac{1}{2}x^2 + \dfrac{3}{2}x + \dfrac{9}{4}$

② 미분연산자법 : 제차 미분방정식의 해$(y_c) = C_1 e^x + C_2 e^{2x}$

$(D^2 - 3D + 2)y = x^2 + 1$

$y_p = \dfrac{1}{(D^2 - 3D + 2)}\cdot(x^2 + 1)$

$\Rightarrow \left(\dfrac{A}{D-2} + \dfrac{B}{D-1}\right)\cdot(x^2 + 1)$

▶ 부분분수법에 의해 $A = 1$, $B = -1$

※ Note의 성질을 이용하기 위해서 분모를 변형

$$= \left(\frac{1}{D-2} + \frac{-1}{D-1} \right) \cdot (x^2+1)$$

$$\Rightarrow \frac{1}{D-2} \cdot (x^2+1) + \frac{-1}{D-1} \cdot (x^2+1)$$

$$= \frac{1}{-2\left(1 - \dfrac{D}{2}\right)} \cdot (x^2+1) + \frac{1}{1-D} \cdot (x^2+1)$$

$$= -\frac{1}{2} \frac{1}{\left(1 - \dfrac{D}{2}\right)} \cdot (x^2+1) + \frac{1}{1-D} \cdot (x^2+1)$$

$$= -\frac{1}{2}\left(1 + \frac{D}{2} + \left(\frac{D}{2}\right)^2 + \cdots\right) \cdot (x^2+1)$$

$$+ (1 + D + D^2 + \ldots) \cdot (x^2+1)$$

$$= -\frac{1}{2}\left(x^2 + 1 + x + \frac{1}{2}\right) + (x^2 + 1 + 2x + 2)$$

$\therefore\ y_p = \dfrac{1}{2}x^2 + \dfrac{3}{2}x + \dfrac{9}{4}$ ☞ 미정계수법의 결과와 동일!!

$$\therefore\ y = y_c + y_p = C_1 e^x + C_2 e^{2x} + \frac{1}{2}x^2 + \frac{3}{2}x + \frac{9}{4}$$

별해 식의 형태를 변형한 후, 다항식을 직접 나누는 형식

ex. 2 $(D^2 - D + 2)y = x^2 + 1$

sol $y_p = \dfrac{1}{D^2 - D + 2} \cdot (x^2+1)$ ☞ (x^2+1)은 세 번 이상의 적분이나 미분은 의미 없다.

▶ 식의 형태를 $\dfrac{1}{1-D}$의 형태로 변형한다.

▶ 우변항을 나눗셈과 같은 방법으로 식을 정리한다.

$$\begin{array}{r|l} & \frac{1}{2}+\frac{1}{4}D-\frac{1}{8}D^2 \\ \hline 2-D+D^2 & 1 \\ \ominus & 1-\frac{1}{2}D+\frac{1}{2}D^2 \\ \hline \ominus & \quad \frac{1}{2}D-\frac{1}{2}D^2 \\ \hline \ominus & \quad \frac{1}{2}D-\frac{1}{4}D^2+\frac{1}{4}D^3 \\ \hline \ominus & \qquad -\frac{1}{4}D^2-\frac{1}{4}D^3 \\ \hline & -\frac{1}{4}D^2+\frac{1}{8}D^3-\frac{1}{8}D^3 \end{array}$$

$$y_p = \frac{1}{\frac{1}{2}+\frac{1}{4}D-\frac{1}{8}D^2}\cdot x^2+1 = \frac{1}{2}\cdot\frac{1}{\left(1-\left(\frac{D}{2}-\frac{D^2}{4}\right)\right)}\cdot x^2+1$$

$$= \frac{1}{2}\cdot\left(1+\frac{1}{2}D-\frac{1}{4}D^2+\cdots\right)\cdot(x^2+1)$$

$$= \frac{1}{2}\left(x^2+1+\frac{1}{2}(2x)-\frac{1}{4}(2)\right)$$

★$\left(1-\left(\frac{D}{2}-\frac{D^2}{4}\right)\right)$ ☞ 공비가 $\left(\frac{D}{2}-\frac{D^2}{4}\right)$인 등비수열

$$\Rightarrow \quad \frac{1}{2}\cdot\left(1+\frac{1}{2}D-\frac{1}{4}D^2+\cdots\right)\cdot(x^2+1)$$

$$\therefore\ y_p = \frac{1}{2}x^2+\frac{1}{2}x+\frac{1}{4}$$

(2) $R(x)$가 지수함수의 형태

정의 $f(D)\cdot y = k\cdot e^{ax} \quad \Rightarrow \quad y_p = \frac{1}{f(D)}\cdot k\cdot e^{ax}$

(i) $f(a)\neq 0$ ☞ $y_p = k\cdot\frac{1}{f(a)}\cdot e^{ax}$

(ii) $f(a)=0$ ☞ $y_p = k\cdot e^{ax}\cdot\frac{1}{f(D+a)}$

ex. 3 $(D^2 - 3D + 2)y = e^{3x}$

sol 미정계수법과 미분연산자법의 비교

① 미정계수법 : 제차 미분방정식의 해 $y_c = C_1 e^x + C_2 e^{2x}$

$y_p = A \cdot e^{3x}$ 라고 가정 $\Rightarrow$ $y_p' = 3Ae^{3x}$, $y_p'' = 9Ae^{3x}$

$(9Ae^{3x} - 3\times 3Ae^{3x} + 2Ae^{3x}) = e^{3x} \quad \Rightarrow \quad \therefore A = \dfrac{1}{2}$

$\therefore y_p = \dfrac{1}{2}e^{3x} \quad \Rightarrow \quad \therefore y = y_c + y_p = C_1 e^x + C_2 e^{2x} + \dfrac{1}{2}e^{3x}$

② 미분연산자법 : 제차 미분방정식의 해(y_c) $= C_1 e^x + C_2 e^{2x}$

$a = 3,\ f(a) \neq 0$ ☞ $y_p = \dfrac{1}{(D-2)(D-1)} \cdot e^{3x}$, $D = 3$ 대입

$\therefore y_p = \dfrac{1}{(3-2)(3-1)} \cdot e^{3x} = \dfrac{1}{2}e^{3x}$

$\therefore y = y_c + y_p = C_1 e^x + C_2 e^{2x} + \dfrac{1}{2}e^{3x}$

ex. 4 $(D^2 - 1)y = e^x$

sol 미정계수법과 미분연산자법의 비교

특성방정식 $m^2 - 1 = 0 \quad \Rightarrow \quad m = 1,\ -1$

① 미정계수법 : 제차 미분방정식의 해 $y_c = C_1 e^x + C_2 e^{-x}$

$y_p = Axe^x$ 라고 가정

$\Rightarrow y_p' = Ae^x + Axe^x$,

$y_p'' = Ae^x + Ae^x + Axe^x = 2Ae^x + Axe^x$

원 식에 대입 $\Rightarrow$ $2Ae^x + Axe^x - Axe^x = e^x \quad \Rightarrow \quad \therefore A = \dfrac{1}{2}$

$\therefore y_p = \dfrac{1}{2}xe^x$

$\therefore y = y_c + y_p = C_1 e^x + C_2 e^{-x} + \dfrac{1}{2}xe^x$

② 미분연산자법 : 제차 미분방정식의 해(y_c) $= C_1 e^x + C_2 e^{2x}$

$(D^2 - 1)y = e^x \quad \Rightarrow \quad y_p = \dfrac{1}{D^2 - 1} \cdot e^x$

$y_p = \dfrac{1}{D^2 - 1} \cdot e^x = e^x \cdot \dfrac{1}{(D+1)^2 - 1} \cdot e^{-x} \cdot e^x$

($\because$ 공식 2 (2)에 의해서)

$$= e^x \cdot \frac{1}{D^2+2D} = e^x \cdot \frac{1}{D(D+2)} \quad \Rightarrow \quad e^x \cdot \left(\frac{A}{D} + \frac{B}{D+2}\right)$$

☞ 부분분수 $A = \frac{1}{2}$, $B = -\frac{1}{2}$

$$= e^x\left(\frac{1}{2} \cdot \frac{1}{D} - \frac{1}{2} \cdot \frac{1}{D+2}\right)$$

$$= \frac{1}{2}e^x\frac{1}{D} - \frac{1}{2}e^x\frac{1}{D+2} = \frac{1}{2}xe^x - \frac{1}{2}e^x\left(\frac{1}{2} - \frac{1}{2}D\right)$$

$$= \frac{1}{2}xe^x - \frac{1}{2}e^x\left(\frac{1}{2} - 0\right) = \frac{1}{2}xe^x - \frac{1}{4}e^x$$

$$\therefore y_p = \frac{1}{2}xe^x - \frac{1}{4}e^x$$

$$\therefore y = C_1e^x + C_2e^{-x} + \frac{1}{2}xe^x - \frac{1}{4}e^x$$

앞에 나온 정의 (ii)에 의해 $f(a) = 0$ ☞ $y_p = k \cdot e^{ax} \cdot \frac{1}{f(D+a)}$는 다음과 같은 방법으로도 구할 수 있다.

별해 1 $\frac{1}{(D-a)^n} \cdot (e^{ax}) = \frac{x^n}{n!} \cdot e^{ax}$

ex. 5 $y'' + 2y' + y = e^{-x}$

sol 제차 미분방정식의 해$(y_c) = C_1e^{-x} + C_2xe^{-x}$

$$y_p = \frac{1}{(D+1)^2} \cdot e^{-x} \Rightarrow \text{별해에서} \quad a = -1,\ n = 2 \Rightarrow \frac{x^2}{2!} \cdot e^{-x}$$

$$\therefore y_p = \frac{1}{2}x^2e^{-x}$$

$$\therefore y = y_c + y_p = C_1e^{-x} + C_2xe^{-x} + \frac{1}{2}x^2e^{-x}$$

ex. 6 $y'' - 6y' + 9y = -e^{3x}$

sol 제차 미분방정식의 해$(y_c) = C_1e^{3x} + C_2xe^{3x}$

$$y_p = \frac{1}{(D-3)^2} \cdot e^{3x} \Rightarrow \text{별해에서 } a = 3,\ n = 2 \Rightarrow \frac{x^2}{2!} \cdot e^{3x}$$

$$\therefore\ y_p = \frac{1}{2} x^2 e^{3x}$$

$$\therefore\ y = y_c + y_p = C_1 e^{-x} + C_2 x e^{-x} + \frac{1}{2} x^2 e^{3x}$$

ex. 7 $y'' + 4y' + 4y = 3e^{-2x}$

sol 제차 미분방정식의 해(y_c) $= C_1 e^{-2x} + C_2 x e^{-2x}$

$$y_p = \frac{1}{(D+2)^2} \cdot 3e^{-2x} \Rightarrow \text{별해에서 } a = -2,\ n = 2 \Rightarrow \frac{x^2}{2!} \cdot 3e^{3x}$$

$$\therefore\ y_p = \frac{3}{2} x^2 e^{-2x}$$

$$\therefore\ y = y_c + y_p = C_1 e^{-x} + C_2 x e^{-x} + \frac{3}{2} x^2 e^{-2x}$$

별해 2 $$\frac{1}{G(D) \cdot (D-a)^n} \cdot (e^{ax}) = \frac{x^n}{G(D) \cdot n!} \cdot e^{ax}$$

ex. 8 $y'' + y' - 2y = e^x$

sol 제차 미분방정식의 해(y_c) $= C_1 e^{-2x} + C_2 e^x$

$$y_p = \frac{1}{D^2 + D - 2} \cdot e^x = \frac{1}{(D-1)(D+2)} \cdot e^x = \frac{x^1}{1! \cdot 3} \cdot e^x$$

$$= \frac{1}{3} x \cdot e^x$$

$$\therefore\ y = y_c + y_p = C_1 e^x + C_2 e^{-2x} + \frac{1}{3} x e^x$$

ex. 9 $y'' - 4y' + 3y = -2e^{3x}$

sol 제차 미분방정식의 해(y_c) $= C_1 e^x + C_2 e^{3x}$

$$y_p = \frac{1}{D^2 - 4D + 3} \cdot (-2e^{3x}) = \frac{1}{(D-1)(D-3)} \cdot (-2e^{3x})$$

$$= \frac{x^1}{1! \cdot 2} \cdot (-2e^x) = -x \cdot e^{3x}$$

$$\therefore\ y = y_c + y_p = C_1 e^x + C_2 e^{3x} - x e^{3x}$$

NOTE

(1) $D\cos(ax+b) = -a \cdot \sin(ax+b)$

$D^2\cos(ax+b) = -a^2 \cdot \cos(ax+b)$

(2) $D\sin(ax+b) = a \cdot \cos(ax+b)$

$D^2\sin(ax+b) = -a^2 \cdot \sin(ax+b)$

▶ $f(D)$가 미분연산자 다항식일 때

(1) $f(D^2) \cdot \cos(ax+b) = f(-a^2) \cdot \cos(ax+b)$

(2) $f(D^2) \cdot \sin(ax+b) = f(-a^2) \cdot \sin(ax+b)$

(3) $R(x)$가 $\cos(ax+b)$ 또는 $\sin(ax+b)$인 경우

해법

$f(D)y = \cos(ax+b)$

$$\Rightarrow y_p = \frac{1}{f(D)} \cdot \cos(ax+b) = \frac{g(D)}{f(D^2)} \cdot \cos(ax+b)$$

$$= \frac{g(D)}{f(-a^2)} \cdot \cos(ax+b)$$

☞ 분모 $f(D)$를 $f(D^2)$ 형태로 변환!!

ex. 10 $(D^2+4D+5)y = \sin x$

sol 미정계수법과 미분연산자법의 비교

특성방정식 $m^2+4D+5=0 \quad \Rightarrow \quad m = -2 \pm i$

① 미정계수법: 제차 미분방정식의 해 $y_c = C_1 e^{-2x}\cos x + C_2 e^{-2x}\sin x$

$y_p = A\sin x + B\cos x$ 라고 가정

$y_p' = A\cos x - B\sin x, \quad y_p'' = -A\sin x - B\cos x$

☞ 원 식에 대입하여 정리

$(-A - 4B + 5A)\sin x + (-B + 4A + 5B)\cos x = \sin x$

$$A - B = \frac{1}{4}, \; A + B = 0 \quad \Rightarrow \quad A = \frac{1}{8}, \; B = -\frac{1}{8}$$

$$\therefore y_p = \frac{1}{8}\sin x - \frac{1}{8}\cos x$$

$$\therefore y = C_1 e^{-2x}\cos x + C_2 e^{-2x}\sin x + \frac{1}{8}\sin x - \frac{1}{8}\cos x$$

② 미분연산자법 : $y_p = \dfrac{g(D)}{f(-a^2)} \cdot \cos(ax+b)$ 적용

$$y_p = \frac{1}{D^2+4D+5}\sin x$$ ▶ $a=1 \Rightarrow D^2 = -1^2$ 대입

$$= \frac{1}{4D+4}\sin x \Rightarrow \frac{1}{4(D+1)}\sin x \Rightarrow \frac{1}{4}\cdot\frac{(D-1)}{(D+1)(D-1)}\sin x$$

☞ 분자 분모에 $(D-1)$ 곱함

$$= \frac{1}{4}\cdot\frac{D-1}{D^2-1}\sin x \Rightarrow \frac{1}{4}\cdot\frac{D-1}{-1^2-1}\sin x \Rightarrow -\frac{1}{8}(D-1)\sin x$$

$$\Rightarrow -\frac{1}{8}(\cos x - \sin x)$$

$$\therefore y_p = \frac{1}{8}\sin x - \frac{1}{8}\cos x$$

$$\therefore y = C_1 e^{-2x}\cos x + C_2 e^{-2x}\sin x + \frac{1}{8}\sin x - \frac{1}{8}\cos x$$

ex. 11 $(D^2+1)y = \sin x$

sol 특성방정식 : $m^2+1=0,\ m=\pm i \quad \Rightarrow \quad y_c = C_1\cos x + C_2\sin x$

① 미정계수법 : 제차 미분방정식의 해 $y_c = C_1\cos x + C_2\sin x$

$y_p = Ax\cos x + Bx\sin x$ 라고 가정

$y_p' = A\cos x - Ax\sin x + B\sin x + Bx\cos x$

$y_p'' = -A\sin x - A\sin x - Ax\cos x + B\cos x + B\cos x - Bx\sin x$

$= -2A\sin x - Ax\cos x + 2B\cos x - Bx\sin x$

☞ 원 식에 대입하여 정리

$\therefore y_p'' + y_p = \sin x \quad \Rightarrow \quad -2A\sin x + 2B\cos x = \sin x$

$\therefore A = -\dfrac{1}{2},\quad B = 0$

$\therefore y_p = -\dfrac{1}{2}x\cos x$

② 미분연산자법 : $D^2 = -1^2$을 대입하면 분모가 '0' (불능)

$$y_p = \frac{1}{D^2+1}\sin x \Rightarrow \frac{1}{D^2+1}\cdot\frac{e^{ix}-e^{-ix}}{2i}$$

$$\Rightarrow \frac{1}{2i}\cdot\frac{1}{D^2+1}\cdot(e^{ix}-e^{-ix})$$

$$= \frac{1}{2i}\cdot\frac{1}{D^2+1}e^{ix} - \frac{1}{2i}\cdot\frac{1}{D^2+1}e^{-ix}$$

NOTE 공식 4 (2) $\frac{1}{f(D)} \cdot F(x) = e^{ax} \cdot \frac{1}{f(D+a)} \cdot e^{-ax} \cdot F(x)$에서

$F(x) = e^{ix}$, $a = ? \Rightarrow i$, $F(x) = e^{-ix}$, $a = ? \Rightarrow -i$ 를 각각 대입

$$= \frac{1}{2i}e^{ix} \cdot \frac{1}{(D+i)^2+1}e^{-ix} \cdot e^{ix} - \frac{1}{2i}e^{-ix} \cdot \frac{1}{(D-i)^2+1}e^{ix} \cdot e^{-ix}$$

$$= \frac{1}{2i}e^{ix} \cdot \frac{1}{D^2+2iD} \cdot 1 - \frac{1}{2i}e^{-ix} \cdot \frac{1}{D^2-2iD} \cdot 1$$

$$= \frac{1}{2i}e^{ix} \cdot \frac{1}{D(D+2i)} - \frac{1}{2i}e^{-ix} \cdot \frac{1}{D(D-2i)}$$ ☞ 부분분수 전개

$$= \frac{1}{2i}e^{ix} \cdot \left[\frac{1}{2i}\left(\frac{1}{D} + \frac{-1}{D+2i}\right)\right] - \frac{1}{2i}e^{-ix} \cdot \left[\frac{1}{2i}\left(\frac{-1}{D} + \frac{1}{D-2i}\right)\right]$$

$$= -\frac{1}{4} \cdot e^{ix} \cdot \left(\frac{1}{D} + \frac{-1}{D+2i}\right) + \frac{1}{4} \cdot e^{-ix} \cdot \left(-\frac{1}{D} + \frac{1}{D-2i}\right)$$

$$= -\frac{1}{4} \cdot e^{ix} \cdot \frac{1}{D} - \frac{1}{4} \cdot e^{-ix} \cdot \frac{1}{D} + \frac{1}{4} \cdot e^{ix} \cdot \frac{1}{D+2i}$$

$$+ \frac{1}{4} \cdot e^{-ix} \cdot \frac{1}{D-2i}$$

$$= -\frac{1}{4} \cdot x \cdot e^{ix} - \frac{1}{4} \cdot x \cdot e^{-ix} \quad \cdots ①$$

$$+ \frac{1}{4} \cdot e^{ix} \cdot \left[\frac{1}{2i\left(1+\frac{D}{2i}\right)}\right] + \frac{1}{4} \cdot e^{-ix} \cdot \left[\frac{1}{-2i\left(1-\frac{D}{2i}\right)}\right] \quad \cdots ②$$

※ ① ☞ $-\frac{1}{4} \cdot x \cdot e^{ix} - \frac{1}{4} \cdot x \cdot e^{-ix} \Rightarrow -\frac{1}{2}x\left(\frac{e^{ix}+e^{-ix}}{2}\right)$

$$\Rightarrow -\frac{1}{2}x\cos x$$

※ ② ☞ $\frac{1}{8i} \cdot e^{ix}\left[1 - \frac{D}{2i} + \left(-\frac{D}{2i}\right)^2 + \cdots\right]$

$$-\frac{1}{8i} \cdot e^{-ix}\left[1 + \frac{D}{2i} + \left(\frac{D}{2i}\right)^2 + \cdots\right]$$

$$\frac{1}{8i} \cdot e^{ix} - \frac{1}{8i} \cdot e^{-ix} \Rightarrow \frac{1}{4} \cdot \left(\frac{e^{ix} - e^{-ix}}{2i}\right)$$

$$\Rightarrow \frac{1}{4} \cdot \sin x$$

$$\therefore y_p = -\frac{1}{2}x\cos x + \frac{1}{4}\sin x$$

별해

$\cos ax = Re[\cos ax + i\sin ax]$ ☞ 오일러 공식을 적용

▶ cos은 실수부(Real Part)

$\sin ax = Im[\cos ax + i\sin ax]$ ☞ 오일러 공식을 적용

▶ sin은 허수부(Imaginary Part)

$\frac{1}{f(D)} \cdot \cos ax = \frac{1}{f(D)} \cdot e^{aix}$의 실수부

$\frac{1}{f(D)} \cdot \sin ax = \frac{1}{f(D)} \cdot e^{aix}$의 허수부

ex. 12 $(D^2 - D - 2)y = \cos x$

sol $y_p = \frac{1}{D^2-D-2} \cdot \cos x = \frac{1}{D^2-D-2} \cdot (\cos x + i\sin x)$

$= Re\left(\frac{1}{D^2-D-2} \cdot e^{ix}\right) \quad \Rightarrow \quad D = i$ 대입

$= Re\left(\frac{1}{i^2-i-2} \cdot e^{ix}\right) = Re\left(\frac{1}{-3-i} \cdot e^{ix}\right)$

$= Re\left(\frac{(-3+i)}{10} \cdot e^{ix}\right) = Re\left(\frac{(-3+i)}{10} \cdot (\cos x + i\sin x)\right)$

$= Re\left(\frac{(-3+i)}{(-3-i)(-3+i)} \cdot e^{ix}\right)$ ☞ 실수부를 찾아서 정리

$= \frac{1}{10}(-3\cos x - \sin x)$

$\therefore y_p = \frac{1}{10}(-3\cos x - \sin x)$

ex. 13 $(D^2 - 3D - 4)y = \sin 2x$

sol $y_p = \frac{1}{(D^2-3D+4)} \cdot \sin 2x = Im\left[\frac{1}{(D^2-3D+4)} \cdot e^{i2x}\right]$ ☞ $D = 2i$ 대입

$= Im\left[\frac{1}{(2i)^2-6i-4} \cdot e^{i2x}\right] = Im\left[\frac{1}{-8-6i} \cdot (\cos 2x + i\sin 2x)\right]$

$= Im\left[\frac{-8+6i}{(-8-6i)(-8+6i)} \cdot (\cos 2x + i\sin 2x)\right]$ ☞ 허수부만 선택

$= \frac{1}{100} \cdot (-8\sin 2x + 6\cos 2x) = \frac{1}{50} \cdot (-4\sin 2x + 3\cos 2x)$

$\therefore y_p = \frac{1}{50} \cdot (-4\sin 2x + 3\cos 2x)$

ex. 14 $(D^2+4)y = \sin 2x$

sol $y_p = \dfrac{1}{D^2+4} \cdot \sin 2x = Im\left[\dfrac{1}{(D+2i)(D-2i)} \cdot e^{2ix}\right]$

☞ **별해 2** 공식 적용

$= Im\left[\dfrac{x^1}{1! \cdot 4i} \cdot (\cos 2x + i \sin 2x)\right]$

$= Im\left[\dfrac{x \cdot i}{-4} \cdot (\cos 2x + i \sin 2x)\right]$ ☞ 분자 · 분모 $\times\ i$

$= -\dfrac{x}{4} Im\left[i \cdot (\cos 2x + i \sin 2x)\right] = -\dfrac{x}{4} \cdot \cos 2x$

$\therefore\ y_p = -\dfrac{x}{4} \cos 2x$

(4) $R(x)$가 $e^{ax} \cdot P(x)$인 경우

해법 $f(D) \cdot y = e^{ax} \cdot P(x) \Rightarrow y_p = \dfrac{1}{f(D)} \cdot e^{ax} \cdot P(x)$

$= e^{ax} \cdot \dfrac{1}{f(D+a)} \cdot P(x)$

ex. 15 $(D^2 - 6D + 9)y = x \cdot e^{3x}$

sol $y_p = \dfrac{1}{D^2 - 6D + 9} \cdot x \cdot e^{3x} = e^{3x} \cdot \dfrac{1}{(D+3)^2 - 6(D+3) + 9} \cdot x$

$= e^{3x} \cdot \dfrac{1}{D^2} \cdot x = e^{3x} \cdot \displaystyle\int\int x\, dx = \dfrac{1}{6} x^3 \cdot e^{3x}$

ex. 16 $(D^2 - 3D - 4)y = x \cdot e^{-2x}$

sol $y_p = \dfrac{1}{D^2 - 3D + 4} \cdot x \cdot e^{-2x} = e^{-2x} \cdot \dfrac{1}{(D-2)^2 - 3(D-2) - 4} \cdot x$

$= e^{-2x} \cdot \dfrac{1}{D^2 - 7D + 6} \cdot x = e^{-2x} \cdot \dfrac{1}{6 \cdot \left(\dfrac{1}{6}D^2 - \dfrac{7}{6}D + 1\right)} \cdot x$

$= \dfrac{e^{-2x}}{6} \cdot \left(1 + \dfrac{7}{6}D\right) \cdot x = \dfrac{e^{-2x}}{6} \cdot \left(x + \dfrac{7}{6}\right)$

(5) $R(x) = e^{ax} \cdot \cos(bx + c)$인 경우

ex. 17 $y'' - y' - 2y = e^{3x} \cdot \sin x$

sol $y_p = \dfrac{1}{D^2 - D - 2} \cdot (e^{3x} \cdot \sin x)$

$$= e^{3x} \cdot \frac{1}{(D+3)^2 - (D+3) - 2} \cdot \sin x = e^{3x} \cdot \frac{1}{D^2 + 5D + 4} \cdot \sin x$$

$$= e^{3x} \cdot \frac{1}{4D+4} \cdot \sin x \quad (\because D^2 = -1^2 \text{ 대입})$$

$$= e^{3x} \cdot \frac{1}{4(D+1)} \cdot \sin x = \frac{e^{3x}}{4} \cdot \frac{(D-1)}{(D+1)(D-1)} \sin x$$

$$= \frac{e^{3x}}{4} \cdot \frac{D-1}{D^2-1} \cdot \sin x = \frac{e^{3x}}{4} \cdot \frac{D-1}{-1^2-1} \cdot \sin x$$

$$= -\frac{e^{3x}}{8} \cdot (D-1) \sin x = -\frac{e^{3x}}{8} (\cos x - \sin x)$$

연 습 문 제

1. $y'' + 2y' + y = 3x^2$

sol $y_h = (m+1)^2 \quad \Rightarrow \quad m = -1$(중근) $\quad \Rightarrow \quad y_h = C_1 e^{-x} + C_2 x e^{-x}$

$(D^2 + 2D + 1)y = 3x^2$ ☞ 주어진 식의 미분연산자 기호로 표시

$$y_p = \frac{1}{D^2+2D+1} \cdot 3x^2$$

비제차항이 다항식이므로 다음과 같이 구한다.

$1 - 2D + 3D^2$ (몫)

$1+2D+D^2$) 1

⊖ $1 + 2D + D^2$

⊖ $-2D - D^2$

⊖ $-2D - 4D^2 - 2D^3$

⊖ $3D^2 + 2D^3$

$3D^2 + 6D^3 + 3D^4$

$$y_p = (1 - 2D + 3D^2 + \cdots) \cdot 3x^2$$

☞ 비제차항의 최고차항이 2차이므로 D^2 이후는 무의미

$\therefore\ y_p = 3x^2 - 12x + 18$

$\therefore\ y = y_h + y_p = C_1 e^{-x} + C_2 x e^{-x} + 3x^2 - 12x + 18$

2. $y'' + y' - 2y = 3e^x$

sol $y_h = m^2 + m - 2 \quad \Rightarrow \quad m = -2, 1 \quad \Rightarrow \quad y_h = C_1 e^{-2x} + C_2 e^x$

$$y_p = \frac{1}{D^2+D-2} \cdot 3e^x \quad \Rightarrow \quad \left(\frac{-1}{D+2} + \frac{1}{D-1}\right) \cdot e^x$$

$$= -\frac{1}{3}e^x + \frac{1}{D-1} \cdot e^x = -\frac{1}{3}e^x + e^{-x} \cdot \frac{1}{(D+1)-1} \cdot e^{-x} \cdot e^x$$

$$= -\frac{1}{3}e^x + x e^{-x}$$

$$\therefore\ y_p = -\frac{1}{3}e^x + x e^x$$

$$\therefore\ y = y_h + y_p = C_1 e^{-2x} + C_2 e^x + x e^x \quad \left(\because \left(C_2 - \frac{1}{3}\right)e^x = C_3 e^x\right)$$

3. $y'' + y' + 6y = 6x^3 - x$

sol $y_h = m^2 + m + 6 \quad \Rightarrow \quad m = -\dfrac{1}{2} \pm \dfrac{\sqrt{23}\,i}{2}$ (서로 다른 두 허근)

$$\Rightarrow \quad y_h = C_1 e^{-\frac{1}{2}x} \cdot \cos\frac{\sqrt{23}}{2}x + C_2 e^{-\frac{1}{2}x} \cdot \sin\frac{\sqrt{23}}{2}x$$

$$y_p = \frac{1}{D^2+D+6} \cdot (6x^3 - x)$$

$$\begin{array}{r|l}
 & \frac{1}{6} - \frac{1}{36}D - \frac{5}{126}D^2 + \frac{7}{1296}D^3 \\
\hline
6+D+D^2 & 1 \\
\ominus & 1 + \frac{1}{6}D + \frac{1}{6}D^2 \\
\hline
\ominus & -\frac{1}{6}D - \frac{1}{6}D^2 \\
\hline
\ominus & -\frac{1}{6}D - \frac{1}{36}D^2 - \frac{1}{36}D^3 \\
\hline
\ominus & -\frac{5}{36}D^2 + \frac{1}{36}D^3 \\
\hline
\ominus & -\frac{5}{36}D^2 - \frac{5}{126}D^3 - \frac{5}{126}D^4 \\
\hline
 & \frac{11}{126}D^3 + \frac{5}{126}D^4
\end{array}$$

$$y_p = \frac{1}{6}\left(1 - \frac{1}{6}D - \frac{5}{36}D^2 + \frac{7}{126}D^3 \ldots\right) \cdot (6x^3 - x)$$

$$\therefore\ y_p = x^3 - \frac{1}{2}x^2 - x + \frac{1}{3}$$

$$\therefore\ y = y_h + y_p$$

$$= C_1 e^{-\frac{1}{2}x} \cdot \cos\frac{\sqrt{23}}{2}x + C_2 e^{-\frac{1}{2}x} \cdot \sin\frac{\sqrt{23}}{2}x$$

$$+\ x^3 - \frac{1}{2}x^2 - x + \frac{1}{3}$$

4. $y''' + 2y'' - y' - 2y = 1 - 2x^3$

sol $y_h = m^3 + 2m^2 - m - 2 \quad \Rightarrow \quad m = -2,\ -1,\ 1$

$$\Rightarrow\ y_h = C_1 e^{-2x} + C_2 e^{-x} + C_3 e^{x}$$

$$y_p = \frac{1}{D^3+2D^2-D-2} \cdot (1 - 2x^3)$$

$$
\begin{array}{r|l}
 & -\frac{1}{2}+\frac{1}{4}D-\frac{5}{8}D^2+\frac{5}{16}D^3 \\
\hline
-2-D+2D^2+D^3 & 1 \\
\ominus & 1+\frac{1}{2}D-D^2-\frac{1}{2}D^3 \\
\hline
\ominus & -\frac{1}{2}D+D^2+\frac{1}{2}D^3 \\
\hline
\ominus & -\frac{1}{2}D-\frac{1}{4}D^2+\frac{1}{2}D^3+\frac{1}{4}D^4 \\
\hline
\ominus & \frac{5}{4}D^2 \qquad -\frac{1}{4}D^4 \\
\hline
\ominus & \frac{5}{4}D^2+\frac{5}{8}D^3-\frac{5}{4}D^4-\frac{5}{8}D^5 \\
\hline
\ominus & -\frac{5}{8}D^3+D^4+\frac{5}{8}D^5 \\
\hline
 & -\frac{5}{8}D^3-\frac{5}{16}D^4+\frac{5}{8}D^5
\end{array}
$$

$$y_p = -\frac{1}{2}\left(1-\frac{1}{2}D+\frac{5}{4}D^2-\frac{5}{8}D^3 \ \dots\right)\cdot(1-2x^3)$$

$$\therefore\ y_p = x^3-\frac{3}{2}x^2+\frac{15}{2}x-\frac{15}{4}$$

$$\therefore\ y = y_h + y_p$$

$$= C_1 e^{-2x} + C_2 e^{-x} + C_3 e^{x} + x^3 - \frac{3}{2}x^2 + \frac{15}{2}x - \frac{15}{4}$$

5. $y''' - y'' - 4y' + 4y = -6e^{-x}$

sol $y_h = m^3 - m^2 - 4m + 4 \quad \Rightarrow \quad m = 1,\ \pm 2$

$$\Rightarrow\ y_h = C_1 e^{-2x} + C_2 e^{x} + C_3 e^{2x}$$

$$y_p = \frac{1}{(D^3-D^2-4D+4)}\cdot(-6e^{-x})$$

$$= \frac{1}{(-1)^3-(-1)^2-4(-1)+4}\cdot(-6e^{-x})$$

$$\therefore\ y_p = -e^{-x}$$

$$\therefore\ y = y_h + y_p = C_1 e^{-2x} + C_2 e^{x} + C_3 e^{2x} - e^{-x}$$

6. $y'' - y' - 2y = 3\cos x + \sin x + e^x$

sol $y_h = m^2 - m - 2 \quad \Rightarrow \quad m = -2, 1 \quad \Rightarrow \quad y_h = C_1 e^{-2x} + C_2 e^x$

$(D^2 - D - 2)y_p = 3\cos x + \sin x + e^x$

$$y_p = \frac{3}{(D^2 - D - 2)}\cos x + \frac{1}{(D^2 - D - 2)}\sin x + \frac{1}{(D^2 - D - 2)}e^x$$

$\Rightarrow \quad a = 1,\ D^2 = -1^2$를 대입

$$= \frac{3}{-1 - D - 2}\cos x + \frac{1}{-1 - D - 2}\sin x + \frac{1}{1 - 1 - 2}e^x$$

$$= \frac{3}{-3 - D}\cos x + \frac{1}{-3 - D}\sin x - \frac{1}{2}e^x$$

$$= 3 \cdot \frac{-3 + D}{(-3 - D)(-3 + D)}\cos x + \frac{-3 + D}{(-3 - D)(-3 + D)}\sin x - \frac{1}{2}e^x$$

$$= \frac{3}{10} \cdot (-3 + D)\cos x + \frac{1}{10} \cdot (-3 + D)\sin x - \frac{1}{2}e^x$$ ☞ $D^2 = -1^2$ 대입

$$= \frac{3}{10}(-3\cos x - \sin x) + \frac{1}{10}(-3\sin x + \cos x) - \frac{1}{2}e^x$$

$$= -\frac{8}{10}\cos x - \frac{6}{10}\sin x - \frac{1}{2}e^x = -\frac{4}{5}\cos x - \frac{3}{5}\sin x - \frac{1}{2}e^x$$

$$\therefore\ y_p = -\frac{4}{5}\cos x - \frac{3}{5}\sin x - \frac{1}{2}e^x$$

$$\therefore\ y = y_h + y_p = C_1 e^{-2x} + C_2 e^x - \frac{4}{5}\cos x - \frac{3}{5}\sin x - \frac{1}{2}e^x$$

7. $y'' - 4y' + 3y = \sin x - \cos x$

sol $y_h = m^2 - 4m + 3 \quad \Rightarrow \quad m = 1, 3 \quad \Rightarrow \quad y_h = C_1 e^x + C_2 e^{3x}$

$(D^2 - 4D + 3)y_p = \sin x - \cos x$

$$y_p = \frac{1}{D^2 - 4D + 3} \cdot (\sin x - \cos x)$$

$\Rightarrow \quad a = 1,\ D^2 = -1^2$ 를 대입

$$= \frac{1}{2 - 4D} \cdot (\cos x - \sin x) \quad \Rightarrow \quad \frac{1}{2} \cdot \left(\frac{1}{1 - 2D}\right) \cdot (\sin x - \cos x)$$

$$= \frac{1}{2}\left(\frac{1 + 2D}{(1 - 2D)(1 + 2D)}\right) \cdot (\sin x - \cos x)$$

$$= \frac{1}{2} \cdot \left(\frac{1 + 2D}{1 - 4D^2}\right)(\sin x - \cos x)$$

$$= \frac{1}{10}(1+2D)\cdot(\sin x - \cos x)$$

$$= \frac{1}{10}(\sin x - \cos x + 2\cos x + 2\sin x)$$

$$\therefore\ y_p = \frac{3}{10}\sin x + \frac{1}{10}\cos x$$

$$\therefore\ y = y_h + y_p = C_1 e^{x} + C_2 e^{3x} + \frac{3}{10}\sin x + \frac{1}{10}\cos x$$

8. $y^{(4)} - 5y'' + 4y = 5\cos x$

sol $y_h = m^4 - 5m^2 + 4 \Rightarrow m = \pm 1,\ \pm 2$

$$\Rightarrow y_h = C_1 e^{-2x} + C_2 e^{-x} + C_3 e^{x} + C_4 e^{2x}$$

$$(D^4 - 5D^2 + 4)y_p = 5\cos x$$

$$y_p = \frac{1}{D^4 - 5D^2 + 4}\cdot(5\cos x) \Rightarrow a = 1,\ D^2 = -1^2 \text{ 를 대입}$$

$$= \frac{1}{(D^2-4)(D^2-1)}\cdot(5\cos x) \Rightarrow \frac{1}{(-1-4)(-1-1)}\cdot(5\cos x)$$

$$\therefore\ y_p = -\frac{1}{2}\cos x$$

$$\therefore\ y = y_h + y_p = C_1 e^{-2x} + C_2 e^{-x} + C_3 e^{x} + C_4 e^{2x} - \frac{1}{2}\cos x$$

9. $y'' - y' - 2y = 6e^{x}$

sol $y_h = m^2 - m - 2 \Rightarrow m = -1,\ 2 \Rightarrow y_h = C_1 e^{-x} + C_2 e^{2x}$

$$y_p = \frac{1}{D^2 - D - 2}\cdot(6e^{2x})$$

$$= \frac{6}{(D-2)(D+1)}e^{2x} = \frac{6x^1}{3\cdot 1!}\cdot e^{2x} \quad ☞\ a = 2,\ n = 1$$

$$\therefore\ y_p = 2xe^{2x}$$

$$\therefore\ y = y_h + y_p = C_1 e^{-x} + C_2 e^{2x} + 2xe^{2x}$$

10. $y''' - y'' + y' - y = x^3 + 4x^2$

sol $y_h = m^3 - m^2 + m - 1 \Rightarrow m = \pm 2 \ , \ \pm 1$

$\Rightarrow y_h = C_1 e^{-2x} + C_2 e^{-x} + C_3 e^{x} + C_4 e^{2x}$

$(D^3 - D^2 + D - 1) y_p = x^3 + 4x^2$

$$\Rightarrow \ y_p = \frac{1}{D^3 - D^2 + D - 1} \cdot (x^3 + 4x^2)$$

$$\begin{array}{rl}
 & -1 - D - D^4 \\
\hline
-1 + D - D^2 + D^3 & \left| \ 1 \right. \\
\ominus & 1 - D + D^2 - D^3 \\
\hline
\ominus & \quad D - D^2 + D^3 \\
\hline
\ominus & \quad D - D^2 + D^3 - D^4 \\
\hline
\ominus & \qquad\qquad D^4 \\
\hline
\ominus & D^4 - D^5 - D^6 - D^7 \\
\hline
 & D^5 + D^6 + D^7
\end{array}$$

$y_p = (-1 - D - D^4 + \cdots) \cdot (x^3 + 4x^2)$

$\therefore \ y_p = -x^3 - 7x^2 - 8x$

$\therefore \ y = y_h + y_p$

$= C_1 e^{-2x} + C_2 e^{-x} + C_3 e^{x} + C_4 e^{2x} - x^3 - 7x^2 - 8x$

4. 매개변수 변화법

NOTE 두 함수($u(x)$, $v(x)$)가 독립인지를 확인 ⇒ 론스키 행렬식(Wronskian)

$$W = \begin{vmatrix} u(x) & v(x) \\ u'(x) & v'(x) \end{vmatrix} \begin{matrix} \neq 0 \text{ ☞ 독립} \\ = 0 \text{ ☞ 종속} \end{matrix}$$

▶ 미정계수법과 미분연산자법은 $R(x)$의 형태가 제한적

☞ 다항식, 지수함수, 삼각함수($\sin x$, $\cos x$), 각 함수의 '합 · 차 · 곱'만 가능

정의 $y'' + P(x)y' + Q(x)y = R(x)$에서

- $R(x) = 0$ 인 제차 미분방정식의 독립인 두 해를 y_1, y_2라 할 때,
- $R(x) \neq 0$ 인 비제차 미분방정식의 특수해(y_p)는 다음과 같다.

$$y_p = y_1 \int \frac{-y_2 \cdot R(x)}{W} dx + y_2 \int \frac{y_1 \cdot R(x)}{W} dx$$ ☞ W: Wronskian

ex. 1 $y'' - y' - 2y = 0$은 $y = e^{ax}$와 같은 형태의 해가 서로 독립임을 밝히시오.

sol $y = e^{ax}$를 주어진 방정식에 대입하면 다음과 같다.

$e^{ax}(a^2 - a - 2) = 0$, $e^{ax} \neq 0$이므로 $a^2 - a - 2 = 0$

☞ $\therefore a = -1,\ 2$

$y = e^{-x}$와 $y = e^{2x}$는 독립

$\therefore$ 주어진 미분방정식의 해는 $y = e^{ax}$ 형태의 서로 독립인 해가 존재한다.

ex. 2 $y = C_1 e^{-x} + C_2 e^{2x}$는 **<ex. 1>**의 미분방정식의 일반해임을 증명하시오.

sol $y = C_1 e^{-x} + C_2 e^{2x}$가 $y'' - y' - 2y = 0$를 만족하는 것은 대입하면 바로 알 수 있다.

주어진 미분방정식은 2계이므로 일반해는 3개의 임의상수를 가져야 한다. 그런데 $y = C_1 e^{-x} + C_2 e^{2x}$에는 2개의 임의상수 C_1, C_2가 있으므로 e^{-x}와 e^{2x}가 1차적으로 독립된 함수임을 증명하면 된다.

$$\therefore\ W = \begin{vmatrix} y_1 & y_2 \\ y_1' & y_2' \end{vmatrix} = \begin{vmatrix} e^{-x} & e^{2x} \\ -e^{-x} & 2e^{2x} \end{vmatrix} = 3e^{x} \neq 0$$

☞ e^{-x}과 e^{2x}는 서로 독립

증명

$y_c = C_1 y_1 + C_2 y_2$ 형태 $\Rightarrow$ $y_p = u_1 y_1 + u_2 y_2$ $\Rightarrow$ y_c와 독립

(단, u_1, u_2는 x만의 함수)

이때, $u_1' y_1 + u_2' y_2 = 0$이라 가정한다. $\Rightarrow$ 라그랑주 가정 … ①

$y_p' = u_1' y_1 + u_1 y_1' + u_2' y_2 + u_2 y_2'$

여기서 $u_1' y_1 + u_2' y_2 = 0$ … ②

$y_p'' = u_1' y_1' + u_1 y_1'' + u_2' y_2' + u_2 y_2''$ … ③

①, ②, ③을 $y_p'' + P(x) y_p' + Q(x) y_p = R(x)$에 대입

$$u_1' y_1' + u_2' y_2' + u_1 \underbrace{(y_1'' + P(x) y_1' + Q(x) y_1)}_{=0} + u_2 \underbrace{(y_2'' + P(x) y_2' + Q(x) y_2)}_{=0} = R(x)$$

$u_1' y_1' + u_2' y_2' = R(x)$이어야 한다. … ④

① 식과 ④ 식을 만족하는 해는 존재!!

$$\underline{\begin{pmatrix} y_1 & y_2 \\ y_1' & y_2' \end{pmatrix}} \begin{pmatrix} u_1' \\ u_2' \end{pmatrix} = \begin{pmatrix} 0 \\ R(x) \end{pmatrix} \quad \cdots ⑤$$

↳ 제차 미분방정식의 독립인 두 해이므로 $\neq 0$

식 ⑤에서 u_1', u_2'를 구하기 위해서 크래머(Crammer) 공식 적용

$$u_1' = \frac{\begin{vmatrix} 0 & y_2 \\ R(x) & y_2' \end{vmatrix}}{\begin{vmatrix} y_1 & y_2 \\ y_1' & y_2' \end{vmatrix}} = \frac{0 \cdot y_2' - y_2 \cdot R(x)}{W} = \frac{-y_2 \cdot R(x)}{W}$$

☞ $u_1 = \int u_1' = \int \frac{-y_2 \cdot R(x)}{W} dx$

$$u_2' = \frac{\begin{vmatrix} y_1 & 0 \\ y_1' & R(x) \end{vmatrix}}{\begin{vmatrix} y_1 & y_2 \\ y_1' & y_2' \end{vmatrix}} = \frac{y_1 \cdot R(x) - 0 \cdot y_1'}{W} = \frac{y_1 \cdot R(x)}{W}$$

☞ $u_2 = \int u_2' = \int \frac{y_1 \cdot R(x)}{W} dx$

u_1과 u_2를 $y_p = y_1 \cdot u_1 + y_2 \cdot u_2$에 대입 ⇒ 라그랑주 정리 (매개변수 변화법)

$$\therefore\ y_p = y_1 \int \frac{-y_2 \cdot R(x)}{W} dx + y_2 \int \frac{y_1 \cdot R(x)}{W} dx \quad W: \text{Wronskian}$$

ex. 3 $y'' + y = \sec x$

sol 제차 미분방정식의 해 ⇒ $m^2 + 1 = 0,\ m = \pm i$ ⇒ $\alpha = 0$, $\beta = 1$

$\therefore\ y_c = C_1 \cos x + C_2 \sin x$

$y_1 = \cos x,\ y_2 = \sin x$라고 가정하여 매개변수 변화법 적용

$$W = \begin{vmatrix} y_1 & y_2 \\ y_1' & y_2' \end{vmatrix} = \begin{vmatrix} \cos x & \sin x \\ -\sin x & \cos x \end{vmatrix} = 1$$ ☞ y_1과 y_2는 독립

$y_p = y_1 \int \frac{-y_2 \cdot R(x)}{W} dx + y_2 \int \frac{y_1 \cdot R(x)}{W} dx$ 에 대입

$y_1 = \cos x,\ y_2 = \sin x,\ R(x) = \sec x$

$= \cos x \int -\sin x \cdot \sec x\, dx + \sin x \int \cos x \cdot \sec x\, dx$

$= \cos x \int \frac{-\sin x}{\cos x} dx + \sin x \int 1\, dx$

$= \cos x \cdot \ln|\cos x| + x \cdot \sin x$

$\therefore\ y_p = \cos x \cdot \ln|\cos x| + x \cdot \sin x$

$\therefore\ y = y_c + y_p = C_1 \cos x + C_2 \sin x + \cos x \cdot \ln|\cos x| + x \cdot \sin x$

ex. 4 $y'' + 4y' + 3y = 65 \cos 2x$

sol 제차 미분방정식의 해 ⇒ $m^2 + 4m + 3 = 0,\ m = -1,\ -3$

$\therefore\ y_c = C_1 e^{-3x} + C_2 e^{-x}$

$y_1 = C_1 e^{-3x} + C_2 e^{-x}$

$y_1 = e^{-3x},\ y_2 = e^{-x}$라고 가정하여 매개변수 변화법을 적용

$$W = \begin{vmatrix} y_1 & y_2 \\ y_1' & y_2' \end{vmatrix} = \begin{vmatrix} e^{-x} & e^{-x} \\ -3e^{-x} & -e^{-x} \end{vmatrix} = -2e^{-4x}$$

☞ y_1과 y_2는 독립

$$y_p = y_1 \int \frac{-y_2 \cdot R(x)}{W} dx + y_2 \int \frac{y_1 \cdot R(x)}{W} dx$$ 에 대입

$y_1 = e^{-3x}$, $y_2 = e^{-x}$, $R(x) = 65\cos 2x$, $W = -2e^{-4x}$

$$= y_1 \int \frac{-e^{-x} \cdot 65\cos 2x}{-2e^{-4x}} dx + y_2 \int \frac{e^{-3x} \cdot 65\cos 2x}{-2e^{-4x}} dx$$

$$= \frac{65}{2} e^{-3x} \int e^{3x} \cos 2x \, dx - \frac{65}{2} e^{-x} \int e^{x} \cos 2x \, dx$$

$$= \cos 2x - 8\sin 2x$$

$\therefore y_p = \cos 2x - 8\sin 2x$

$\therefore y = y_h + y_p = C_1 e^{-3x} + C_2 e^{-x} + \cos 2x - 8\sin 2x$

NOTE

$$\int e^{ax} \cdot \cos bx \, dx = \frac{e^{ax}}{a^2 + b^2}(a\cos bx + b\sin bx) + C$$

$$\int e^{ax} \cdot \sin bx \, dx = \frac{e^{ax}}{a^2 + b^2}(a\sin bx - b\cos bx) + C$$

ex. 5 $y'' + y = \tan x$

sol 제차 미분방정식의 해 $\Rightarrow m^2 + 1 = 0$, $m = \pm i \Rightarrow \alpha = 0$, $\beta = 1$

$\therefore y_c = C_1 \cos x + C_2 \sin x$

$y_1 = \cos x$, $y_2 = \sin x$라고 가정하여 매개변수 변화법 적용

$$W = \begin{vmatrix} y_1 & y_2 \\ y_1' & y_2' \end{vmatrix} = \begin{vmatrix} \cos x & \sin x \\ -\sin x & \cos x \end{vmatrix} = 1$$ ☞ y_1과 y_2는 독립

$$y_p = y_1 \int \frac{-y_2 \cdot R(x)}{W} dx + y_2 \int \frac{y_1 \cdot R(x)}{W} dx$$ 에 대입

$y_1 = \cos x$, $y_2 = \sin x$, $R(x) = \tan x$

$$= \cos x \int -\sin x \cdot \tan x \, dx + \sin x \int \cos x \cdot \tan x \, dx$$

$$= \cos x \int \frac{-\sin^2 x}{\cos x} dx + \sin x \int \sin x \, dx$$

$$= \cos x \cdot (\ln|sex\, x + \tan x| - \sin x) + \sin x \cdot \cos x$$

$\therefore y_p = \cos x \cdot \ln|\sec x + \tan x|$

$\therefore y = y_c + y_p = C_1 \cos x + C_2 \sin x + \cos x \cdot \ln|\sec x + \tan x|$

ex. 6 $x^2 y'' - 4xy' + 6y = 21x^{-4}$

> **NOTE** 오일러-코시 미분방정식에서 매개변수 변화법을 적용하기 위해서는 최고계수의 항을 '1'로 변형

sol 주어진 미분방정식은 오일러-코시 미분방정식의 형태

제차 미분방정식의 해

$\Rightarrow m(m-1)-4m+6=0$

$\Rightarrow m^2 - 5m + 6 = 0,\ m = 2,\ 3$

$y_c = C_1 x^2 + C_2 x^3$

$y_1 = x^2,\ y_2 = x^3$이라고 가정하여 매개변수 변화법 적용

$W = \begin{vmatrix} y_1 & y_2 \\ y_1' & y_2' \end{vmatrix} = \begin{vmatrix} x^2 & x^3 \\ 2x & 3x^2 \end{vmatrix} = x^4$ ☞ y_1과 y_2는 독립

$y_p = y_1 \int \frac{-y_2 \cdot R(x)}{W} dx + y_2 \int \frac{y_1 \cdot R(x)}{W} dx$에 대입

$y_1 = x^2,\ y_2 = x^3,\ R(x) = 21x^{-6},\ W = x^4$

$$= x^2 \int \frac{-x^3 \cdot 21x^{-6}}{x^4} dx + x^3 \int \frac{x^2 \cdot 21x^{-6}}{x^4} dx$$

$$= -21x^2 \int x^{-7} dx + 21x^3 \int x^{-8} dx$$

$$= -21x^2 \left(-\frac{1}{6}\right) x^{-6} + 21x^3 \left(-\frac{1}{7}\right) x^{-7} = \frac{1}{2} x^{-4}$$

$\therefore y_p = \frac{1}{2} x^{-4}$

$\therefore y = y_h + y_p = C_1 x^2 + C_2 x^3 + \frac{1}{2} x^{-4}$

ex. 7 $x^2 y'' - 4xy' + 6y = x^4 \sin x$

sol 주어진 미분방정식은 오일러-코시 미분방정식의 형태

제차 미분방정식의 해 $\Rightarrow m(m-1)-4m+6=0$

$\Rightarrow m^2 - 5m + 6 = 0,\ m = 2,\ 3$

$y_c = C_1 x^2 + C_2 x^3$

$y_1 = x^2,\ y_2 = x^3$이라고 가정하여 매개변수 변화법 적용

주어진 미분방정식의 변형(양변 $\div\ x^2$)

$\Rightarrow y'' - 4x^{-1} y' + 6yx^{-2} = x^2 \sin x$

$$W = \begin{vmatrix} y_1 & y_2 \\ y_1' & y_2' \end{vmatrix} = \begin{vmatrix} x^2 & x^3 \\ 2x & 3x^2 \end{vmatrix} = x^4$$ ☞ y_1과 y_2는 독립

$$y_p = y_1 \int \frac{-y_2 \cdot R(x)}{W} dx + y_2 \int \frac{y_1 \cdot R(x)}{W} dx$$에 대입

$y_1 = x^2$, $y_2 = x^3$, $R(x) = x^2 \sin x$, $W = x^4$

$$= x^2 \int \frac{-x^3 \cdot x^2 \sin x}{x^4} dx + x^3 \int \frac{x^2 \cdot x^2 \sin x}{x^4} dx$$

$$= x^2 \int -x \sin x \, dx + x^3 \int \sin x \, dx$$

$$= x^2 (-x \cos x + \sin x) - x^3 \cos x = -x^2 \sin x$$

$\therefore y_p = -x^2 \sin x$

$\therefore y = y_h + y_p = C_1 x^2 + C_2 x^3 - x^2 \sin x$

연 습 문 제

1. $y'' - y = \dfrac{1}{1+e^x}$

sol 제차 미분방정식의 해 $\Rightarrow$ $m^2 - 1 = 0,\ m = \pm 1$ $\Rightarrow$

$\therefore\ y_c = C_1 e^{-x} + C_2 e^x$

$y_1 = e^x,\ y_2 = e^{-x}$ 라고 가정하여 매개변수 변화법 적용

$$W = \begin{vmatrix} y_1 & y_2 \\ y_1' & y_2' \end{vmatrix} = \begin{vmatrix} e^x & e^{-x} \\ e^x & -e^{-x} \end{vmatrix} = -2$$ ☞ y_1과 y_2는 독립

$y_1 = e^x\ ,\ y_2 = e^{-x}\ ,\ R(x) = \dfrac{1}{1+e^x},\ W = -2$

$y_p = y_1 \displaystyle\int \frac{-y_2 \cdot R(x)}{W} dx + y_2 \int \frac{y_1 \cdot R(x)}{W} dx$ 에 대입

$$= e^x \int \frac{-e^{-x} \cdot \frac{1}{1+e^x}}{-2} dx + e^{-x} \int \frac{e^x \cdot \frac{1}{1+e^x}}{-2} dx$$

$$= \frac{e^x}{2} \int \frac{e^{-x}}{1+e^x} dx - \frac{e^{-x}}{2} \int \frac{e^x}{1+e^x} dx$$

> **NOTE** $1+e^x = t$
> $\Rightarrow dt = e^x \cdot dx$
> ☞ $e^x = t-1,$
> $e^{-x} = \dfrac{1}{t-1}$

☞ $\displaystyle\int \frac{e^{-x}}{1+e^x} dx \ \Rightarrow\ \int \frac{1}{t(t-1)} dt$

$$= \int \left(\frac{1}{t} - \frac{1}{t-1} - \frac{1}{(t-1)^2} \right) dt$$

$\Rightarrow\ \dfrac{1}{2}\,(\ln|1+e^x| - x - e^{-x})$

☞ $\displaystyle\int \frac{e^x}{1+e^x} dx \ \Rightarrow\ \int \frac{1}{t} dt = \ln|t| \Rightarrow \ln|1+e^x|$

$$= \frac{1}{2} e^x (\ln|1+e^x| - x - e^{-x}) - \frac{1}{2} e^{-x} \ln(1+e^x)$$

$$\therefore\ y_p = \frac{1}{2} e^x (\ln(1+e^x) - x) - \frac{1}{2} e^{-x} \ln(1+e^x) - \frac{1}{2}$$

$\therefore\ y = y_c + y_p$

$$= C_1 e^{-x} + C_2 e^x + \frac{1}{2} e^x (\ln(1+e^x) - x) - \frac{1}{2} e^{-x} \ln(1+e^x) - \frac{1}{2}$$

2. $y'' - 2y' + y = e^{x} \cdot \ln x$

sol 제차 미분방정식의 해 $\Rightarrow$ $(m-1)^2 = 0,\ m = 1$(중근)

$\Rightarrow\ \therefore\ y_c = C_1 e^{x} + C_2 x e^{x}$

$y_1 = e^{x},\ y_2 = x e^{x}$라고 가정하여 매개변수 변화법 적용

$$W = \begin{vmatrix} y_1 & y_2 \\ y_1' & y_2' \end{vmatrix} = \begin{vmatrix} e^{x} & xe^{x} \\ e^{x} & e^{x} + x e^{x} \end{vmatrix} = e^{2x}$$ ☞ y_1과 y_2는 독립

$y_1 = e^{x}$, $y_2 = xe^{x}$, $R(x) = e^{x}\ln x$, $W = e^{2x}$

$y_p = y_1 \int \frac{-y_2 \cdot R(x)}{W}dx + y_2 \int \frac{y_1 \cdot R(x)}{W}dx$에 대입

$$= e^{x}\int \frac{-xe^{-x} \cdot e^{x}\ln x}{e^{2x}}dx + xe^{x}\int \frac{e^{x} \cdot e^{x}\ln x}{e^{2x}}dx$$

$$= e^{x}\int -x\ln x\,dx + xe^{x}\int \ln x\,dx$$

$$= e^{x}\left(-\frac{1}{2}x^2\ln x + \frac{1}{4}x^2\right) + x e^{x}(x\ln x - x)$$

$$\therefore\ y_p = x^2 e^{x}\left(\frac{1}{2}\ln x - \frac{3}{4}\right)$$

$$\therefore\ y = y_c + y_p$$

$$= C_1 e^{x} + C_2 x e^{x} + x^2 e^{x}\left(\frac{1}{2}\ln x - \frac{3}{4}\right)$$

> **NOTE** $\int x\ln x\,dx$
>
> $\Rightarrow \frac{1}{2}x^2\ln x - \frac{1}{4}x^2$
>
> $\int \ln x\,dx$
>
> $\Rightarrow\ x\ln x - x$

3. $y'' - 6y' + 9y = \frac{e^{3x}}{x^2}$

sol 제차 미분방정식의 해 $\Rightarrow$ $(m-3)^2 = 0,\ m = 3$(중근)

$\Rightarrow\ \therefore\ y_c = C_1 e^{3x} + C_2 x e^{3x}$

$y_1 = e^{3x},\ y_2 = x e^{3x}$라고 가정하여 매개변수 변화법 적용

$$W = \begin{vmatrix} y_1 & y_2 \\ y_1' & y_2' \end{vmatrix} = \begin{vmatrix} e^{3x} & xe^{3x} \\ 3e^{3x} & e^{3x} + 3x e^{x} \end{vmatrix} = e^{6x}$$ ☞ y_1과 y_2는 독립

$y_1 = e^{3x}$, $y_2 = xe^{3x}$, $R(x) = e^{3x}x^{-2}$, $W = e^{6x}$

$y_p = y_1 \int \frac{-y_2 \cdot R(x)}{W}dx + y_2 \int \frac{y_1 \cdot R(x)}{W}dx$ 에 대입

$$= e^{3x}\int \frac{-xe^{3x}\cdot e^{3x}x^{-2}}{e^{6x}}dx + xe^{3x}\int \frac{e^{3x}\cdot e^{3x}x^{-2}}{e^{6x}}dx$$

$$= e^{3x}\int -\frac{1}{x}dx + xe^{x}\int x^{-2}\,dx$$

$$= e^{3x}(-\ln x - 1)$$

$\therefore\ y_p = e^{3x}(-\ln x - 1)$

$\therefore\ y = y_c + y_p = C_1 e^{3x} + C_2 x e^{3x} + e^{3x}(-\ln x - 1)$

4. $y'' + 2y' + y = x^{-2}e^{-x}\ln x$

sol 제차 미분방정식의 해 $\Rightarrow$ $(m+1)^2 = 0,\ m = -1$ (중근)

$\Rightarrow\ \therefore\ y_c = C_1 e^{-x} + C_2 x e^{-x}$

$y_1 = e^{-x},\ y_2 = xe^{-x}$라고 가정하여 매개변수 변화법 적용

$$W = \begin{vmatrix} y_1 & y_2 \\ y_1' & y_2' \end{vmatrix} = \begin{vmatrix} e^{-x} & xe^{-x} \\ -e^{-x} & e^{-x} - xe^{-x} \end{vmatrix} = e^{-2x}$$

☞ y_1과 y_2는 독립

$y_1 = e^{-x},\ y_2 = xe^{-x},\ R(x) = x^2 e^{-x}\ln x,\ W = e^{-2x}$

$y_p = y_1\int \frac{-y_2\cdot R(x)}{W}dx + y_2\int \frac{y_1\cdot R(x)}{W}dx$ 에 대입

$$= e^{-x}\int \frac{-xe^{-x}\cdot x^{-2}e^{-x}\ln x}{e^{-2x}}dx + xe^{-x}\int \frac{e^{-x}\cdot x^{-2}e^{-x}\ln x}{e^{-2x}}dx$$

$$= e^{-x}\int -x^{-1}\ln x\,dx + xe^{-x}\int x^{-2}\ln x\,dx$$

$$= e^{-x}\left(-\frac{1}{2}(\ln x)^2\right) + xe^{-x}(-x^{-1}(\ln x - 1))$$

$$= -\frac{1}{2}e^{-x}(\ln x)^2 - e^{-x}\ln x + e^{-x}$$

$\therefore\ y_p = -\frac{1}{2}e^{-x}(\ln x)^2 - e^{-x}\ln x + e^{-x}$

$\therefore\ y = y_c + y_p = C_1 e^{-x} + C_2 x e^{-x} - \frac{1}{2}e^{-x}(\ln x)^2 - e^{-x}\ln x + e^{-x}$

5. $y'' + 3y = \sec x$

sol 제차 미분방정식의 해 $\Rightarrow \quad m^2 + 3 = 0,\ m = \pm\sqrt{3}i$

$\Rightarrow \quad \alpha = 0\ ,\ \beta = \sqrt{3}$

$\therefore\ y_c = C_1 \cos\sqrt{3}x + C_2 \sin\sqrt{3}x$

$y_1 = \cos\sqrt{3}x,\ y_2 = \sin\sqrt{3}x$라고 가정하여 매개변수 변화법 적용

$$W = \begin{vmatrix} y_1 & y_2 \\ y_1' & y_2' \end{vmatrix} = \begin{vmatrix} \cos\sqrt{3}x & \sin\sqrt{3}x \\ -\sqrt{3}\sin\sqrt{3}x & \sqrt{3}\cos\sqrt{3}x \end{vmatrix} = \sqrt{3}$$

☞ y_1과 y_2는 독립

$y_p = y_1\int\frac{-y_2\cdot R(x)}{W}dx + y_2\int\frac{y_1\cdot R(x)}{W}dx$에 대입

$y_1 = \cos\sqrt{3}x\ ,\ y_2 = \sin\sqrt{3}x\ ,\ R(x) = \sec x,\ W = \sqrt{3}$

$$= \cos\sqrt{3}x\int\frac{-\sin\sqrt{3}x\cdot\sec x}{\sqrt{3}}dx$$

$$+ \sin\sqrt{3}x\int\frac{\cos\sqrt{3}x\cdot\sec x}{\sqrt{3}}dx$$

$$= -\frac{\cos\sqrt{3}x}{\sqrt{3}}\int\frac{-\sin\sqrt{3}x}{\cos x}dx + \frac{\sin\sqrt{3}x}{\sqrt{3}}\int\frac{\cos\sqrt{3}x}{\cos x}dx$$

$$\therefore\ y_p = -\frac{\cos\sqrt{3}x}{\sqrt{3}}\int\frac{-\sin\sqrt{3}x}{\cos x}dx + \frac{\sin\sqrt{3}x}{\sqrt{3}}\int\frac{\cos\sqrt{3}x}{\cos x}dx$$

☞ 초등수학에서 해결할 수 없는 적분이므로 형태를 유지한다.

$$\therefore\ y = y_c + y_p = C_1\cos\sqrt{3}x + C_2\sin\sqrt{3}x$$

$$-\frac{\cos\sqrt{3}x}{\sqrt{3}}\int\frac{-\sin\sqrt{3}x}{\cos x}dx + \frac{\sin\sqrt{3}x}{\sqrt{3}}\int\frac{\cos\sqrt{3}x}{\cos x}dx$$

6. $x^2y'' + xy' - y = x\cdot e^{-x}$

sol 오일러-코시 미분방정식이므로 특성방정식은 다음과 같다.

$m(m-1) + m - 1 = 0 \quad \Rightarrow \quad m^2 - 1 = 0 \quad \Rightarrow \quad m = \pm 1$

$\therefore\ y_h = C_1 x + C_2 x^{-1}$

$y_1 = x,\ y_2 = x^{-1}$이라고 가정하여 매개변수 변화법 적용

$$W = \begin{vmatrix} y_1 & y_2 \\ y_1' & y_2' \end{vmatrix} = \begin{vmatrix} x & x^{-1} \\ 1 & -x^{-2} \end{vmatrix} = -2x^{-1}$$ ☞ y_1과 y_2는 독립

$y_1 = x,\ y_2 = x^{-1},\ R(x) = x e^{-x},\ W = -2x^{-1}$

$$y_p = y_1 \int \frac{-y_2 \cdot R(x)}{W} dx + y_2 \int \frac{y_1 \cdot R(x)}{W} dx \text{ 에 대입}$$

$$= x \int \frac{-x^{-1} \cdot x e^{-x}}{-2x^{-1}} dx + x^{-1} \int \frac{x \cdot x e^{-x}}{-2x^{-1}} dx$$

$$= \frac{x}{2} \int e^{-x}\, dx - \frac{x^{-1}}{2} \int x^3 e^{-x}\, dx$$

$$= \frac{1}{2} x^2 e^{-x} + x e^{-x} + 3e^{-x} + 3x^{-1} e^{-x}$$

$$\therefore\ y_p = \frac{1}{2} x^2 e^{-x} + x e^{-x} + 3e^{-x} + 3x^{-1} e^{-x}$$

$$\therefore\ y = y_c + y_p$$

$$= C_1 x + C_2 x^{-1} + \frac{1}{2} x^2 e^{-x} + x e^{-x} + 3e^{-x} + 3x^{-1} e^{-x}$$

7. $x^2 y'' - 6xy' + 12y = x^3 \cdot \sin x$

sol 오일러-코시 미분방정식이므로 특성방정식은 다음과 같다.

$$m(m-1) - 6m + 12 = 0 \quad \Rightarrow \quad m^2 - 7m + 12 = 0$$

$$\Rightarrow\ m = 3,\ 4$$

$$\therefore\ y_h = C_1 x^3 + C_2 x^4$$

$y_1 = x^3$, $y_2 = x^4$이라고 가정하여 매개변수 변화법 적용

$$W = \begin{vmatrix} y_1 & y_2 \\ y_1' & y_2' \end{vmatrix} = \begin{vmatrix} x^3 & x^4 \\ 3x^2 & 4x^3 \end{vmatrix} = x^6$$ ☞ y_1과 y_2는 독립

$y_1 = x^3,\ y_2 = x^4,\ R(x) = x^3 \sin x,\ W = x^6$

$$y_p = y_1 \int \frac{-y_2 \cdot R(x)}{W} dx + y_2 \int \frac{y_1 \cdot R(x)}{W} dx \text{에 대입}$$

$$= x^3 \int \frac{-x^4 \cdot x^3 \sin x}{x^6} dx + x^4 \int \frac{x^3 \cdot x^3 \sin x}{x^6} dx$$

$$= x^3 \int -x \cdot \sin x\, dx - x^4 \int \sin x\, dx$$

$$= x^4 \cos x - x^3 \sin x - x^4 \cos x = -x^3 \sin x$$

$$\therefore\ y_p = -x^3 \sin x$$

$$\therefore\ y = y_c + y_p = C_1 x^3 + C_2 x^4 - x^3 \sin x$$

8. $x^2 y'' - 6xy' + 12y = x^3 \cdot \cos x$

sol 오일러-코시 미분방정식이므로 특성방정식은 다음과 같다.

$m(m-1) - 6m + 12 = 0 \quad \Rightarrow \quad m^2 - 7m + 12 = 0$

$\Rightarrow \quad m = 3, \ 4$

$\therefore \ y_h = C_1 x^3 + C_2 x^4$

$y_1 = x^3$, $y_2 = x^4$이라고 가정하여 매개변수 변화법 적용

$W = \begin{vmatrix} y_1 & y_2 \\ y_1{'} & y_2{'} \end{vmatrix} = \begin{vmatrix} x^3 & x^4 \\ 3x^2 & 4x^3 \end{vmatrix} = x^6$ ☞ y_1과 y_2는 독립

$y_1 = x^3, \ y_2 = x^4, \ R(x) = x^3 \cos x, \ W = x^6$

$y_p = y_1 \int \frac{-y_2 \cdot R(x)}{W} dx + y_2 \int \frac{y_1 \cdot R(x)}{W} dx$에 대입

$= x^3 \int \frac{-x^4 \cdot x^3 \cos x}{x^6} dx + x^4 \int \frac{x^3 \cdot x^3 \cos x}{x^6} dx$

$= x^3 \int -x \cdot \cos x \, dx - x^4 \int \cos x \, dx$

$= -x^4 \sin x - x^3 \cos x + x^4 \sin x = -x^3 \cos x$

$\therefore \ y_p = -x^3 \cos x$

$\therefore \ y = y_c + y_p = C_1 x^3 + C_2 x^4 - x^3 \cos x$

9. $x^2 y'' + 2xy' - 2y = x^2 + 1$

sol 오일러-코시 미분방정식이므로 특성방정식은 다음과 같다.

$m(m-1) - 2m - 2 = 0 \quad \Rightarrow \quad m^2 + m - 2 = 0$

$\Rightarrow \quad m = -2, \ 1$

$\therefore \ y_h = C_1 x^{-2} + C_2 x$

$y_1 = x^{-2}$, $y_2 = x$이라고 가정하여 매개변수 변화법 적용

$W = \begin{vmatrix} y_1 & y_2 \\ y_1{'} & y_2{'} \end{vmatrix} = \begin{vmatrix} x^{-2} & x \\ -2x^{-3} & 1 \end{vmatrix} = 3x^{-2}$ ☞ y_1과 y_2는 독립

$y_1 = x^{-2}, \ y_2 = x, \ R(x) = x^2 + 1, \ W = 3x^{-2}$

$y_p = y_1 \int \frac{-y_2 \cdot R(x)}{W} dx + y_2 \int \frac{y_1 \cdot R(x)}{W} dx$에 대입

$$= x^{-2}\int \frac{-x \cdot (x^2+1)}{3x^{-2}}dx + x\int \frac{x^{-2}\cdot(x^2+1)}{3x^{-2}}dx$$

$$= -\frac{1}{3}x^{-2}\int (x^5+x^3)\,dx + \frac{1}{3}x\int (x^2+1)\,dx$$

$$= -\frac{1}{3}x^2\left(\frac{1}{6}x^6+\frac{1}{4}x^4\right)+\frac{1}{3}x\left(\frac{1}{3}x^2+x\right)$$

$$= \frac{1}{18}x^4+\frac{1}{4}x^2$$

$$\therefore\ y_p = \frac{1}{18}x^4+\frac{1}{4}x^2$$

$$\therefore\ y = y_c + y_p = C_1x^{-2} + C_2x + \frac{1}{18}x^4+\frac{1}{4}x^2$$

10. $x^2y'' + 2xy' - 2y = e^x$

sol 오일러-코시 미분방정식이므로 특성방정식은 다음과 같다.

$m(m-1)+2m-2=0 \quad \Rightarrow \quad m^2+m-2=0$

$\Rightarrow \quad m=-2,\ 1$

$\therefore\ y_h = C_1x^{-2}+C_2x$

$y_1 = x^{-2},\ y_2 = x$이라고 가정하여 매개변수 변화법 적용

$$W = \begin{vmatrix} y_1 & y_2 \\ y_1' & y_2' \end{vmatrix} = \begin{vmatrix} x^{-2} & x \\ -2x^{-3} & 1 \end{vmatrix} = 3x^{-2}$$ ☞ y_1과 y_2는 독립

$y_1 = x^{-2}$, $y_2 = x$, $R(x) = e^x$, $W = 3x^{-2}$

$y_p = y_1\int \frac{-y_2\cdot R(x)}{W}dx + y_2\int \frac{y_1\cdot R(x)}{W}dx$에 대입

$$= x^{-2}\int\frac{-x\cdot e^x}{3x^{-2}}dx + x\int\frac{x^{-2}\cdot e^x}{3x^{-2}}dx$$

$$= -\frac{1}{3}x^{-2}\int x^3e^x\,dx - \frac{1}{3}x\int e^x\,dx$$

$$= -\frac{1}{3}x^{-2}(x^3e^x - 3x^2e^x + 6xe^x) + \frac{1}{3}xe^x$$

$$= e^x - 2x^{-1}e^x$$

$$\therefore\ y_p = e^x - 2x^{-1}e^x$$

$$\therefore\ y = y_c + y_p = C_1x^{-2}+C_2x + e^x - 2x^{-1}e^x$$

CHAPTER 11
라플라스 변환

1. 라플라스 변환

라플라스 변환(Laplace Transform)은 미분방정식의 해를 구하는 방법으로 도입되어 신호처리 및 분석에 적용된다. 미분방정식과 라플라스 변환의 관계는 다음과 같이 생각할 수 있다.

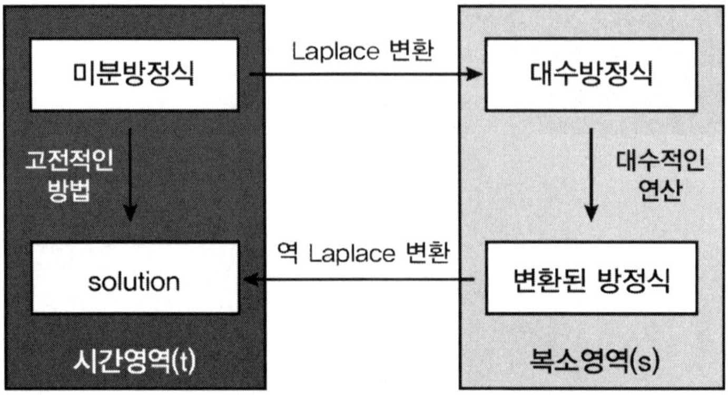

위의 관계에서 알 수 있듯이 미분방정식은 대수방정식으로 변환하고, 변환된 방정식의 해를 간단한 대수적인 연산으로 구한다. 구해진 해는 복소함수로 역변환에 의해 시간함수로 변환한다.

$f(t)$가 $t > 0$에서 정의된 함수일 때, $f(t)$의 라플라스 변환은 다음과 같이 정의된다.

정의

$$\int_0^{\infty} e^{-st} \cdot f(t)\, dt = \lim_{T \to \infty} \int_0^{T} e^{-st} \cdot f(t)\, dt$$

이 극한을 $f(t)$의 라플라스 변환이라 한다.

정리

$f(t)$에 대해서

(1) 구간적 연속(Piecewise Continuous)

(2) 지수위수(Exponential Order)

(1), (2)을 만족한다면 $\mathcal{L}(f(t))$가 존재한다.

- 기호 : $\mathcal{L}(f(t))$ 또는 $F(s)$

2. 라플라스 역변환

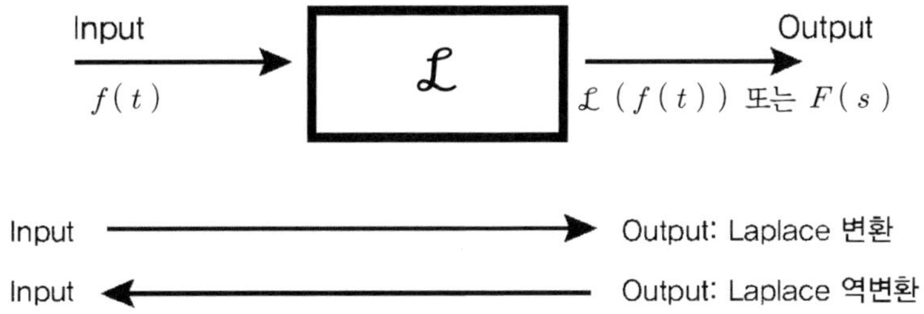

정의 $\mathcal{L}(f(t)) = F(s)$ 일 때

$\Rightarrow \mathcal{L}^{-1}(F(s)) = f(t)$를 '**$\mathcal{L}$의 역변환**'이라 한다.

정리 $\mathcal{L}(f(t))$, $\mathcal{L}(g(t))$이 존재하고, α, β가 상수일 때

$\mathcal{L}(\alpha \cdot f(t) + \beta \cdot g(t)) = \alpha \cdot \mathcal{L}(f(t)) + \beta \cdot \mathcal{L}(g(t))$

☞ 라플라스 변환의 선형성

$\mathcal{L}^{-1}(\alpha \cdot F(s) + \beta \cdot G(s)) = \alpha \cdot \mathcal{L}^{-1}(F(s)) + \beta \cdot \mathcal{L}^{-1}(G(s))$

☞ 라플라스 역변환의 선형성

주요함수의 라플라스 변환표(계속)

$f(t)$	$\mathcal{L}(f(t))$	$f(t)$	$\mathcal{L}(f(t))$
c (상수)	$\frac{c}{s}$	e^{at}	$\frac{1}{s-a}$
t^n	$\frac{n!}{s^{n+1}}$	$e^{at} \cdot t^n$	$\frac{n!}{(s-a)^{n+1}}$
$\sin bt$	$\frac{b}{s^2+b^2}$	$e^{at} \cdot \sin bt$	$\frac{b}{(s-a)^2+b^2}$
$\cos bt$	$\frac{s}{s^2+b^2}$	$e^{at} \cdot \cos bt$	$\frac{s-a}{(s-a)^2+b^2}$
$\sinh bt$	$\frac{b}{s^2-b^2}$	$e^{at} \cdot \sinh bt$	$\frac{b}{(s-a)^2-b^2}$
$\cosh bt$	$\frac{s}{s^2-b^2}$	$e^{at} \cdot \cosh bt$	$\frac{s-a}{(s-a)^2-b^2}$

주요함수의 라플라스 변환표

$f(t)$	$\mathcal{L}(f(t))$	$f(t)$	$\mathcal{L}(f(t))$
$t \cdot \cos at$	$\dfrac{s^2-a^2}{(s^2+a^2)^2}$	$t \cdot \sin at$	$\dfrac{2as}{(s^2+a^2)^2}$
$\mathcal{L}\, f'(t) = s\,\mathcal{L}\, f(t) - f(0)$		$\mathcal{L}\, f''(t) = s^2\,\mathcal{L}\, f(t) - s \cdot f(0) - f'(0)$	
$\mathcal{L}\, t\, f(t) = -\dfrac{d}{dx}\,\mathcal{L}\, f(t)$		$\mathcal{L}\,[t^n f(t)] = (-1)^n \dfrac{d^n}{ds^n}\,\mathcal{L}\, f(t)$	

ex. 1 $\mathcal{L}(\cosh at) = \dfrac{s}{s^2 - a^2}$

sol $\mathcal{L}(\cosh at) = \dfrac{1}{2}(\mathcal{L}(e^{at}) + \mathcal{L}(e^{-at}))$

$$= \frac{1}{2}\left(\frac{1}{s-a} + \frac{1}{s+a}\right)$$

$$= \frac{1}{2}\left(\frac{2s}{s^2 - a^2}\right) = \frac{s^2}{s^2-a^2}$$

> **NOTE**
> $\cosh at = \dfrac{e^{at} + e^{-at}}{2}$
>
> $\sinh at = \dfrac{e^{at} - e^{-at}}{2}$

ex. 2 $\mathcal{L}(\sinh at) = \dfrac{a}{s^2 - a^2}$

sol $\mathcal{L}(\sinh at) = \dfrac{1}{2}(\mathcal{L}(e^{at}) - \mathcal{L}(e^{-at}))$

$$= \frac{1}{2}\left(\frac{1}{s-a} - \frac{1}{s+a}\right)$$

$$= \frac{1}{2}\left(\frac{2a}{s^2 - a^2}\right) = \frac{a}{s^2-a^2}$$

> **NOTE**
> $\cos iat = \dfrac{e^{iat} + e^{-iat}}{2}$
>
> $\sin iat = \dfrac{e^{iat} - e^{-iat}}{2i}$

ex. 3 $\mathcal{L}(\cos at) = \dfrac{s}{s^2 + a^2}$

sol $\mathcal{L}(\cos at) = \mathcal{L}\left(\dfrac{e^{iat} + e^{-iat}}{2}\right) = \dfrac{1}{2}(\mathcal{L}(e^{iat}) + \mathcal{L}(e^{-iat}))$

$$= \frac{1}{2}\left(\frac{1}{s-ia} + \frac{1}{s+ia}\right) = \frac{1}{2}\left(\frac{2s}{s^2 + a^2}\right) = \frac{s^2}{s^2+a^2}$$

ex. 4 $\mathcal{L}(\sin at) = \dfrac{a}{s^2 + a^2}$

sol $\mathcal{L}(\sin at) = \dfrac{1}{2}(\mathcal{L}(e^{iat}) - \mathcal{L}(e^{-iat})) = \dfrac{1}{2}\left(\dfrac{1}{s-ia} - \dfrac{1}{s+ia}\right)$

$$= \frac{1}{2}\left(\frac{a}{s^2 + a^2}\right) = \frac{a}{s^2 + a^2}$$

다음은 라플라스 변환에 자주 나타나는 삼각함수의 형태에 대한 사항이다.

> **NOTE**
>
> • $\cos^2 t = \dfrac{1 + \cos 2t}{2}$
>
> • $\sin^2 t = \dfrac{1 - \cos 2t}{2}$
>
> ☞ $\mathcal{L}(\sin^2 t) = ? \Rightarrow \mathcal{L}\left(\dfrac{1 - \cos 2t}{2}\right)$
>
> $= \dfrac{1}{2}(\mathcal{L}(1) - \mathcal{L}(\cos 2t))$
>
> $= \dfrac{1}{2}\left(\dfrac{1}{s} - \dfrac{s}{s^2 + 4}\right) = \dfrac{2}{s(s^2 + 4)}$
>
> ☞ $\mathcal{L}(\sin^2 t) = ? \Rightarrow \mathcal{L}\left(\dfrac{1 + \cos 2t}{2}\right)$
>
> $= \dfrac{1}{2}(\mathcal{L}(1) + \mathcal{L}(\cos 2t))$
>
> $= \dfrac{1}{2}\left(\dfrac{1}{s} + \dfrac{s}{s^2 + 4}\right) = \dfrac{s^2 + 2}{s(s^2 + 4)}$

ex. 5 $\mathcal{L}^{-1}\left(\dfrac{1}{s^3}\right) = ? \Rightarrow$ 라플라스 역변환

sol $\mathcal{L}(t^n) = \dfrac{n!}{s^{n+1}}$ 에서

☞ $\mathcal{L}^{-1}\left(\dfrac{2!}{s^3} \cdot \dfrac{1}{2!}\right) \Rightarrow \dfrac{1}{2!}\mathcal{L}^{-1}\left(\dfrac{2!}{s^3}\right) = \dfrac{1}{2!} \cdot t^2 = \dfrac{t^2}{2}$

ex. 6 $\mathcal{L}^{-1}\left(\dfrac{5}{s-2}\right) = ? \Rightarrow$ 라플라스 역변환

sol $5\mathcal{L}^{-1}\left(\dfrac{1}{s-2}\right) = 5 \cdot e^{2t}$

ex. 7 $\mathcal{L}^{-1}\left(\dfrac{1}{s^2-4}\right)=\ ?\quad\Rightarrow$ 라플라스 역변환

sol $\dfrac{1}{2}\cdot\mathcal{L}^{-1}\left(\dfrac{2}{s^2-4}\right)=\dfrac{1}{2}\cdot\sinh 2t$

ex. 8 $\mathcal{L}^{-1}\left(\dfrac{1}{s^2+5}\right)=\ ?$

sol $\mathcal{L}^{-1}\left(\dfrac{1}{s^2+5}\right)=\mathcal{L}^{-1}\left(\dfrac{1}{s^2+(\sqrt{5})^2}\right)$

$$=\frac{1}{\sqrt{5}}\cdot\mathcal{L}^{-1}\left(\frac{\sqrt{5}}{s^2+(\sqrt{5})^2}\right)=\frac{1}{\sqrt{5}}\cdot\sin\sqrt{5}\,t$$

ex. 9 $\mathcal{L}^{-1}\left(\dfrac{3s+5}{s^2-4}\right)=\ ?$

sol 1 $\mathcal{L}^{-1}\left(\dfrac{3s+5}{s^2-4}\right)=\mathcal{L}^{-1}\left(\dfrac{3s}{s^2-4}\right)+\mathcal{L}^{-1}\left(\dfrac{5}{s^2-4}\right)$

$$=3\cdot\mathcal{L}^{-1}\left(\frac{s}{s^2-4}\right)+\frac{5}{2}\cdot\mathcal{L}^{-1}\left(\frac{2}{s^2-4}\right)$$

$$=3\cdot\cosh 2t+\frac{5}{2}\cdot\sinh 2t$$

sol 2 부분분수법 적용

☞ $\mathcal{L}^{-1}\left(\dfrac{3s+5}{s^2-4}\right)=\mathcal{L}^{-1}\left(\dfrac{3s+5}{(s+2)(s-2)}\right)$

$$=\mathcal{L}^{-1}\left(\frac{A}{(s+2)}+\frac{B}{(s-2)}\right)$$

$A=\dfrac{1}{4}$, $B=\dfrac{11}{4}\Rightarrow\mathcal{L}^{-1}\left(\dfrac{\frac{11}{4}}{(s+2)}+\dfrac{\frac{1}{4}}{(s-2)}\right)$

$$=\frac{11}{4}\cdot\mathcal{L}^{-1}\left(\frac{1}{s-2}\right)+\frac{1}{4}\cdot\mathcal{L}^{-1}\left(\frac{1}{s+2}\right)$$

$$\therefore\ \mathcal{L}^{-1}\left(\frac{3s+5}{s^2-4}\right)=\frac{11}{4}\cdot e^{2t}+\frac{1}{4}\cdot e^{-2t}$$

ex. 10 $\mathcal{L}^{-1}\left(\dfrac{3s+5}{s^2+7}\right)=\ ?$

sol $\mathcal{L}^{-1}\left(\dfrac{3s}{s^2+7}\right)+\mathcal{L}^{-1}\left(\dfrac{5}{s^2+7}\right)\dfrac{1}{s^2+7}\Big)$

$$= 3 \cdot \mathcal{L}^{-1}\left(\frac{s}{s^2+7}\right) + 5 \cdot \mathcal{L}^{-1}\left(\frac{1}{s^2+7}\right)$$

$$= 3\cos\sqrt{7}\,t + \frac{5}{\sqrt{7}}\sin\sqrt{7}\,t$$

NOTE **부분분수의 전개**

일반적인 부분분수 형태의 해법은 분모를 통분한 후, 분자의 계수를 상호 비교하여 부분분수의 계수를 구하는 방법이다. 다음의 예제를 살펴보자.

ex. A $\dfrac{1}{x(x-1)(x+2)}$를 부분분수로 나타내면?

sol $\dfrac{1}{x(x-1)(x+2)} \Rightarrow \dfrac{A}{x}+\dfrac{B}{x-1}+\dfrac{C}{x+2}$

$$\Rightarrow \frac{Ax(x-1)(x+2) + Bx(x+2) + Cx(x-1)}{x(x-1)(x+2)}$$

상기의 계산과정에서 알 수 있듯이 분자를 일일이 전개한 후, 계수별로 정리하여 비교해야 하므로 상당한 시간이 소요되며, 계산과정에서도 주의해야 한다.
부분분수 전개는 미분방정식의 풀이과정과 라플라스 변환의 계산과정에서 빈번하게 나타나므로 해를 구하는 과정에서 중요한 계산이라고 할 수 있다.
헤비사이드 방법(Heaviside method)를 사용하여 부분분수를 구하는 방법에 대해서 살펴보도록 하자.

〈**ex. A**〉의 풀이 과정에서 $\dfrac{1}{x(x-1)(x+2)} \Rightarrow \dfrac{A}{x}+\dfrac{B}{x-1}+\dfrac{C}{x+2}$

▶ 양변에 x를 곱한다. $\Rightarrow \dfrac{1}{(x-1)(x-2)} = A + \dfrac{Bx}{x-1} + \dfrac{Cx}{x-1}$

▶ 양변에 '0'을 대입한다. ($\because\ x \Rightarrow x-0$) $\Rightarrow \dfrac{1}{(0-1)(0-2)} = A + 0 + 0$

$\Rightarrow \therefore A = \dfrac{1}{2}$를 쉽게 구할 수 있다.

▶ 동일한 방법으로 원 식에 $x-1$, $x+2$를 차례로 곱한 후, 1과 -2를 대입한다.

$\dfrac{1}{x(x+2)} = \dfrac{A(x-1)}{x} + B + \dfrac{C(x-1)}{(x+2)} \Rightarrow \therefore B = \dfrac{1}{3}$ ($x = 1$ 대입)

$\dfrac{1}{x(x-1)} = \dfrac{A(x+2)}{x} + \dfrac{B(x+2)}{x-1} + C \Rightarrow \therefore C = \dfrac{1}{2}$ ($x = -2$ 대입)

$$\therefore \ \frac{1}{x(x-1)(x+2)} \ \Rightarrow \ \frac{A}{x} + \frac{B}{x-1} + \frac{C}{x+2}$$

$$\Rightarrow \ \frac{1}{2} \cdot \frac{1}{x} + \frac{1}{3} \cdot \frac{1}{(x-1)} + \frac{1}{2} \cdot \frac{1}{(x+2)}$$

몇 가지 예제를 통해서 헤비사이드 방법의 적용방법에 대해서 살펴보자.

ex. 11 $\dfrac{x^2+1}{(x-1)(x-2)(x-3)} \ \Rightarrow \ \dfrac{A}{x-1} + \dfrac{B}{x-2} + \dfrac{C}{x-3}$

sol $A,\ B,\ C = ?$

▶ 양변에 $x-1$를 곱한 후, $x = 1$ 대입 $\Rightarrow \dfrac{1^2+1}{(1-2)(1-3)} = A$

$\Rightarrow \ \therefore \ A = 1$

▶ 양변에 $x-2$를 곱한 후, $x = 2$ 대입 $\Rightarrow \dfrac{2^2+1}{(2-1)(2-3)} = B$

$\Rightarrow \ \therefore \ B = -5$

▶ 양변에 $x-3$를 곱한 후, $x = 3$ 대입 $\Rightarrow \dfrac{3^2+1}{(3-1)(3-2)} = C$

$\Rightarrow \ \therefore \ C = 5$

$$\therefore \ \frac{x^2+1}{(x-1)(x-2)(x-3)} \ \Rightarrow \ \frac{1}{x-1} - \frac{5}{x-2} + \frac{5}{x-3}$$

ex. 12 $\dfrac{x-1}{(x+1)^3} = \dfrac{A}{x+1} + \dfrac{B}{(x+1)^2} + \dfrac{C}{(x+1)^3}$

sol $A,\ B,\ C = ?$

<ex. 12>는 헤비사이드 방법을 바로 적용할 수 없으므로 미분을 이용한다.

▶ 양변에 $(x+1)^3$를 곱한다. $\Rightarrow \ x-1 = A(x+1)^2 + B(x+1) + C$

$x = -1$을 대입 $\Rightarrow \ \therefore \ C = -2$

▶ $x-1 = A(x+1)^2 + B(x+1) + C$의 양변 미분

$\Rightarrow 1 = 2A(x+1) + B$

$x = -1$을 대입 $\Rightarrow \ \therefore \ B = 1$

▶ $1 = 2A(x+1) + B$의 양변 미분 $\Rightarrow \ 0 = 2A \ \Rightarrow \ \therefore \ A = 0$

$$\therefore \ \frac{x-1}{(x+1)^3} = \frac{1}{(x+1)^2} - \frac{2}{(x+1)^3}$$

ex. 13 $\dfrac{x^2+1}{(x-1)(x-2)(x-3)} = \dfrac{A}{x-1} + \dfrac{B}{x-2} + \dfrac{C}{x-3}$

sol 양변에 $(x-1)(x-2)(x-3)$을 곱한다.

$x^2+1 = A(x-2)(x-3) + B(x-1)(x-3) + C(x-1)(x-2)$

▶ $x = 1$ 대입 $\Rightarrow$ $1^2 + 1 = A(1-2)(1-3) + B \cdot 0 + C \cdot 0$

$\Rightarrow$ $\therefore A = 1$

▶ $x = 2$ 대입 $\Rightarrow$ $2^2 + 1 = A \cdot 0 + B(2-1)(2-3) + C \cdot 0$

$\Rightarrow$ $\therefore B = -5$

▶ $x = 3$ 대입 $\Rightarrow$ $3^2 + 1 = A \cdot 0 + B \cdot 0 + C(3-1)(3-2)$

$\Rightarrow$ $\therefore C = 5$

$$\therefore \frac{x^2+1}{(x-1)(x-2)(x-3)} = \frac{1}{x-1} - \frac{5}{x-2} + \frac{5}{x-3}$$

ex. 14 $\dfrac{2x+1}{(x-1)(x+2)^2} = \dfrac{A}{x-1} + \dfrac{B}{x+2} + \dfrac{C}{(x+2)^2}$

sol $A,\ B,\ C = ?$

<ex. 14>는 **<ex. 12>**와 **<ex. 13>**의 방법을 혼합하여 적용한다.

양변에 $(x-1)(x+2)^2$을 곱한다.

$\Rightarrow 2x+1 = A(x+2)^2 + B(x-1)(x+2) + C(x-1)$

▶ $x = 1$ 대입 $\Rightarrow$ $3 = A \cdot 3^2$ $\Rightarrow$ $\therefore A = \dfrac{1}{3}$

▶ $x = -2$ 대입 $\Rightarrow$ $-3 = C(-2-1)$ $\Rightarrow$ $\therefore C = 1$

▶ 양변을 미분하여 정리 $\Rightarrow$ $2 = 2A(x+2) + B(x-1) + B(x+2) + C$

$2 = B(-2-1)$ $\Rightarrow$ $\therefore B = -\dfrac{1}{3}$

$$\therefore \frac{2x+1}{(x-1)(x+2)^2} = \frac{1}{3} \cdot \frac{1}{x-1} - \frac{1}{3} \cdot \frac{1}{x+2} + \frac{1}{(x+2)^2}$$

ex. 15 $\dfrac{3x^2-16x+21}{(x-1)^2(x+3)} = \dfrac{A}{(x-1)^2} + \dfrac{B}{x-1} + \dfrac{C}{x+3}$

sol $A,\ B,\ C = ?$ 분모에 거듭제곱인수가 존재하는 경우

양변에 $(x-1)^2$을 곱한다.

$$\Rightarrow \frac{3x^2-16x+21}{x+3} = A + B(x-1) + \frac{C(x-1)^2}{x+3}$$

▶ $x = 1$ 대입 $\Rightarrow$ $\dfrac{3 \cdot 1^2 - 16 \cdot 1 + 21}{1+3} = A$ $\Rightarrow$ $\therefore A = 2$

분모에 제곱이 있는 항을 좌변으로 이항

$$\frac{3x^2 - 16x + 21}{(x-1)^2(x+3)} - \frac{2}{(x-1)^2} = \frac{B}{x-1} + \frac{C}{x+3}$$

$$\frac{3x^2 - 16x + 21 - 2(x+3)}{(x-1)^2(x+3)} = \frac{B}{x-1} + \frac{C}{x+3}$$

$$\Rightarrow \quad \frac{3(x-1)(x-5)}{(x-1)^2(x+3)} = \frac{B}{x-1} + \frac{C}{x+3}$$

$$\Rightarrow \quad \frac{3(x-5)}{(x-1)(x+3)} = \frac{B}{x-1} + \frac{C}{x+3}$$

▶ 양변에 $x-1$을 곱한다.

$\Rightarrow$ $x = 1$ 대입 $\Rightarrow$ $\dfrac{3(1-5)}{(1+3)} = B$ $\Rightarrow$ $\therefore B = -3$

▶ 양변에 $x-3$을 곱한다. $\Rightarrow$ $x = 3$ 대입 $\Rightarrow$ $\dfrac{3(3-5)}{(3-1)} = C$

$\Rightarrow$ $\therefore C = 6$

$$\therefore \frac{3x^2 - 16x + 21}{(x-1)^2(x+3)} = \frac{2}{(x-1)^2} - \frac{3}{x-1} + \frac{6}{x+3}$$

ex. 16 $\dfrac{3x}{(x^2+2)(x-1)} = \dfrac{Ax+B}{x^2+2} + \dfrac{C}{x-1}$

sol $A,\ B,\ C = ?$ 인수분해되지 않는 이차식의 인수가 포함되어 있는 경우

▶ 양변에 $x-1$을 곱한다. $\Rightarrow$ $x = 1$ 대입 $\Rightarrow$ $\therefore C = 1$

좌변으로 이항하여 정리 $\Rightarrow$ $\dfrac{2-x}{x^2+2} = \dfrac{Ax+B}{x^2+2}$ $\Rightarrow$ 양변의 계수비교

$\Rightarrow$ $\therefore A = -1,\ B = 2$

$$\therefore \frac{3x}{(x^2+2)(x-1)} = \frac{-x+2}{x^2+2} + \frac{1}{x-1}$$

부분분수 전개와 관련된 사항을 몇 가지 예제를 통해서 살펴보았다.

다시 한 번 강조하지만 부분분수 전개는 미분방정식의 계산과정과 라플라스 변환 및 역변환 그리고 이동정리 등의 계산과정에 아주 빈번하게 나타나므로 지금까지 살펴본 예제를 잘 숙지하여 계산과정에 적용해 주기를 바란다.

연습문제

1. $\mathcal{L}\,(2\sinh(3t)) - 3$

sol $\mathcal{L}\left(2\left(\dfrac{3}{s^2-3^2}\right) - 3\cdot\dfrac{1}{s}\right) \Rightarrow \dfrac{6}{s^2-9} - \dfrac{3}{s}$

2. $\mathcal{L}\,(\cos(t) - \sin(2t))$

sol $\dfrac{s}{s^2+1} - \dfrac{2}{s^2+4}$

3. $\mathcal{L}\,(t^2 - 3t + 3)$

sol $\mathcal{L}\left(2\cdot\dfrac{1}{s^{2+1}} - 3\cdot\dfrac{1}{s^{1+1}} + 3\cdot\dfrac{1}{s}\right) \Rightarrow \dfrac{2}{s^3} - \dfrac{3}{s^2} - \dfrac{3}{s}$

4. $\mathcal{L}\,(\cos^2(2t))$

sol $\dfrac{1}{2}\left(\dfrac{1}{s} + \dfrac{s}{s^2+16}\right)$

> **NOTE** $\cos^2(2t) = \dfrac{1}{2}(1+\cos 4t)$

5. $\mathcal{L}\,(3e^{-t} + \sin(5t))$

sol $\mathcal{L}\left(\dfrac{3}{s+1} + \dfrac{s}{s^2+5^2}\right) \Rightarrow \dfrac{3}{s+1} + \dfrac{5}{s^2+25}$

6. $\mathcal{L}\,(2t^2\cdot e^{-3t} - 3t + 1)$

sol $\mathcal{L}\left(\dfrac{2\cdot 2!}{(s+3)^{2+1}} - \dfrac{3\cdot 1!}{s^{1+1}} + \dfrac{1}{s}\right) \Rightarrow \dfrac{4}{(s+3)^3} - \dfrac{4}{s^2} + \dfrac{1}{s}$

7. $\mathcal{L}\,(2e^{-t} + \sin(6t))$

sol $\mathcal{L}\left(\dfrac{2}{s+1} + \dfrac{6}{s^2+6^2}\right) \Rightarrow \dfrac{2}{s+1} + \dfrac{6}{s^2+36}$

8. $\mathcal{L}\,(7t^3 - t \cdot e^{-4t})$

sol $\mathcal{L}\left(7 \cdot \dfrac{3!}{s^4} - \dfrac{1}{(s+4)^2}\right) \Rightarrow \dfrac{42}{s^4} - \dfrac{1}{(s+4)^2}$

9. $\mathcal{L}\,(2\cosh^2(3t))$

sol $\mathcal{L}\left(2 \cdot \left(\dfrac{e^{3t}+e^{-3t}}{2}\right)^2\right) \Rightarrow \dfrac{1}{2} \cdot (e^{6t} + e^{-6t} + 2)$

$\Rightarrow \dfrac{1}{2} \cdot \left(\dfrac{1}{s-6} + \dfrac{1}{s+6} + \dfrac{2}{s}\right)$

10. $\mathcal{L}\,(3e^{-2t} \cdot \sinh(3t))$

NOTE $\sin^2(t) = \dfrac{1}{2}(1-\cos 2t)$

sol $\mathcal{L}\left(3 \cdot e^{-2t}\left(\dfrac{e^{3t}-e^{-3t}}{2}\right)\right)$

$\Rightarrow \mathcal{L}\left(\dfrac{3}{2}(e^{t} - e^{-5t})\right) \Rightarrow \dfrac{3}{2}\left(\dfrac{1}{s-1} - \dfrac{1}{s+5}\right)$

11. $3t^2e^{-t} - \sin^2(t)$

sol $\mathcal{L}\left(3t^2e^{-t} - \dfrac{1-\cos(2t)}{2}\right) \Rightarrow \dfrac{3 \cdot 2!}{(s+1)^3} - \dfrac{1}{2s} + \dfrac{1}{2} \cdot \dfrac{s}{(s^2+4)}$

$\Rightarrow \dfrac{6}{(s+1)^3} - \dfrac{1}{2s} + \dfrac{1}{2} \cdot \dfrac{s}{(s^2+4)}$

12. $\mathcal{L}\,(\cosh(4t) - \sin(4t))$

sol $\dfrac{1}{2} \cdot \left(\dfrac{s}{(s^2-16)} - \dfrac{4}{(s^2+16)}\right)$

13. $\mathcal{L}\,(12(t-2)^2 - 7t^3 - 4)$

sol $\mathcal{L}\,(12(t^2-4t+4) - 7t^3 - 4) \Rightarrow 12 \cdot \left(\dfrac{2}{s^3} - \dfrac{4}{s^2} + \dfrac{4}{s}\right) - \dfrac{4^2}{s^4} - \dfrac{4}{s}$

14. $\mathcal{L}\,((t-1)\cos(3t) + 5e^{-t})$

sol $\mathcal{L}\,(t\cos(3t) - \cos(3t) + 5e^{-t}) \Rightarrow \dfrac{s^2-9}{(s^2+9)^2} - \dfrac{s}{s^2+9} + \dfrac{5}{s+1}$

15. $\mathcal{L}\left((t-1)\sin(3t)+5e^{-t}\right)$

sol $\mathcal{L}\left(t\cdot\sin(3t)-\sin(3t)+5e^{-t}\right) \Rightarrow \dfrac{2\cdot 3\cdot s}{(s^2+9)^2}-\dfrac{3}{s^2+9}+\dfrac{5}{s+1}$

$\Rightarrow \dfrac{6s}{(s^2+9)^2}-\dfrac{3}{s^2+9}+\dfrac{5}{s+1}$

16. $\mathcal{L}^{-1}\left(\dfrac{-1}{s+16}\right)$

sol $-e^{-16t}$

17. $\mathcal{L}^{-1}\left(\dfrac{2s}{s^2-14}\right)$

sol $\mathcal{L}^{-1}\left(2\cdot\left(\dfrac{s}{s^2-14}\right)\right) \Rightarrow 2\cdot\cosh\sqrt{14}\,t$

18. $\mathcal{L}^{-1}\left(\dfrac{-1}{s(s^2+8)}\right)$

sol 부분분수 $\dfrac{-1}{s(s^2+8)} \Rightarrow \dfrac{A}{s}+\dfrac{Bs+C}{s^2+8}$,

▶ 양변에 s를 곱한 후, $s=0$ 대입 $\Rightarrow \therefore A=-\dfrac{1}{8}$

▶ 양변에 $s(s^2+8)$를 곱한 후, s에 대해서 미분

$\Rightarrow 0=-2As+2Bs+C \Rightarrow \therefore B=-A,\ C=0$

$\therefore A=-\dfrac{1}{8},\ B=\dfrac{1}{8},\ C=0$

$\mathcal{L}^{-1}\left(-\dfrac{1}{8}\left(\dfrac{1}{s}-\dfrac{s}{s^2+8}\right)\right) \Rightarrow -\dfrac{1}{8}\cdot\left(1-\cos\sqrt{8}\,t\right)$

19. $\mathcal{L}^{-1}\left(\dfrac{3}{s-7}+\dfrac{1}{s^2}\right)$

sol $3\cdot e^{7t}+t$

20. $\mathcal{L}^{-1}\left(\dfrac{3s+17}{s^2-7}\right)$

sol $\mathcal{L}^{-1}\left(\dfrac{3s}{s^2-7}+\dfrac{17}{s^2-7}\right) \Rightarrow 3\cdot\cosh(\sqrt{7}t)+\dfrac{17}{\sqrt{7}}\cdot\sin(\sqrt{17}t)$

21. $\mathcal{L}^{-1}\left(\dfrac{s^2-2s+4}{s^6}\right)$

sol $\mathcal{L}^{-1}\left(\dfrac{1}{s^4}-\dfrac{2}{s^5}+\dfrac{4}{s^6}\right) \Rightarrow \dfrac{t^3}{6}-\dfrac{t^4}{12}+\dfrac{t^5}{30}$

22. $\mathcal{L}^{-1}\left(\dfrac{3s-2}{s^3(s^2+4)}\right)$

sol 부분분수 전개 $\dfrac{3s-2}{s^3(s^2+4)}=\dfrac{A}{s}+\dfrac{B}{s^2}+\dfrac{C}{s^3}+\dfrac{Ds+E}{s^2+4}$

$\therefore A=\dfrac{1}{8},\ B=\dfrac{3}{4},\ C=-\dfrac{1}{2},\ D=-\dfrac{1}{8},\ E=-\dfrac{3}{4}$

$$\mathcal{L}^{-1}\left(\frac{1}{8}\cdot\frac{1}{s}+\frac{3}{4}\cdot\frac{1}{s^2}-\frac{1}{2}\cdot\frac{1}{s^3}+\frac{-\frac{1}{8}\cdot s-\frac{3}{4}}{s^2+4}\right)$$

$$\Rightarrow\ \frac{1}{8}+\frac{3}{4}t-\frac{1}{4}t^2-\frac{1}{8}\cos(2t)-\frac{3}{8}\sin(2t)$$

23. $\mathcal{L}^{-1}\left(\dfrac{2}{s^4-1}\right)$

sol 부분분수 전개 $\dfrac{2}{(s^4-1)}=\dfrac{1}{s^2-1}-\dfrac{1}{s^2+1}$

$\mathcal{L}^{-1}\left(\dfrac{1}{s^2-1}-\dfrac{1}{s^2+1}\right) \Rightarrow \sinh(t)-\sin(t)$

24. $\mathcal{L}^{-1}\left(\dfrac{1}{s^2-4s+3}\right)$

sol $\dfrac{1}{s^2-4s+3}=\dfrac{A}{s-1}+\dfrac{B}{s-3} \Rightarrow \therefore A=-\dfrac{1}{2},\ B=\dfrac{1}{2}$

$\mathcal{L}^{-1}\left(-\dfrac{1}{2}\cdot\dfrac{1}{s-1}+\dfrac{1}{2}\cdot\dfrac{1}{s-3}\right) \Rightarrow -\dfrac{1}{2}\cdot(e^t-e^{3t})$

25. $\mathcal{L}^{-1}\left(\frac{1}{s+4} - \frac{3s}{s^2+16}\right)$

sol $e^{-4t} - 3 \cdot \cos(4t)$

26. $\mathcal{L}^{-1}\left(\frac{3s+2}{s^2+6s+8}\right)$

sol 부분분수 전개 $\frac{3s+2}{(s+4)(s+2)} = \frac{A}{s+4} + \frac{B}{s+2} \quad \Rightarrow \quad \therefore A = 5,\ B = -2$

$\mathcal{L}^{-1}\left(\frac{5}{s+4} - \frac{2}{s+2}\right) \quad \Rightarrow \quad 5e^{-4t} - 2e^{-2t}$

27. $\mathcal{L}^{-1}\left(\frac{s^2-2s+3}{s(s^2-3s+2)}\right)$

sol 부분분수 전개 $\frac{s^2-2s+3}{s(s^2-3s+2)} = \frac{A}{s} + \frac{B}{s-1} + \frac{C}{s-2}$

▶ 양변 s를 곱한 후, $s = 0$ 대입 $\Rightarrow \frac{3}{(0-1)(0-2)} = A$

$\Rightarrow \quad \therefore A = \frac{3}{2}$

▶ 양변 $s-1$를 곱한 후, $s = 1$ 대입 $\Rightarrow \frac{1-2+3}{1 \cdot (1-2)} = B$

$\Rightarrow \quad \therefore B = -2$

▶ 양변 $s-2$를 곱한 후, $s = 2$ 대입 $\Rightarrow \frac{4-4+3}{2 \cdot (2-1)} = C \quad \Rightarrow \quad \therefore C = \frac{3}{2}$

$\mathcal{L}^{-1}\left(\frac{3}{2} \cdot \frac{1}{s} - 2 \cdot \frac{1}{s-1} + \frac{3}{2} \cdot \frac{1}{s-2}\right) \quad \Rightarrow \quad \frac{3}{2} - 2 \cdot e^{t} + \frac{3}{2} \cdot e^{2t}$

28. $\mathcal{L}^{-1}\left(\frac{6s-4}{s^2-s}\right)$

sol 부분분수 전개 $\frac{6s-4}{s^2-s} = \frac{A}{s} + \frac{B}{s-1} \quad \Rightarrow \quad \therefore A = 4,\ B = 2$

$\mathcal{L}^{-1}\left(\frac{4}{s} + \frac{2}{s-1}\right) \quad \Rightarrow \quad 4 + 2 \cdot e^{t}$

29. $\mathcal{L}^{-1}\left(\dfrac{s^2+9s-9}{s^3-9s}\right)$

sol 부분분수 전개 $\dfrac{s^2+9s-9}{s^3-9s} = \dfrac{A}{s} + \dfrac{B}{s+3} + \dfrac{C}{s-3}$

$\Rightarrow \quad \therefore A = 1,\ B = -\dfrac{3}{2},\ C = \dfrac{3}{2}$

$\mathcal{L}^{-1}\left(\dfrac{1}{s} - \dfrac{3}{2}\cdot\dfrac{1}{s+3} + \dfrac{3}{2}\cdot\dfrac{1}{s-3}\right) \quad \Rightarrow \quad 1 - \dfrac{3}{2}\cdot e^{-3t} + \dfrac{3}{2}\cdot e^{3t}$

30. $\mathcal{L}^{-1}\left(\dfrac{s}{(s+1)^2}\right)$

sol 부분분수 전개 $\dfrac{s}{(s+1)^2} = \dfrac{A}{s+1} + \dfrac{B}{(s+1)^2}$

▶ 양변에 $(s+1)^2$을 곱한 후, $s = -1$ 대입 $\quad \Rightarrow \quad -1 = B$

$\Rightarrow \quad \therefore B = -1$

▶ 좌변으로 이항 후 정리 $\dfrac{s}{(s+1)^2} + \dfrac{1}{(s+1)^2} = \dfrac{A}{s+1}$

$\Rightarrow \quad \dfrac{1}{s+1} = \dfrac{A}{s+1} \quad \Rightarrow \quad \therefore A = 1$

$\therefore A = 1,\ B = -1$

$\mathcal{L}^{-1}\left(\dfrac{1}{s+3} - \dfrac{1}{(s+1)^2}\right) \quad \Rightarrow \quad e^{-t} + t\cdot e^{-t}$

3. 라플라스 이동정리

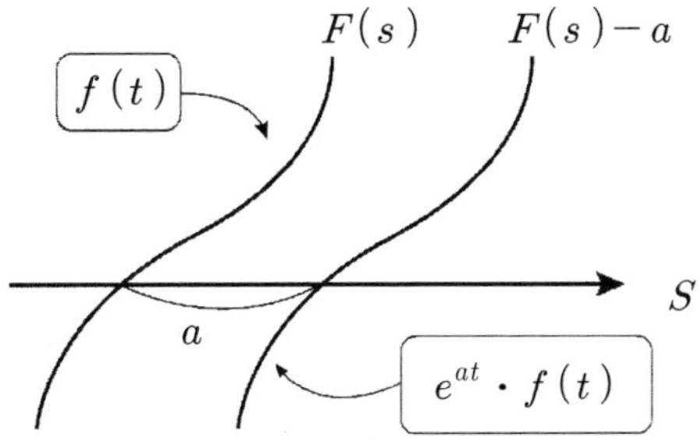

정리 **S축 이동정리(제1 이동정리, 1st Shifting Theorem)**

$\mathcal{L}(f(t)) = F(s)$일 때

$\mathcal{L}(e^{at}\cdot f(t)) = F(s)|_{s\to s-a}$ ☞ s 대신 $s-a$ 대입

$= F(s-a)$ ☞ a 만큼 평행이동

$F(s)$의 이동을 의미

증명

$$\mathcal{L}(e^{at}\cdot f(t)) = \int_0^\infty e^{-st}\cdot e^{at}\cdot f(t)\,dt = \int_0^\infty e^{-(s-a)t}\cdot f(t)\,dt$$

$\therefore\ s-a$ ☞ $s-a$

$$\therefore\ \mathcal{L}(f(t)) = \int_0^\infty e^{-(s-a)t}\cdot f(t)\,dt = F(s-a)$$

NOTE

$$\mathcal{L}(f(t)) = \int_0^\infty e^{-st}\cdot f(t)\cdot dt = F(s)$$

임의의 함수에 대한 라플라스 변환 × 지수함수

▶ 라플라스 변환을 이용하여 표현 가능

ex. 1 $\mathcal{L}(e^{at}\cdot \cos wt) \Rightarrow \left.\dfrac{s}{s^2+w^2}\right|_{s\to s-a} \Rightarrow \dfrac{s-a}{(s-a)^2+w^2}$

ex. 2 $\mathcal{L}(e^{at}\cdot \sin wt) \Rightarrow \left.\dfrac{w}{s^2+w^2}\right|_{s\to s-a} \Rightarrow \dfrac{w}{(s-a)^2+w^2}$

ex. 3 $\mathcal{L}(e^{at}\cdot t^n) \Rightarrow \left.\dfrac{n!}{s^{n+1}}\right|_{s\to s-a} \Rightarrow \dfrac{n!}{(s-a)^{n+1}}$

ex. 4 $\mathcal{L}(e^{-t}\cdot \sin t) \Rightarrow \left.\dfrac{1}{s^2+1}\right|_{s\to s+1} \Rightarrow \dfrac{1}{(s+1)^2+1}$

ex. 5 $\mathcal{L}(e^{-t}\cdot \sin t) \Rightarrow \left.\dfrac{1}{s^2+1}\right|_{s\to s+1} \Rightarrow \dfrac{1}{(s+1)^2+1}$

ex. 6 $\mathcal{L}(e^{-3t}\cdot t^3) \Rightarrow \left.\dfrac{3!}{s^4}\right|_{s\to s+3} \Rightarrow \dfrac{3!}{(s+3)^4}$

ex. 7 $\mathcal{L}^{-1}\left(\dfrac{n!}{(s-a)^{n+1}}\right) \Rightarrow e^{at}\cdot t^n$

ex. 8 $\mathcal{L}^{-1}\left(\dfrac{12}{(s-3)^4}\right) \Rightarrow \dfrac{n!}{(s-a)^{n+1}}$ 로 식을 변형

$\mathcal{L}^{-1}\left(\dfrac{3!\times 2}{(s-3)^{3+1}}\right) \Rightarrow 2\,\mathcal{L}^{-1}\left(\dfrac{3!}{(s-3)^4}\right) \Rightarrow 2\cdot e^{3t}\cdot t^3$

ex. 9 $\mathcal{L}^{-1}\left(\dfrac{2}{(s-2)^3}\right) \Rightarrow \mathcal{L}^{-1}\left.\left(\dfrac{2}{s^3}\right)\right|_{s-2\to 2} \Rightarrow e^{2t}\cdot \mathcal{L}^{-1}\left(\dfrac{2}{s^3}\right) \Rightarrow t^2\cdot e^{2t}$

ex. 10 $\mathcal{L}^{-1}\left(\dfrac{s-2}{(s-2)^2+4}\right) \Rightarrow e^{2t}\cdot \cos 2t$

ex. 11 $\mathcal{L}^{-1}\left(\dfrac{1}{s^2+2s+1}\right) \Rightarrow \mathcal{L}^{-1}\left(\dfrac{1}{(s+1)^2}\right) \Rightarrow e^{-t}\cdot t$

ex. 12 $\mathcal{L}^{-1}\left(\dfrac{s}{s^2-4s+4}\right) \Rightarrow \mathcal{L}^{-1}\left(\dfrac{s}{(s-2)^2}\right) \Rightarrow \mathcal{L}^{-1}\left(\dfrac{(s-2)+2}{(s-2)^2}\right)$

$\Rightarrow e^{2t}\cdot\mathcal{L}^{-1}\left(\dfrac{s+2}{s^2}\right) \Rightarrow e^{2t}\cdot\mathcal{L}^{-1}\left(\dfrac{1}{s}+\dfrac{2}{s^2}\right)$

$\Rightarrow e^{2t}(1+2t)$

ex. 13 $\mathcal{L}^{-1}\left(\dfrac{1}{s^2+2s+5}\right) \Rightarrow \mathcal{L}^{-1}\left(\dfrac{1}{(s+1)^2+4}\right) \Rightarrow e^{-t}\cdot\dfrac{1}{2}\sin 2t$

ex. 14 $\mathcal{L}^{-1}\left(\dfrac{s}{s^2+s+2}\right) \Rightarrow$ 분모가 인수분해 불가!! ☞ 인수분해 형태로 변형

$$\mathcal{L}^{-1}\left(\frac{\left(s+\frac{1}{2}\right)-\frac{1}{2}}{\left(s+\frac{1}{2}\right)^2+\frac{7}{4}}\right)$$

$$\Rightarrow \mathcal{L}^{-1}\left(\frac{s+\frac{1}{2}}{\left(s+\frac{1}{2}\right)^2+\frac{7}{4}}\right)-\frac{1}{2}\cdot\mathcal{L}^{-1}\left(\frac{1}{\left(s+\frac{1}{2}\right)^2+\frac{7}{4}}\right)$$

$$\mathcal{L}^{-1}\left(\frac{s+\frac{1}{2}}{\left(s+\frac{1}{2}\right)^2+\frac{7}{4}}\right)-\frac{2}{\sqrt{7}}\cdot\frac{1}{2}\cdot\mathcal{L}^{-1}\left(\frac{1\cdot\frac{\sqrt{7}}{2}}{\left(s+\frac{1}{2}\right)^2+\frac{7}{4}}\right)$$

$$\Rightarrow e^{-\frac{1}{2}t}\cdot\cos\frac{\sqrt{7}}{2}t-\frac{1}{\sqrt{7}}\cdot e^{-\frac{1}{2}t}\cdot\sin\frac{\sqrt{7}}{2}t$$

ex. 15 $\mathcal{L}^{-1}\left(\dfrac{s+1}{s^2+4s+13}\right) \Rightarrow \mathcal{L}^{-1}\left(\dfrac{s+1}{(s+2)^2+9}\right) \Rightarrow \mathcal{L}^{-1}\left(\dfrac{(s+2)-1}{(s+2)^2+9}\right)$

$\Rightarrow e^{-2t}\cdot\mathcal{L}^{-1}\left(\dfrac{s-1}{s^2+9}\right)$

$\Rightarrow e^{-2t}\cdot\left(\mathcal{L}^{-1}\left(\dfrac{s}{s^2+9}\right)-\mathcal{L}^{-1}\left(\dfrac{1}{s^2+9}\right)\right)$

$\Rightarrow e^{-2t}\cdot\left(\cos 3t-\dfrac{1}{3}\sin 3t\right)$

4. 단위계단함수

정리 **단위계단함수 (제2 이동정리, 2nd Shifting Theorem)**

t축 이동정리

$$u(t-a)=\begin{cases}\cdot\ 1\ (t>a)\\ \cdot\ 0\ (t<a)\end{cases}$$ 를 단위계단함수(Unit Step Function)라 한다.

☞ U (Unit의 약자)

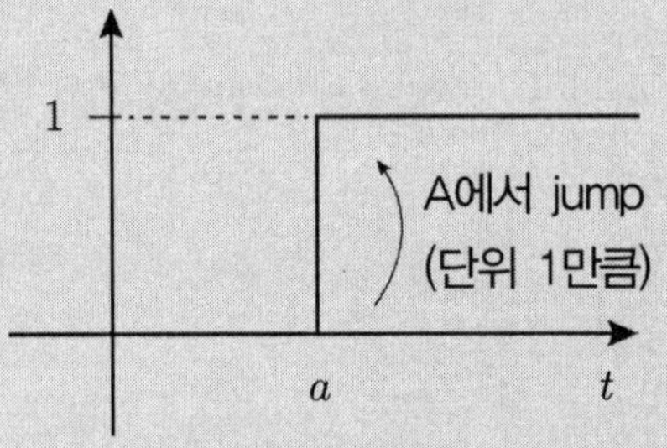

☞ $f(t)$의 이동을 의미

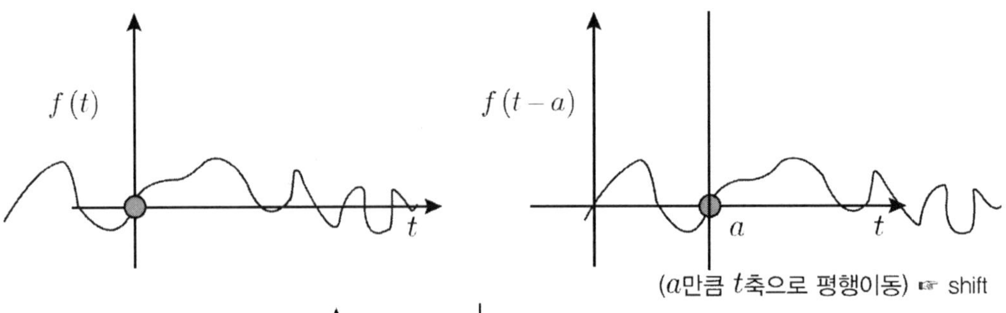

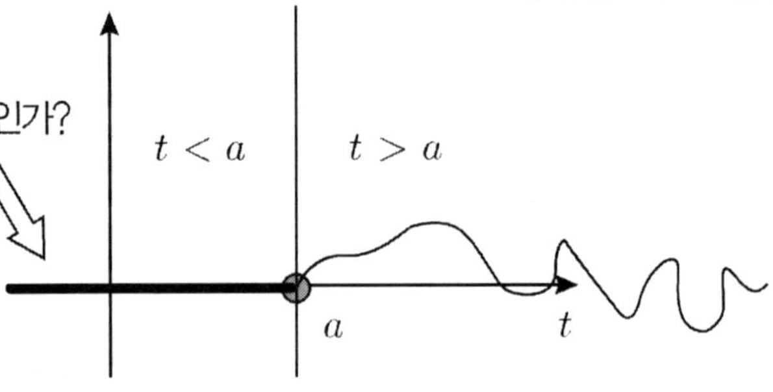

$$\begin{cases}\cdot\ t>a\rightarrow f(t-a)\\ \cdot\ t<a\rightarrow\ \ 0\end{cases}$$ 로 표현 ☞ 단위계단함수

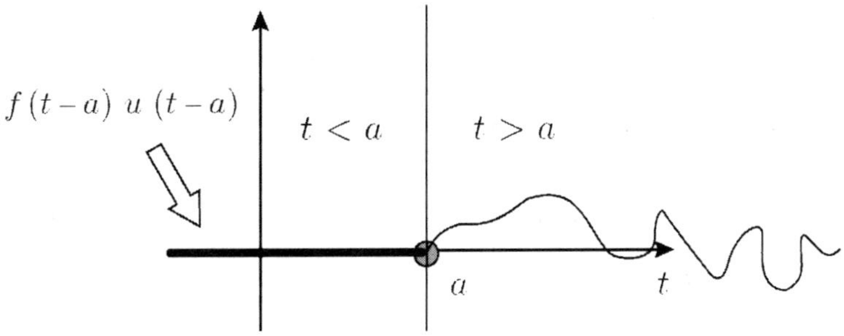

$\mathcal{L}(f(t-a)u(t-a)) \Rightarrow$ 't축 이동정리' (제2 이동정리)

정리

t축 이동정리 ☞ $\mathcal{L}(f(t)) = F(s)$ 일 때

$$\mathcal{L}(f(t-a)\cdot u(t-a)) = e^{-as}\cdot F(s)$$

증명

$$\mathcal{L}(f(t-a)\cdot u(t-a)) = \int_0^\infty e^{-st}\cdot \underline{f(t-a)u(t-a)}dt$$

단위계단함수 대입

$$= \int_0^a e^{-st}\cdot f(t-a)u(t-a)dt + \int_a^\infty e^{-st}\cdot f(t-a)u(t-a)dt$$

$$= \int_0^\infty e^{-st}\cdot f(t-a)dt \quad (\because u(t-a) = 1)$$

★ $t - a = \tau \Rightarrow dt = d\tau$ ☞ $\begin{cases} t = a \rightarrow \tau = 0 \\ t = \infty \rightarrow \tau = \infty \end{cases}$

$$= \int_0^\infty e^{-s(a+\tau)}\cdot f(\tau)d\tau$$

$$= e^{-as}\int_0^\infty e^{-s\tau}\cdot f(\tau)\cdot d\tau$$

$$F(s) \Rightarrow e^{-as}\cdot F(s)$$

NOTE

$$\mathcal{L}^{-1}(e^{-as}\cdot F(s)) = f(t-a)\cdot u(t-a)$$

정리

$\mathcal{L}\,(u\,(t-a)) \Rightarrow f\,(t-a) = 1$인 형태

$\therefore \mathcal{L}\,(u\,(t-a)) = e^{-as}\cdot\dfrac{1}{s}$ ☞ $\because \mathcal{L}\,(1) = \dfrac{1}{s}$

또한, $\mathcal{L}^{-1}\left(e^{-as}\cdot\dfrac{1}{s}\right) = u\,(t-a)$

ex. 1 $\mathcal{L}^{-1}\left(e^{-3s}\cdot\dfrac{s}{s+1}\right)$

sol $a = 3 \quad \Rightarrow \quad \cos\,(t-2)\cdot u\,(t-3)$

ex. 2 $\mathcal{L}^{-1}\left(e^{-2s}\cdot\dfrac{1}{s}\right)$

sol $a = 2 \quad \Rightarrow \quad u\,(t-2)$

NOTE 구간적으로 연속인 함수에 대한 단위계단함수를 구하는 방법은 다음과 같다.

- 구간을 나눈다.
- 구간과 단위함수에 따른 표를 작성한다.
- 구간의 값에 해당하는 값으로 단위계단함수의 계수를 조정한다.

☞ 단위계단함수는 무조건 '0' 또는 '1'이다.

ex. 3 $f\,(t) = \begin{cases} 3 & (0 < t < \pi) \\ 0 & (t > \pi) \end{cases}$ 일 때, $f\,(t)$를 단위계단함수로 표현하면?

sol

	$3\times u\,(t-0)$	$-3\times u\,(t-\pi)$
$0 < t < \pi$	$1\rightarrow 3$	0
$t > \pi$	3	$1\rightarrow -3$

$\therefore f\,(t) = 3\,u\,(t) - 3\,u\,(t-\pi)$

ex. 4 $f\,(t) = \begin{cases} 0 & (0 < t < \pi) \\ 2 & (\pi < t < 2\pi) \\ 1 & (t > 2\pi) \end{cases}$ 일 때, $f\,(t)$를 단위계단함수로 표현하면?

sol

	$2\times u(t-\pi)$	$-1\times u(t-2\pi)$
$0<t<\pi$	0	0
$\pi<t<2\pi$	$1\rightarrow 2$	0
$t>2\pi$	2	$1\rightarrow -1$

$\therefore f(t) = 2u(t-\pi) - u(t-2\pi)$

ex. 5 $f(t)=\begin{cases} t\ (0<t<1) \\ -t\ (t>1)\end{cases}$ 일 때, $f(t)$를 단위계단함수로 표현하면?

sol

	$t\times u(t-0)$	$-2t\times u(t-1)$
$0<t<1$	$1\rightarrow t$	0
$t>1$	t	$1\rightarrow -2t$

$\therefore f(t) = tu(t) - 2tu(t-1)$

ex. 6 $f(t)=\begin{cases} 5\ (0<t<2\pi) \\ 0\ (t>2\pi)\end{cases}$ 일 때, $f(t)$를 단위계단함수로 표현하면?

sol

	$5\times u(t-0)$	$-5\times u(t-2\pi)$
$0<t<\pi$	$1\rightarrow 5$	0
$t>\pi$	5	$1\rightarrow -5$

$\therefore f(t) = 5u(t) - 5u(t-2\pi)$

ex. 7 $f(t)=\begin{cases} 2\ (0<t<\pi) \\ 0\ (\pi<t<2\pi) \\ \sin t\ (t>2\pi)\end{cases}$ 일 때, $f(t)$를 단위계단함수로 표현하고,

$\mathcal{L}(f(t))$를 구하면?

sol

	$2\times u(t-0)$	$-2\times u(t-\pi)$	$\sin t\times u(t-2\pi)$
$0<t<\pi$	$1\rightarrow 2$	0	0
$\pi<t<2\pi$	2	$1\rightarrow -2$	0
$t>2\pi$	2	-2	$\sin t$

$\therefore f(t) = 2u(t) - 2u(t-\pi) - \sin t\cdot u(t-2\pi)$

$\mathcal{L}(f(t)) = \mathcal{L}[2u(t) - 2u(t-\pi) - \sin t\cdot u(t-2\pi)]$

$$= 2\cdot e^{-0s}\cdot\frac{1}{s} - 2\cdot e^{-\pi s}\cdot\frac{1}{s} + e^{-2\pi s}\cdot\mathcal{L}(\sin t + 2\pi)$$

☞ $\mathcal{L}(\sin(t+2\pi)) \Rightarrow \mathcal{L}(\sin t)$

$$\therefore \mathcal{L}(f(t)) = \frac{2}{s} - \frac{2 \cdot e^{-\pi s}}{s} + \frac{e^{-2\pi s}}{s^2+1}$$

ex. 8 $\mathcal{L}(\sin(t-\pi)u(t-\pi))$

sol $e^{-\pi s} \cdot \mathcal{L}(\sin t) \Rightarrow e^{-\pi s} \cdot \frac{1}{s^2+1}$

ex. 9 $\mathcal{L}((t-2)^3 u(t-2))$

sol $e^{-2s} \cdot \mathcal{L}(t^3) \Rightarrow e^{-2s} \cdot \frac{3!}{s^4}$

ex. 10 $\mathcal{L}(t \cdot u(t-3))$

sol 단위계단함수 형태로 변형 $\Rightarrow$ $\mathcal{L}((t-3+3)u(t-3))$

☞ '□-3'의 형태로 변형

$$e^{-3s} \cdot \mathcal{L}(t+3) \Rightarrow e^{-3s} \cdot \left(\frac{1}{s^2} + 3 \cdot \frac{1}{s}\right)$$

정리 단위계단함수(t축 이동정리의 역변환)

NOTE

$$\mathcal{L}^{-1}(e^{-as} \cdot F(s)) = f(t-a)u(t-a)$$

$$\mathcal{L}^{-1}\left(e^{-as} \cdot \frac{1}{s}\right) = u(t-a)$$

ex. 11 $\mathcal{L}^{-1}\left(\frac{4 \cdot e^{-2s} - 2 \cdot e^{-5s}}{s}\right) = ?$

sol $4 \cdot \mathcal{L}^{-1}\left(e^{-2s} \cdot \frac{1}{s}\right) - 2 \cdot \mathcal{L}^{-1}\left(e^{-5s} \cdot \frac{1}{s}\right)$ ☞ 라플라스 변환의 선형성 적용!!

$\therefore f(t) = 4 \cdot u(t-2) - 2 \cdot u(t-5)$

ex. 12 $\mathcal{L}^{-1}\left(\dfrac{e^{-\pi s}}{s^2+1}\right) = ?$

sol $\mathcal{L}^{-1}\left(\dfrac{1}{s^2+1}\right)\cdot u(t-\pi) \Rightarrow t \to t-\pi \Rightarrow \sin t|_{t\to t-\pi}\cdot u(t-\pi)$

$\therefore f(t) = \sin(t-\pi)u(t-\pi)$

ex. 13 $\mathcal{L}^{-1}\left(\dfrac{e^{-\frac{\pi}{2}s}}{s^2+9}\right) = ?$

sol
$$\mathcal{L}^{-1}\left(\frac{e^{-\frac{\pi}{2}s}}{s^2+9}\right) = \mathcal{L}^{-1}\left(e^{-\frac{\pi}{2}s}\cdot\frac{1}{3}\cdot\frac{3}{s^2+9}\right)$$
$$= \frac{1}{3}\cdot\mathcal{L}^{-1}\left(e^{-\frac{\pi}{2}s}\cdot\frac{3}{s^2+9}\right)$$
$$= \frac{1}{3}\cdot\sin 3\left(t-\frac{\pi}{2}\right)u\left(t-\frac{\pi}{2}\right)$$

5. 델타 함수(충격파 함수)

정의 $\delta(t-a)=\begin{cases}\infty & (t=a)\\ 0 & (t\neq a)\end{cases}$ 로 정의

☞ 디랙(Dirac)의 '델타함수(Delta Function)'

$\int_{-\infty}^{\infty}\delta(t-a)\,dt = 1$ ($\because$ 충격량은 '1')

☞ 항공기와 선체와 같이 순간적인 충격과 관련

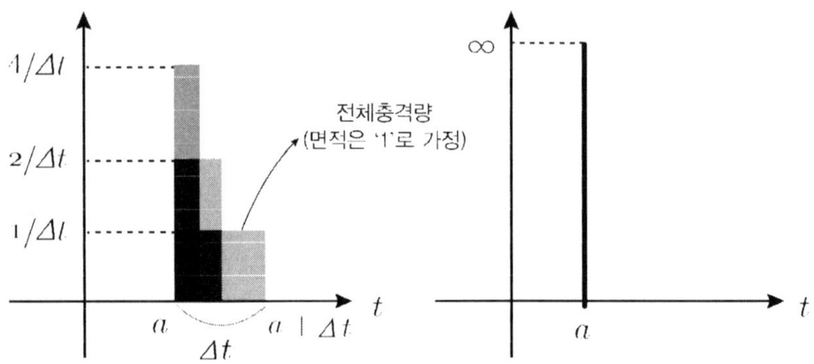

$\Delta t \to 0 \quad \Rightarrow \quad f(t) \to \infty$

정리 $\mathcal{L}(\delta(t-a)) = e^{-as}$ ☞ cf) $\mathcal{L}(u(t-a)) = e^{-as}\cdot\frac{1}{s}$

ex. 1 $\mathcal{L}(\delta(t-a)) = e^{-as}$

ex. 2 $\mathcal{L}(\delta(t-3)) = e^{-3s}$

ex. 3 $\mathcal{L}^{-1}(e^{-2s}) = \delta(t-2)$

ex. 4 $\mathcal{L}^{-1}(e^{-6s}+\frac{1}{3}e^{-7s}) = \mathcal{L}^{-1}(e^{-6s}) + \frac{1}{3}\mathcal{L}^{-1}(-7s)$

$= \delta(t-6) + \frac{1}{3}\delta(t-7)$

6. 라플라스 변환의 여러 가지 성질

(1) 라플라스 변환의 적분

정리

$\mathcal{L}(f(t)) = F(s)$일 때

$$\mathcal{L}\left(\int_0^t f(\tau)\,d\tau\right) = \frac{1}{s}\cdot F(s) \quad \Rightarrow \quad \frac{f(t)}{t} \rightleftarrows \int_s^{\infty} F(s)\,ds$$

증명

$$g(t) = \int_0^t f(\tau)d\tau,\ g(0) = 0$$

$g'(t) = f(t)$이므로

$$\mathcal{L}(g'(t)) = s\cdot\mathcal{L}(g(t)) - g(0)$$

$$\mathcal{L}(f(t)) = s\cdot\mathcal{L}\left(\int_0^t f(\tau)\,d\tau\right)$$

$$\therefore\ \mathcal{L}\left(\int_0^t f(\tau)\,d\tau\right) = \frac{1}{s}\cdot\mathcal{L}(f(t)) \quad \Rightarrow \quad \frac{1}{s}\cdot F(s)$$

NOTE

$$\mathcal{L}^{-1}\left(\frac{1}{s}\cdot F(s)\right) \quad \Rightarrow \quad \int_0^t f(\tau)\,d\tau$$

$$\mathcal{L}^{-1}\left(\frac{1}{s^2}\cdot F(s)\right) \quad \Rightarrow \quad \int_0^{t_1}\int_0^t f(\tau)\,d\tau\,dt_1$$

$$\mathcal{L}^{-1}\left(\frac{1}{s}\cdot F(s)\right) \quad \Rightarrow \quad \int_2^t\int_0^{t_1}\int_0^t f(\tau)\,d\tau\,dt_1\,dt_2$$

ex. 1 $\mathcal{L}^{-1}\left(\dfrac{1}{s(s^2+1)}\right)$

sol $\mathcal{L}^{-1}\left(\dfrac{1}{s}\cdot\dfrac{1}{s^2+w^2}\right)$ ☞ 적분을 적용하기 위해 식을 변형

$$\int_0^t \sin t\,dt \quad \Rightarrow \quad [-\cos t]_0^t \quad \Rightarrow \quad 1-\cos(t)$$

ex. 2 $\mathcal{L}^{-1}\left(\dfrac{1}{s^2(s^2+w^2)}\right)$

sol $\mathcal{L}^{-1}\left(\dfrac{1}{s}\cdot\dfrac{w}{s^2+w^2}\right)\cdot\dfrac{1}{w} \quad\Rightarrow\quad \dfrac{1}{w}\cdot\mathcal{L}^{-1}\left(\dfrac{1}{s^2}\cdot\dfrac{w}{s^2+w^2}\right)$

$$\frac{1}{w}\cdot\int_0^t\int_0^t \sin wt\,dt \quad\Rightarrow\quad \frac{1}{w}\int_0^t\frac{1}{w^2}\cdot(1-\cos wt)\,dt$$

$$\Rightarrow\quad \frac{1}{w^3}\cdot\int_0^t(1-\cos wt)\,dt \quad\Rightarrow\quad \frac{1}{w^3}\cdot\left[t-\frac{1}{w}\cdot\sin wt\right]_0^t$$

$$\Rightarrow\quad \frac{1}{w^3}\cdot\left(t-\frac{1}{w}\cdot\sin wt\right)$$

(2) 라플라스 변환의 미분

정리

$\mathcal{L}(f(t)) = F(s)$일 때

$$F'(s)=\frac{d}{ds}F(s) \;\Rightarrow\; \int_0^\infty e^{-st}(-t\cdot f(t))\,dt \;\Rightarrow\; \mathcal{L}(-t\cdot f(t))$$

증명

$$\frac{d}{dx}F(s) = \frac{d}{ds}\int_0^\infty e^{-st}\cdot f(t)\,dt = \int_0^\infty\frac{d}{ds}(e^{-st}\cdot f(t))\,dt$$

$$= \int_0^\infty -t\cdot e^{-st}\cdot f(t)\,dt = \int_0^\infty e^{-st}(-t\cdot f(t))\,dt$$

$$\Rightarrow\quad \mathcal{L}(-t\cdot f(t))$$

NOTE

$$\mathcal{L}(t^n\cdot f(t)) = (-1)^n\frac{d^n}{ds^n}F(s)$$

$$\mathcal{L}^{-1}(F'(s)) = -t\cdot f(t)$$

ex. 3 $\mathcal{L}(t\cdot\sin wt)$

sol $\mathcal{L}(\sin wt) \quad\Rightarrow\quad \dfrac{w}{s^2+w^2} \quad\Rightarrow\quad -\dfrac{d}{ds}\left[\dfrac{w}{s^2+w^2}\right] \quad\Rightarrow\quad \dfrac{2ws}{(s^2+w^2)^2}$

ex. 4 $\mathcal{L}\,(t \cdot \cos wt)$

sol $\mathcal{L}\,(\cos wt) \;\Rightarrow\; \dfrac{s}{s^2+w^2} \;\Rightarrow\; -\dfrac{d}{ds}\left[\dfrac{s}{s^2+w^2}\right]$

$$\Rightarrow\; -\frac{(s^2+w^2)-2s^2}{(s^2+w^2)^2} \;\Rightarrow\; \frac{s^2-w^2}{(s^2+w^2)^2}$$

(3) 주기함수의 라플라스 변환

정리 $f(t)$가 주기 T 인 주기함수일 때

▶ $f(t+T) = f(t)$, T : 주기

▶ $\mathcal{L}\,(f(t)) = \dfrac{1}{1-e^{-sT}} \cdot \displaystyle\int_0^T e^{-sT} \cdot f(t)\,dt$

증명 $\mathcal{L}\,(f(t))$

$$= \int_0^T f(t)\cdot e^{-st}dt + \int_T^{2T} f(t)\cdot e^{-st}dt + \int_{2T}^{3T} f(t)\cdot e^{-st}dt + \ldots$$

$$= \int_0^T f(t)e^{-st}dt + \int_0^T f(t)e^{-s(t+T)}dt + \int_0^T f(t)e^{-s(t+2T)}dt + \ldots$$

$$= [1 + e^{-Ts} + e^{-2Ts} + e^{-3Ts} + \ldots]\int_0^T f(t)e^{-st}dt$$

$$= \frac{1}{1-e^{-sT}} \cdot \int_0^T e^{-sT} \cdot f(t)\,dt$$

ex. 5 $f(t) = \begin{cases} t\ (0 \leqq t \leqq 1) \\ 0\ (1 \leqq t \leqq 2) \end{cases}$ 이며, 주기는 2 인 함수 $f(t)$의 $\mathcal{L}\,(f(t))$는?

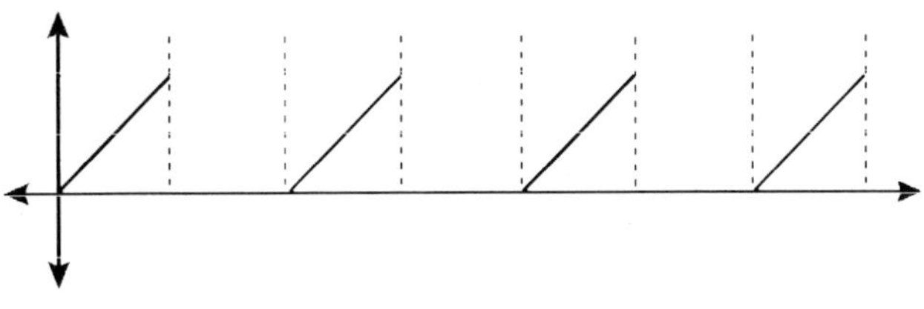

sol $\mathcal{L}\,(f(t)) = \dfrac{1}{1-e^{-2s}} \cdot \displaystyle\int_0^2 e^{-st} \cdot f(t)\,dt$

$$= \frac{1}{1-e^{-2s}} \int_0^1 e^{-st} \cdot t\, dt$$ ☞ 나머지 구간은 0

$$= \frac{1}{1-e^{-2s}} \cdot \left\{ \left[-\frac{1}{s} \cdot e^{-st} \cdot t \right]_0^1 + \frac{1}{s} \int_0^1 e^{-st} dt \right\}$$

$$= \frac{1}{1-e^{-2s}} \left(-\frac{e^{-s}}{s} - \frac{1-e^{-s}}{s^2} \right)$$

$$= \frac{1-(s+1) \cdot e^{-s}}{(1-e^{-2s})\, s^2}$$

(4) 합성곱(Convolution)

정리

$$\begin{cases} \mathcal{L}(f(t)) = F(s) \\ \mathcal{L}(g(t)) = G(s) \end{cases}$$ 라면

$$\mathcal{L}[f(t) * g(t)] = F(s) \cdot G(s)$$

$$\mathcal{L}^{-1}[F(s) \cdot G(s)] = f(t) * g(t)$$

$$\Rightarrow \int_0^t f(x) \cdot g(t-x)\, dx \Rightarrow \int_0^t g(x) \cdot f(t-x)\, dx$$

NOTE 합성곱(Convolution)은 대합, 합성적분, 상승적분이라고도 한다.

ex. 6 $H(s) = \frac{1}{s^2(s-1)}$ 를 합성곱을 이용하여 $\mathcal{L}^{-1}(H(s))$를 구하시오.

sol

$$\begin{cases} F(s) = \frac{1}{s^2} \rightarrow f(t) = t \\ G(s) = \frac{1}{s-1} \rightarrow g(t) = e^t \end{cases}$$

합성곱 정리에 의해서

$$h(t) = f(t) * g(t) = \int_0^t \tau e^{(t-\tau)} d\tau = e^t \int_0^t \tau e^{-\tau} d\tau$$

$$= e^t \left\{ [-\tau \cdot e^{-\tau}]_0^t + \int_0^t e^{-\tau} d\tau \right\} = e^t - t - 1$$

ex. 7 적분방정식(Integral Equation) $f(t) = e^{-t} - \int_0^t f(\tau)e^{t-\tau}d\tau$을 구하시오.

sol 합성곱 정리를 이용하여 라플라스 변환을 취한다.

$$\mathcal{L}(f(t)) = \mathcal{L}(e^{-t}) - \mathcal{L}(f(t))\mathcal{L}(e^{t})$$

$$F(s) = \frac{1}{s+1} - F(s)\cdot\frac{1}{s-1} \quad \Rightarrow \quad \left(1+\frac{1}{s-1}\right)\cdot F(s) = \frac{1}{s+1}$$

$$\left(\frac{s}{s-1}\right)\cdot F(s) = \frac{1}{s+1} \quad \Rightarrow \quad F(s) = \frac{s-1}{s(s+1)}$$

$$f(t) = \mathcal{L}^{-1}(F(s)) = \mathcal{L}^{-1}\left(\frac{s-1}{s(s+1)}\right)$$

$$f(t) = \mathcal{L}^{-1}\left(-\frac{1}{s} + \frac{2}{s+1}\right)$$

$$\therefore\ f(t) = -1 + 2e^{-t}$$

ex. 8 적분방정식 $f(t) = 1 + \int_0^t f(t-\alpha)e^{-3\alpha}d\alpha$을 구하시오.

sol 합성곱 정리를 이용하여 라플라스 변환을 취한다.

$$\mathcal{L}(f(t)) = \mathcal{L}(1) - \mathcal{L}(f(t))\mathcal{L}(e^{-3t})$$

$$F(s) = \frac{1}{s} + F(s)\cdot\frac{1}{s+3} \quad \Rightarrow \quad F(s)\left(1 - \frac{1}{s+3}\right) = \frac{1}{s}$$

$$F(s) = \frac{s+3}{s(s+2)}$$

$$f(t) = \mathcal{L}^{-1}(F(s)) = \mathcal{L}^{-1}\left(\frac{s+3}{s(s+2)}\right) = \mathcal{L}^{-1}\left(\frac{3}{2}\cdot\frac{1}{s} - \frac{1}{2}\cdot\frac{1}{s+2}\right)$$

$$\therefore\ f(t) = \frac{3}{2} - \frac{1}{2}e^{-2t}$$

(7) 도함수 정리

정리

$\mathcal{L}(f(t))$가 존재하는 경우

- ▶ $\mathcal{L}(f'(t)) = s\cdot\mathcal{L}(f(t)) - f(0)$
- ▶ $\mathcal{L}(f''(t)) = s^2\cdot\mathcal{L}(f(t)) - s\cdot f(0) - f'(0)$
- ▶ $\mathcal{L}(f^{(n)}(t)) = s^n\cdot\mathcal{L}(f(t)) - s^{n-1}\cdot f(0) - \cdots - s\cdot f^{(n-2)}(0) - f^{(n-1)}(0)$

증명

▶ $\mathcal{L}(f'(t)) = \int_0^\infty e^{-st} \cdot f(t)\,dt \Rightarrow \lim_{T\to\infty}\int_0^T e^{-st}\cdot f'(t)\,dt$

$$\Rightarrow \lim_{T\to\infty}\left\{ \left[f(t)\cdot e^{-st} \right]_0^T + S\cdot \underbrace{\int_0^T e^{-st}\cdot f(t)\,dt}_{\mathcal{L}(f(t))} \right\}$$

$$\Rightarrow \lim_{T\to\infty}\left\{ \left[f(t)\cdot e^{-st} - f(0) \right] + S\cdot \int_0^T e^{-st}\cdot f(t)\,dt \right\}$$

$$\Rightarrow s\cdot \mathcal{L}(f(t)) - f(0)$$

▶ $\mathcal{L}(f''(t)) = s\cdot\mathcal{L}(f'(t)) - f'(0)$

$$= s\cdot(s\cdot\mathcal{L}(f(t)-f(0))) - f'(0)$$

$$= s^2\cdot\mathcal{L}(f(t)-f(0)) - f'(0)$$

$$= s^2\cdot\mathcal{L}(f(t)) - s\cdot f(0) - f'(0)$$

NOTE 라플라스 변환을 이용하여 미분방정식의 해를 구할 경우,
초기조건이 반드시 존재해야 한다. ☞ 초기조건 : $f(0)$, $f'(0)$

ex. 9 $f(t) = t\cdot\sin 2t$의 $\mathcal{L}(f'(t))$, $\mathcal{L}(f''(t))$, $\mathcal{L}(f'''(t))$을 구하시오.

sol $\mathcal{L}(f(t)) = \dfrac{4s}{(s^2+1)^2}$ 이다. ☞ 라플라스 변환의 미분 **<ex. 3>** 참조

$f(0) = 0$, $f'(0) = 0$, $f''(0) = 4$ 이다.

▶ $\mathcal{L}(f'(t)) = s\cdot\mathcal{L}(f(t)) - f(0)$

$$= s\cdot\left[\frac{4s}{(s^2+1)^2}\right] - 0 = \frac{4s^2}{(s^2+1)^2}$$

▶ $\mathcal{L}(f''(t)) = s^2\cdot\mathcal{L}(f(t)) - s\cdot f(0) - f'(0)$

$$= s^2\left[\frac{4s}{(s^2+1)^2}\right] - 0 - 0 = \frac{4s^3}{(s^2+1)^2}$$

▶ $\mathcal{L}(f'''(t)) = s^3\cdot\mathcal{L}(f(t)) - s^2\cdot f(0) - s\cdot f'(0) - f''(0)$

$$= s^3\left[\frac{4s}{(s^2+1)^2}\right] - 0 - 0 - 4 = \frac{-4(2s^2+1)}{(s^2+1)^2}$$

ex. 10 $f(t) = t \cdot \cos 2t$의 $\mathcal{L}(f'(t))$, $\mathcal{L}(f''(t))$, $\mathcal{L}(f'''(t))$을 구하시오.

sol $\mathcal{L}(f(t)) = \dfrac{s^2-4}{(s^2+1)^2}$이다. ☞ 라플라스 변환의 미분 **<ex. 4>** 참조

$f(0) = 0$, $f'(0) = 1$, $f''(0) = 0$이다.

▶ $\mathcal{L}(f'(t)) = s \cdot \mathcal{L}(f(t)) - f(0)$

$$= s \cdot \left[\frac{s^2-4}{(s^2+1)^2} \right] - 0 = \frac{s^3-4s}{(s^2+1)^2}$$

▶ $\mathcal{L}(f''(t)) = s^2 \cdot \mathcal{L}(f(t)) - s \cdot f(0) - f'(0)$

$$= s^2 \left[\frac{s^2-4}{(s^2+1)^2} \right] - 0 - 1 = \frac{-6s^2-1}{(s^2+1)^2}$$

▶ $\mathcal{L}(f'''(t)) = s^3 \cdot \mathcal{L}(f(t)) - s^2 \cdot f(0) - s \cdot f'(0) - f''(0)$

$$= s^3 \left[\frac{s^2-4}{(s^2+1)^2} \right] - 0 - s - 0 = \frac{-s(6s^2+1)}{(s^2+1)^2}$$

연 습 문 제

1. $\mathcal{L}\left(\frac{1}{2}t^2 e^{-3t}\right)$

sol $\frac{1}{2}\cdot\mathcal{L}\left(\frac{2}{(t+3)^3}\right) \quad\Rightarrow\quad \frac{1}{2}\cdot\mathcal{L}\left(\frac{2}{t^3}\right)\Big|_{s\to s+3} \quad\Rightarrow\quad \frac{1}{(s+3)^3}$

2. $\mathcal{L}\,(e^t\cdot\cos t)$

sol $\frac{s}{s^2+1}\Big|_{s\to s-1} \quad\Rightarrow\quad \frac{s-1}{(s-1)^2+1}$

3. $\mathcal{L}\left(e^{-\frac{t}{2}}\cdot\sin\left(\frac{1}{4}t\right)\right)$

sol $\frac{\frac{1}{4}}{s^2+(\frac{1}{4})^2}\Bigg|_{s\to s+\frac{1}{2}} \quad\Rightarrow\quad \frac{\frac{1}{4}}{(s+\frac{1}{2})^2+(\frac{1}{4})^2} \quad\Rightarrow\quad \frac{1}{4s^2+4s+\frac{5}{4}}$

4. $\mathcal{L}\,(e^{-2t}\cdot\sin n\pi t)$

sol $\frac{n\pi}{s^2+(n\pi)^2}\Big|_{s\to s+2} \quad\Rightarrow\quad \frac{n\pi}{(s+2)^2+(n\pi)^2}$

5. $\mathcal{L}\,(e^{-t}\cdot\sin(\omega t+\theta))$

sol $\mathcal{L}\,(e^{-t}\cdot\sin\omega t\cos\theta + e^{-t}\cdot\cos\omega t\sin\theta)$

$$\frac{\cos\theta\cdot\omega}{s^2+\omega^2}\Big|_{s\to s+1} + \frac{\sin\theta\cdot s}{s^2+\omega^2}\Big|_{s\to s+1}$$

$$\Rightarrow \frac{\cos\theta\cdot\omega}{(s+1)^2+\omega^2} + \frac{\sin\theta\,(s+1)}{(s+1)^2+\omega^2}$$

> **NOTE** $\sin(\omega t+\theta)$
> $= \sin\omega t\cos\theta + \cos\omega t\sin\theta$

6. $e^{-t}\cdot\cosh(t)$

sol $\frac{s}{s^2-1}\Big|_{s\to s+1} \quad\Rightarrow\quad \frac{s+1}{(s+1)^2-1} \quad\Rightarrow\quad \frac{s+1}{s^2+2s}$

7. $\mathcal{L}\left(e^{-3t}\cdot(\cos 2t - \frac{3}{2}\sin 2t)\right)$

sol $\frac{s}{s^2+4}\Big|_{s\to s+3} - \frac{3}{2}\cdot\frac{2}{s^2+4}\Big|_{s\to s+3}$

$$\Rightarrow \frac{s+3}{(s+3)^2+4} - \frac{3}{2}\cdot\frac{2}{(s+3)^2+4} \quad \Rightarrow \frac{s}{s^2+6s+13}$$

8. $\mathcal{L}\,(\cosh(3t) - 4t^2 + 6u(t-7))$

sol $\frac{s}{s^2-9} - \frac{8}{s^3} + 6\cdot\frac{e^{-7s}}{s}$

9. $\mathcal{L}\,(e^{-2t}\cdot\cos(4t))$

sol $\frac{s}{s^2+4^2}\Big|_{s\to s+2} \quad \Rightarrow \quad \frac{(s+2)}{(s+2)^2+16}$

10. $\mathcal{L}\,(e^{6t}\cdot t^3)$

sol $\frac{3!}{s^{3+1}}\Big|_{s\to s-6} \quad \Rightarrow \quad \frac{6}{(s-6)^4}$

11. $\mathcal{L}^{-1}\left(\frac{e^{-\pi s}}{s^2+1}\right)$

sol $\mathcal{L}^{-1}\left(e^{-\pi s}\cdot\frac{1}{s^2+1}\right) \Rightarrow \sin(t)|_{t\to t-\pi} \Rightarrow \sin(t-\pi) \Rightarrow -\sin(t)$

12. $\mathcal{L}^{-1}\left(\frac{8}{\left(s-\frac{1}{2}\right)^2}\right)$

sol $8\cdot\mathcal{L}^{-1}\left(\frac{1}{\left(s-\frac{1}{2}\right)^2}\right) \Rightarrow 8\cdot t\cdot e^{\frac{1}{2}t}$

13. $\mathcal{L}^{-1}\left(\frac{s-2}{s^2-4s+\frac{17}{4}}\right)$

sol $\mathcal{L}^{-1}\left(\frac{s-2}{(s-2)^2+\frac{1}{4}}\right) \Rightarrow e^{2t}\cdot\mathcal{L}^{-1}\left(\frac{s}{s^2+\frac{1}{4}}\right) \Rightarrow e^{2t}\cdot\cos(\frac{1}{2}t)$

14. $\mathcal{L}^{-1}\left(\dfrac{10}{(s+\pi)^4}\right)$

sol $10\cdot\mathcal{L}^{-1}\left(\dfrac{1}{(s+\pi)^4}\right) \Rightarrow 10\cdot e^{-\pi t}\cdot\mathcal{L}^{-1}\left(\dfrac{1}{s^4}\right) \Rightarrow \dfrac{5}{3}\cdot e^{-\pi t}\cdot t^3$

15. $\mathcal{L}^{-1}\left(\dfrac{14s+24}{s(s+2)(s+3)}\right)$

sol 부분분수 전개 $\dfrac{14s+24}{s(s+2)(s+3)} = \dfrac{A}{s} + \dfrac{B}{s+2} + \dfrac{C}{s+3}$

$\therefore A = 4,\ B = 2,\ C = -6$

$\Rightarrow \dfrac{14s+24}{s(s+2)(s+3)} = \dfrac{4}{s} + \dfrac{2}{s+2} - \dfrac{6}{s+3}$

$\mathcal{L}^{-1}\left(\dfrac{4}{s} + \dfrac{2}{s+2} - \dfrac{6}{s+3}\right) \Rightarrow 4+2\cdot e^{-2t} - 6\cdot e^{-3t}$

16. $\mathcal{L}^{-1}\left(\dfrac{8s}{s(s^2+6s+5)}\right)$

sol 부분분수 전개 $\dfrac{8s}{s(s+1)(s+5)} = \dfrac{A}{s} + \dfrac{B}{s+1} + \dfrac{C}{s+5}$

$\therefore A = 0,\ B = 2,\ C = -2 \Rightarrow \dfrac{8s}{s(s+1)(s+5)} = \dfrac{2}{s+1} - \dfrac{2}{s+5}$

$\mathcal{L}^{-1}\left(\dfrac{2}{s+1} - \dfrac{2}{s+5}\right) \Rightarrow 2\cdot e^{-t} - 2\cdot e^{-5t}$

17. $\mathcal{L}^{-1}\left(\dfrac{1}{(s-1)^3} + \dfrac{1}{s^2+2s-8}\right)$

sol $\mathcal{L}^{-1}\left(\dfrac{1}{(s-1)^3} + \dfrac{1}{(s+1)^2-9}\right)$

$\Rightarrow \mathcal{L}^{-1}\left(\dfrac{1}{(s-1)^3}\right) + \mathcal{L}^{-1}\left(\dfrac{1}{(s+1)^2-9}\right)$

$\Rightarrow e^t\cdot\mathcal{L}^{-1}\left(\dfrac{1}{s^3}\right) + e^{-t}\cdot\mathcal{L}^{-1}\left(\dfrac{1}{s^2-3^2}\right)$

$\Rightarrow \dfrac{e^t}{2!}\cdot\mathcal{L}^{-1}\left(\dfrac{2!}{s^3}\right) + \dfrac{e^{-t}}{3}\cdot\mathcal{L}^{-1}\left(\dfrac{3}{s^2-3^2}\right)$

$\Rightarrow \dfrac{1}{2}e^t t^3 + \dfrac{1}{3}e^{-t}\sinh(3t)$

18. $\mathcal{L}^{-1}\left(\dfrac{3s \cdot e^{-2s}}{s^2+4}\right)$

sol $u(t-2) \cdot \mathcal{L}^{-1}\left(\dfrac{3s}{s^2+4}\right)\Bigg|_{t\to t-2} \quad \Rightarrow \quad u(t-2) \cdot 3\cos(2t)|_{t\to t-2}$

$\Rightarrow \quad 3u(t-2)\cos(2t-4)$

19. $\mathcal{L}^{-1}\left(\dfrac{e^{-5s} \cdot (2s+1)}{s^2-3s+5}\right)$

sol $u(t-5) \cdot \mathcal{L}^{-1}\left(\dfrac{2s+1}{s^2-3s+5}\right) \quad \Rightarrow \quad u(t-5) \cdot \mathcal{L}^{-1}\left(\dfrac{2\left(s-\frac{3}{2}\right)+4}{\left(s-\frac{3}{2}\right)^{2}+\frac{11}{4}}\right)$

$\Rightarrow u(t-5) \cdot \left[e^{\frac{3}{2}t} \cdot 2\cos\dfrac{\sqrt{11}}{2}t + e^{\frac{3}{2}t} \cdot \dfrac{2\times 4}{\sqrt{11}} \cdot \sin\dfrac{\sqrt{11}}{2}t\right]_{t\to t-5}$

$\Rightarrow u(t-5) \cdot e^{\frac{3}{2}(t-5)} \cdot \left(2\cos\dfrac{\sqrt{11}}{2}(t-5) + \dfrac{8}{\sqrt{11}} \cdot \sin\dfrac{\sqrt{11}}{2}(t-5)\right)$

20. $\mathcal{L}^{-1}\left(\dfrac{e^{-5s}}{s(s^2+11)}\right)$

sol $u(t-5) \cdot \mathcal{L}^{-1}\left(\dfrac{1}{s(s^2+11)}\right)\Bigg|_{t\to t-5}$

$\Rightarrow$ 부분분수 $\dfrac{1}{s(s^2+11)} = \dfrac{A}{s} + \dfrac{Bs+C}{s^2+11}$

$\Rightarrow \quad \therefore A = \dfrac{1}{11},\ B = -\dfrac{1}{11},\ C = 0$

$\Rightarrow \quad u(t-5) \cdot \mathcal{L}^{-1}\left(\dfrac{1}{11} \cdot \dfrac{1}{s} - \dfrac{1}{11} \cdot \dfrac{s}{s^2+11}\right)\Bigg|_{t\to t-5}$

$\Rightarrow \quad \dfrac{1}{11}u(t-5) \cdot (1 - \cos\sqrt{11}(t-5))$

21. $\mathcal{L}^{-1}\left(\dfrac{(s-5) \cdot e^{-3t}}{s^2+4s+5}\right)$

sol $u(t-3) \cdot \mathcal{L}^{-1}\left(\dfrac{s-5}{s^2+4s+5}\right)\Bigg|_{t\to t-3}$

$$\Rightarrow u(t-3)\cdot \mathcal{L}^{-1}\left(\frac{(s+2)-7}{(s+2)^2+1}\right)\Bigg|_{t\to t-3}$$

$$\Rightarrow u(t-3)\cdot \left[\mathcal{L}^{-1}\left(\frac{(s+2)}{(s+2)^2+1}\right)\Bigg|_{t\to t-3} - \mathcal{L}^{-1}\left(\frac{7}{(s+2)^2+1}\right)\Bigg|_{t\to t-3}\right]$$

$$\Rightarrow u(t-3)\left[e^{-2t}\cdot \cos(t) - 7\cdot e^{-2t}\cdot \sin(t)\right]_{t\to t-3}$$

$$\Rightarrow e^{-2(t-3)}\cdot u(t-3)\left(\cos(t-3) - 7\sin(t-3)\right)$$

22. $\mathcal{L}^{-1}\left(\dfrac{s(1+e^{\pi s})}{(s^2+1)}\right)$

sol $\mathcal{L}^{-1}\left(\dfrac{s}{(s^2+1)}\right) + \mathcal{L}^{-1}\left(\dfrac{s\cdot e^{\pi s}}{(s^2+1)}\right)$

$$\Rightarrow \mathcal{L}^{-1}\left(\frac{s}{(s^2+1)}\right) + u(t+\pi)\cdot \mathcal{L}^{-1}\left(\frac{s}{(s^2+1)}\right)\Bigg|_{t\to t+\pi}$$

$$\Rightarrow \cos(t) + u(t+\pi)\cdot \cos(t)\,\big|_{t\to t+\pi}$$

$$\Rightarrow \cos(t) + u(t+\pi)\cdot \cos(t+\pi)$$

$$\Rightarrow \cos(t)\left(1 - u(t+\pi)\right)$$

> **NOTE** $\cos(t+\pi) = -\cos(t)$

23. 다음 그래프의 함수에 대한 라플라스 변환을 구하시오.

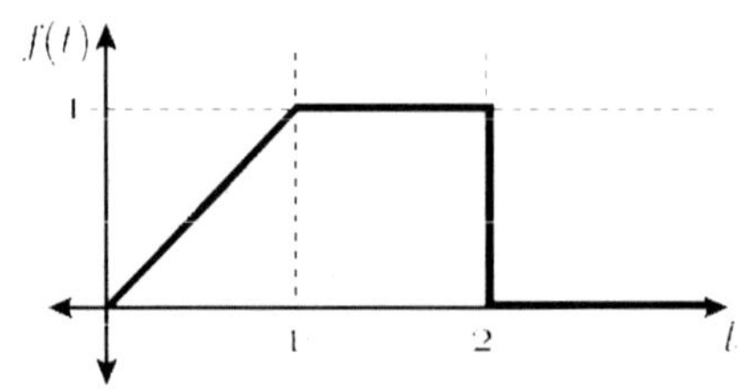

sol 그래프를 살펴보면 다음과 같이 함수를 정의할 수 있다.

$$f(t) = \begin{cases} t & (0 \leqq t < 1) \\ 1 & (1 < t < 2) \\ 0 & (t > 2) \end{cases}$$ ⇒ 단위계단함수로 표현하면 다음과 같다.

	$t\times u(t-0)$	$1-t\times u(t-1)$	$-1\times u(t-2)$
$0\leqq t<1$	$1\to t$	0	0
$1<t<2$	t	$1\to 1-t$	0
$t>2$	t	$1-t$	-1

$\therefore f(t) = tu(t) - (t-1)u(t-1) - u(t-2)$

$\mathcal{L}(f(t)) = \mathcal{L}[tu(t) - (t-1)u(t-1) - u(t-2)]$

$$= e^{-0s} \cdot \frac{1}{s^2} - e^{-s} \cdot \frac{1}{s} + e^{-2s} \cdot \frac{1}{s}$$

$$\therefore \mathcal{L}(f(t)) = \frac{1}{s^2}(1 - e^{-s}) - \frac{1}{s}e^{-2s}$$

24. 다음 그래프의 함수에 대한 라플라스 변환을 구하시오.

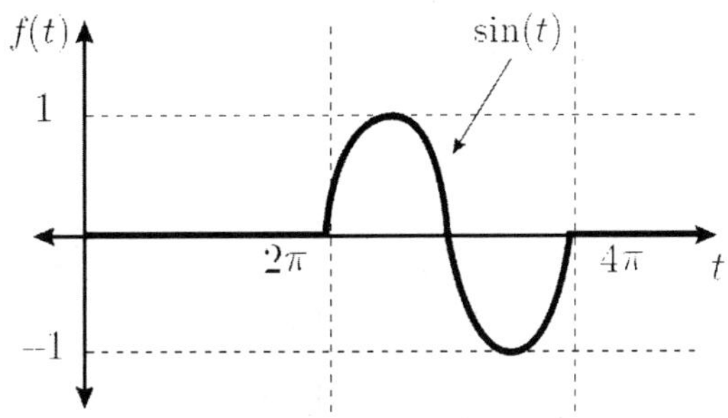

sol 그래프를 살펴보면 다음과 같이 함수를 정의할 수 있다.

$$f(t) = \begin{cases} 0 & (0 < t < 2\pi) \\ \sin(t) & (2\pi < t < 4\pi) \\ 0 & (t > 4\pi) \end{cases}$$ 일 때,

$f(t)$를 단위계단함수로 표현하고,

	$0 \times u(t-0)$	$\sin t \times u(t-2\pi)$	$-\sin t \times u(t-4\pi)$
$0 < t < 2\pi$	$1 \rightarrow 0$	0	0
$2\pi < t < 4\pi$	0	$1 \rightarrow \sin t$	0
$t > 4\pi$	0	$\sin t$	$-\sin t$

$\therefore f(t) = 0 \times u(t-0) + \sin(t) \cdot u(t-2\pi) - \sin(t) \cdot u(t-4\pi)$

$\mathcal{L}(f(t)) = \mathcal{L}[0 \times u(t-0) + \sin(t) \cdot u(t-2\pi)$
$- \sin(t) \cdot u(t-4\pi)]$

$$= 0 + e^{-2\pi s} \cdot \frac{1}{s^2+1} - e^{-4\pi s} \cdot \frac{1}{s^2+1}$$

☞ $\mathcal{L}(\sin(t-2\pi)) \Rightarrow \mathcal{L}(\sin t)$

$$\therefore \mathcal{L}(f(t)) = \frac{e^{-2\pi s}}{s^2+1} - \frac{e^{-4\pi s}}{s^2+1}$$

26. $\mathcal{L}\,(t \cdot e^{t} \cdot \cos t\,)$

sol $\mathcal{L}\,(\cos t\,) = \dfrac{s}{s^2+1}$

$$\Rightarrow \mathcal{L}\,(t \cdot \cos t\,) = -\frac{d}{dx}\left(\frac{s}{s^2+1}\right) \quad \Rightarrow \quad \frac{s^2-1}{(s^2+1)^2}$$

$$\Rightarrow \mathcal{L}\,(t \cdot e^{t} \cdot \cos t\,) = \frac{(s-1)^2-1}{[(s-1)^2+1]^2}$$

27. $\mathcal{L}\,(t \cdot e^{-t} \cdot \cosh(2t)\,)$

sol $\mathcal{L}\,(\cosh 2t\,) = \dfrac{s}{s^2-4}$

$$\Rightarrow \mathcal{L}\,(t \cdot \cosh t\,) = -\frac{d}{dx}\left(\frac{s}{s^2-4}\right) \quad \Rightarrow \quad \frac{s^2+4}{(s^2-4)^2}$$

$$\Rightarrow \mathcal{L}\,(t \cdot e^{-t} \cdot \cosh t\,) = \frac{(s+1)^2+4}{[(s+1)^2-4]^2}$$

28. $\mathcal{L}^{-1}\left(\ln \dfrac{s+1}{s+2}\right)$

sol $\mathcal{L}^{-1}\,[\,\ln(s+1) - \ln(s+2)\,]$

$$\Rightarrow -\frac{1}{t} \cdot \mathcal{L}^{-1}\,\frac{d}{ds}[\,\ln(s+1) - \ln(s+2)\,]$$

$$\Rightarrow -\frac{1}{t} \cdot \mathcal{L}^{-1}\left[\frac{1}{s+1} - \frac{1}{s+2}\right] \quad \Rightarrow \quad -\frac{1}{t} \cdot (e^{-t} - e^{-2t})$$

29. $\mathcal{L}^{-1}\left(\dfrac{1}{s(s+1)}\right)$

sol $\mathcal{L}^{-1}\left(\dfrac{1}{s+1}\right) \quad \Rightarrow \quad e^{-2t}$

$$\mathcal{L}^{-1}\left(\frac{1}{s} \cdot \frac{1}{s+1}\right) \quad \Rightarrow \quad \int_0^t e^{-\tau} d\tau = \frac{1-e^{-\tau}}{2}$$

29. 합성곱(Convolution) 정리를 이용하여 $\mathcal{L}^{-1}\left(\dfrac{1}{s(s-4)^2}\right)$를 구하시오.

sol $\mathcal{L}^{-1}\left(\dfrac{1}{s}\right)*\mathcal{L}^{-1}\left(\dfrac{1}{(s-4)^2}\right) \quad \Rightarrow \quad 1 * t\cdot e^{4t}$

$$\Rightarrow \int_0^t \tau e^{4\tau} d\tau \quad \Rightarrow \quad \frac{e^{4t}}{4}\cdot\left(t-\frac{1}{4}\right)+\frac{1}{16}$$

30. 합성곱 정리를 이용하여 $\mathcal{L}^{-1}\left(\dfrac{2s}{(s^2-4)^2}\right)$를 구하시오.

sol $\mathcal{L}^{-1}\left(\dfrac{s}{(s^2-4)}\right)*\mathcal{L}^{-1}\left(\dfrac{2}{(s^2-4)}\right) \quad \Rightarrow \quad \cosh(2t) * \sinh(2t)$

$$\Rightarrow \int_0^t \cosh(2\tau)\sinh 2(t-\tau)\, d\tau$$

$$\Rightarrow \int_0^t \left(\frac{e^{2\tau}+e^{-2\tau}}{2}\cdot\frac{e^{2(t-\tau)}-e^{-2(t-\tau)}}{2}\right)d\tau$$

$$\Rightarrow \frac{1}{4}e^{2t}\int_0^t (1+e^{-4\tau})\,d\tau - \frac{1}{4}e^{-2\tau}\int_0^t (1+e^{4\tau})\,d\tau$$

$$\Rightarrow \frac{1}{4}e^{2t}\left(t-\frac{1}{4}e^{-4t}+\frac{1}{4}\right)-\frac{1}{4}e^{-2t}\left(t+\frac{1}{4}e^{-4t}-\frac{1}{4}\right)$$

$$\Rightarrow \frac{1}{4}t\,(e^{2t}-e^{-2t}) \quad \Rightarrow \quad \frac{1}{2}t\sinh(2t)$$

31. 라플라스 도함수의 정리를 이용하여 $y''+y=\delta(t-\pi)$, $y(0)=y'(0)=0$를 구하시오.

sol 주어진 식의 양변에 라플라스 변환을 취한다.

$$\mathcal{L}(y'')+\mathcal{L}(y)=\mathcal{L}(\delta(t-\pi))$$

$$s^2 Y - s\cdot y(0) - y'(0) + Y(s) = e^{-\pi s}$$

$$(s^2+1)Y = e^{-\pi s} \quad \Rightarrow \quad Y=\frac{e^{-\pi s}}{s^2+1}$$

$$y(t)=\mathcal{L}^{-1}\left(\frac{s^{-\pi s}}{s^2+1}\right) \Rightarrow u(t-\pi)\,\mathcal{L}^{-1}\left(\frac{1}{s^2+1}\right) \Rightarrow u(t-\pi)\sin(t-\pi)$$

CHAPTER 12

라플라스 변환을 이용한 미분방정식의 해법

공학 문제에 있어서 라플라스 변환은 미분방정식의 해를 구하는 데 편리한 수단으로 사용할 수 있다. 미분방정식을 라플라스 변환을 이용하여 해를 구하기 위해서는 앞에서 배운 라플라스 변환과 역변환, 여러 가지 정리와 성질 등을 종합하여 적용해야 한다. 라플라스 변환을 사용하여 미분방정식의 해를 구하는 이유는 비제차항이 불연속이거나 불연속 도함수인 경우 해를 구하기가 매우 어렵기 때문이다.

ex. 1 $y'' - 6y' + 9y = t^2 \cdot e^{3t},\ y(0) = 2,\ y'(0) = 6$

sol 1 미분연산자법

보조방정식 $m^2 - 6m + 9 = 0 \quad \Rightarrow \quad m = 3$ (중근)

$y_h = C_1 e^{3t} + C_2 t e^{3t}$

$y_p = \dfrac{1}{D^2 - 6D + 9} t^2 \cdot e^{3t} \quad \Rightarrow \quad e^{3t} \cdot \dfrac{1}{(D+3)^2 - 6(D+3) + 9} \cdot t^2$

$= e^{3t} \cdot \dfrac{1}{D} \cdot t^2 \quad \Rightarrow \quad e^{3t} \cdot \dfrac{1}{12} t^4$

$\therefore\ y = C_1 e^{3t} + C_2 t e^{3t} + \dfrac{1}{12} t^4 \cdot e^{3t}$

$y(0) = 2,\ y'(0) = 6$ 대입 $\quad \Rightarrow \quad C_1 = 2,\ C_2 = 0$

$\therefore\ y = 2e^{3t} + \dfrac{1}{12} t^4 \cdot e^{3t}$

sol 2 라플라스 변환

양변에 라플라스 변환을 취한다.

$\mathcal{L}(y'') - 6\mathcal{L}(y') + 9\mathcal{L}(y) = \mathcal{L}(t^2 \cdot e^{3t})$

라플라스 도함수의 정리를 적용한다.

$$s^2 \cdot \mathcal{L}(y) - s \cdot y(0) - y'(0) - 6(s \cdot \mathcal{L}(y) - y(0)) + 9\mathcal{L}(y) = \frac{2}{(s-3)^2}$$

$(s^2 - 6s + 9)\mathcal{L}(y) = 2(s-3) + \dfrac{2}{(s-3)^2}$

$\mathcal{L}(y) = \dfrac{2}{s-3} + \dfrac{2}{(s-3)^5}$

$\Rightarrow$ y를 구하기 위해서 양변에 라플라스 역변환을 취한다.

$y = 2 \cdot \mathcal{L}^{-1}\left(\dfrac{1}{s-3}\right) + 2 \cdot \mathcal{L}^{-1}\left(\dfrac{1}{(s-3)^5}\right)$

$$= 2 \cdot e^{3t} + e^{3t} \cdot \frac{2}{4!} \cdot \frac{4!}{s^5} \quad \Rightarrow \quad 2e^{3t} + e^{3t} \cdot t^4 \cdot \frac{1}{12}$$

$$\therefore\ y = 2e^{3t} + \frac{1}{12} t^4 \cdot e^{3t}$$

☞ 미분연산자법으로 구한 해와 라플라스 변환을 적용하여 구한 해는 동일하다.

해법 라플라스 변환을 이용하여 미분방정식의 해를 구하는 순서

- 미분방정식의 양변에 라플라스 변환을 취한다.
- 미분방정식에는 라플라스 도함수의 정리를 적용하여 식을 정리한다.
- 비제차항이 존재하는 경우 적절한 라플라스 변환을 한다.
- 해를 구해기 위해서 양변에 라플라스 역변환을 취한다.

ex. 2 $y'' + 2y' + y = e^{-t},\ \ y(0) = -1,\ y'(0) = 1$

sol 양변을 라플라스 변환하여 정리한다.

$$\mathcal{L}(y'' + 2y' + y) = \mathcal{L}(e^{-t})$$

$$\Rightarrow \mathcal{L}(y'') + \mathcal{L}(2y') + \mathcal{L}(y) = \mathcal{L}(e^{-t})$$

$$s^2 \cdot \mathcal{L}(y) - s \cdot y(0) - y'(0) + 2 \cdot (s \cdot \mathcal{L}(y) - y(0)) + \mathcal{L}(y) = \mathcal{L}(e^{-t})$$

☞ 초기조건에서 $y(0) = -1,\ y'(0) = 1$를 대입하여 정리

$$\mathcal{L}(y)(s^2 + 2s + 1) = -(s+1) + \frac{1}{s+1}$$

$$\Rightarrow \mathcal{L}(y)(s+1)^2 = -(s+1) + \frac{1}{s+1}$$

$$\therefore\ \mathcal{L}(y) = -\frac{1}{s+1} + \frac{1}{(s+1)^3}$$

☞ y를 구하기 위해서 양변을 라플라스 역변환을 취한다.

$$y = -\mathcal{L}^{-1}\left(\frac{1}{s+1}\right) + \mathcal{L}^{-1}\left(\frac{1}{(s+1)^3}\right)$$

$$\therefore\ y = -e^{-t} + \frac{1}{2} \cdot e^{-t} \cdot t^2$$

ex. 3 $y'' - y = t,\ \ y(0) = 1,\ y'(0) = 1$

sol 양변을 라플라스 변환한다.

$$\mathcal{L}(y'' - y) = \mathcal{L}(t) \quad \Rightarrow \quad \mathcal{L}(y'') - \mathcal{L}(y) = \mathcal{L}(t)$$

$$s^2 \cdot \mathcal{L}(y) - s \cdot y(0) - y'(0) - \mathcal{L}(y) = \frac{1}{s^2}$$

$$(s^2 - 1)\mathcal{L}(y) = s + 1 + \frac{1}{s^2}$$

$$\Rightarrow \quad \mathcal{L}(y) = \frac{1}{s-1} + \frac{1}{s^2(s^2 - 1)}$$

$$\therefore \mathcal{L}(y) = \frac{1}{s-1} - \frac{1}{s^2} + \frac{1}{s^2-1}$$

☞ y를 구하기 위해서 양변을 라플라스 역변환을 취한다.

$$\therefore y = \mathcal{L}^{-1}\left(\frac{1}{s-1}\right) - \mathcal{L}\left(\frac{1}{s^2}\right) + \mathcal{L}\left(\frac{1}{s^2-1}\right)$$

$$= e^t - t + \sinh t$$

$$= \frac{3}{2}e^t - \frac{1}{2}e^{-t} - t$$

NOTE $\sinh t = \dfrac{e^t - e^{-t}}{2}$

ex. 4 $y'' + y = \delta(t - 2\pi), \quad y(0) = 0, \ y'(0) = 1$

sol 양변을 라플라스 변환한다.

$$\mathcal{L}(y'') + \mathcal{L}(y) = \mathcal{L}(\delta(t - 2\pi))$$

$$s^2 \cdot \mathcal{L}(y) - s \cdot y(0) - y'(0) + \mathcal{L}(y) = e^{-2\pi s}$$

$$\mathcal{L}(y)(s^2 + 1) = 1 + e^{-2\pi s} \quad \Rightarrow \quad \mathcal{L}(y) = \frac{1 + e^{-2\pi s}}{s^2 + 1}$$

$$\therefore y = \mathcal{L}^{-1}\left(\frac{1}{s^2 + 1}\right) + \mathcal{L}^{-1}\left(\frac{e^{-2\pi s}}{s^2 + 1}\right)$$

$$= \sin t + \sin(t - 2\pi) \cdot u(t - 2\pi)$$

ex. 5 $y'' + y = f(t), \quad y(0) = 0, \ y'(0) = 0$

$$f(t) = \begin{cases} 1 & (0 < t < 1) \\ 0 & (t > 1) \end{cases}$$

sol $f(t)$를 단위계단함수로 표현하면 $f(t) = u(t) - u(t - 1)$

양변을 라플라스 변환한다.

$$\mathcal{L}(y'') + \mathcal{L}(y) = \mathcal{L}(u(t) - u(t - 1))$$

$$s^2 \cdot \mathcal{L}(y) - s \cdot y(0) - y'(0) + \mathcal{L}(y) = \mathcal{L}(u(t) - u(t - 1))$$

$$\mathcal{L}(y)(s^2 + 1) = \frac{1 - e^{-s}}{s} \quad \Rightarrow \quad \mathcal{L}(y) = \frac{1 - e^{-s}}{s(s^2 + 1)}$$

$$\therefore\ y = \mathcal{L}^{-1}\left(\frac{1}{s(s^2+1)}\right) - \mathcal{L}^{-1}\left(\frac{e^{-s}}{s(s^2+1)}\right)$$

$$= 1 - \sin t - u(t-1)\cdot(1-\sin(t-1))$$

ex. 6 $y'' - y' - 6y = 2,\quad y(0) = 1,\ y'(0) = 0$

sol 양변을 라플라스 변환한다.

$$\mathcal{L}(y'') - \mathcal{L}(y') - 6\mathcal{L}(y) = \mathcal{L}(2)$$

$$s^2\cdot\mathcal{L}(y) - s\cdot y(0) - y'(0) - (s\cdot\mathcal{L}(y) - y(0)) - 6\mathcal{L}(y) = \mathcal{L}(2)$$

$$\mathcal{L}(y)(s^2 - s - 6) = \frac{s^2 - s + 2}{s}$$

$$\Rightarrow \mathcal{L}(y) = \frac{s^2 - s + 2}{s(s-3)(s-2)}$$

NOTE

$$\frac{s^2-s+2}{s(s-3)(s+2)} = \frac{A}{s} + \frac{B}{s-3} + \frac{C}{s+2}$$

$$\frac{s^2-s+2}{s(s-3)(s+2)} = \frac{A(s-3)(s+2)+Bs(s+2)+Cs(s-3)}{s(s-3)(s+2)}$$

분자 부분 ☞ $s^2-s+2 = (A+B+C)s^2 + (2B-3C-A)s - 6A$

$$\therefore\ A = -\frac{1}{3},\ B = \frac{8}{15},\ C = \frac{4}{5}$$

$$\frac{s^2-s+2}{s(s-3)(s+2)} = \frac{-\frac{1}{3}}{s} + \frac{\frac{8}{15}}{s-3} + \frac{\frac{4}{5}}{s+2}$$

$$\mathcal{L}(y) = -\frac{1}{3}\cdot\frac{1}{s} + \frac{8}{15}\cdot\frac{1}{s-3} + \frac{4}{5}\cdot\frac{1}{s+2}$$

$$\therefore\ y = -\frac{1}{3}\cdot\mathcal{L}^{-1}\left(\frac{1}{s}\right) + \frac{8}{15}\cdot\mathcal{L}^{-1}\left(\frac{1}{s-3}\right) + \frac{4}{5}\cdot\mathcal{L}^{-1}\left(\frac{1}{s+2}\right)$$

$$= -\frac{1}{3} + \frac{8}{15}\cdot e^{3t} + \frac{4}{5}\cdot e^{-2t}$$

ex. 7 $y'' + 3y = \sin t,\quad y(0) = 0,\ y'(0) = 0$

sol 양변을 라플라스 변환한다.

$$\mathcal{L}(y'' + 3y) = \mathcal{L}(\sin t) \quad\Rightarrow\quad \mathcal{L}(y'') + 3\mathcal{L}(y) = \mathcal{L}(\sin t)$$

$$s^2 \cdot \mathcal{L}(y) - s \cdot y(0) - y'(0) + 3\,\mathcal{L}(y) = \frac{1}{s^2+1}$$

$$(s^2+3)\,\mathcal{L}(y) = \frac{1}{s^2+1} \quad \Rightarrow \quad \mathcal{L}(y) = \frac{1}{(s^2+1)(s^2+3)}$$

NOTE

$$\frac{1}{(s^2+1)(s^2+3)} = \frac{A}{(s^2+1)} + \frac{B}{(s^2+3)}$$

분자부분 ☞ $1 = (A+B)s^2 + 3A + B$

$\therefore A = \frac{1}{2},\ B = -\frac{1}{2}$

$$\frac{1}{(s^2+1)(s^2+3)} = \frac{1}{2} \cdot \frac{1}{(s^2+1)} - \frac{1}{2} \cdot \frac{1}{(s^2+3)}$$

$$\therefore \mathcal{L}(y) = \frac{1}{2} \cdot \frac{1}{s^2+1} - \frac{1}{2} \cdot \frac{1}{s^2+3}$$

☞ y를 구하기 위해서 양변을 라플라스 역변환을 취한다.

$$\therefore y = \frac{1}{2} \cdot \sin t - \frac{1}{2\sqrt{3}} \cdot \sin \sqrt{3}\, t$$

연 습 문 제

1. $y'' + y' - 6y = 2,\ y(0) = 0,\ y'(0) = 1$

sol 양변에 라플라스 변환을 취한다.

$$\mathcal{L}(y'') + \mathcal{L}(y') - 6\mathcal{L}(y) = \mathcal{L}(2)$$

$$s^2 \cdot \mathcal{L}(y) - s \cdot y(0) - y'(0) + s \cdot \mathcal{L}(y) - y(0) - 6 \cdot \mathcal{L}(y) = \frac{2}{s}$$

$$\mathcal{L}(y)(s^2 + s - 6) = 2 + \frac{1}{s} \quad \Rightarrow \quad \mathcal{L}(y) = \frac{s+2}{s(s-2)(s+3)}$$

▶ 부분분수 전개 $\Rightarrow \quad \dfrac{s+2}{s(s-2)(s+3)} = \dfrac{A}{s} + \dfrac{B}{s+2} + \dfrac{C}{s+3}$

$$\therefore A = -\frac{1}{3},\ B = \frac{2}{5},\ C = \frac{1}{15}$$

▶ $\dfrac{s+2}{s(s-2)(s+3)} = -\dfrac{1}{3} \cdot \dfrac{1}{s} + \dfrac{2}{5} \cdot \dfrac{1}{s+2} + \dfrac{1}{15} \cdot \dfrac{1}{s+3}$

양변에 라플라스 역변환을 취한다.

$$\mathcal{L}^{-1}(y) = \mathcal{L}^{-1}\left(-\frac{1}{3} \cdot \frac{1}{s} + \frac{2}{5} \cdot \frac{1}{s+2} + \frac{1}{15} \cdot \frac{1}{s+3} \right)$$

$$\therefore y = -\frac{1}{3} + \frac{2}{5} e^{2t} + \frac{1}{15} e^{-3t}$$

2. $y'' + 2y' - 3y = e^t,\ y(0) = 0,\ y'(0) = 1$

sol 양변에 라플라스 변환을 취한다.

$$\mathcal{L}(y'') + 2\mathcal{L}(y') - 3\mathcal{L}(y) = \mathcal{L}(e^t)$$

$$s^2 \cdot \mathcal{L}(y) - s \cdot y(0) - y'(0) + 2(s \cdot \mathcal{L}(y) - y(0)) - 3 \cdot \mathcal{L}(y) = \frac{1}{s-1}$$

$$\mathcal{L}(y)(s^2 + 2s - 3) = 1 + \frac{1}{s-1} \quad \Rightarrow \quad \mathcal{L}(y) = \frac{s}{(s-1)^2(s+3)}$$

▶ 부분분수 전개 $\Rightarrow \quad \dfrac{s}{(s-1)^2(s+3)} = \dfrac{A}{s-1} + \dfrac{B}{(s-1)^2} + \dfrac{C}{s+3}$

$$\therefore A = \frac{3}{16},\ B = \frac{1}{4},\ C = -\frac{3}{16}$$

▶ $\dfrac{s}{(s-1)^2(s+3)} = \dfrac{3}{16} \cdot \dfrac{1}{s-1} + \dfrac{1}{4} \cdot \dfrac{1}{(s-2)^2} - \dfrac{3}{16} \cdot \dfrac{1}{s+3}$

양변에 라플라스 역변환을 취한다.

$$\mathcal{L}^{-1}(y) = \mathcal{L}^{-1}\left(\frac{3}{16} \cdot \frac{1}{s-1} + \frac{1}{4} \cdot \frac{1}{(s-2)^2} - \frac{3}{16} \cdot \frac{1}{s+3} \right)$$

$$\therefore \ y = \frac{3}{16} e^{t} + \frac{1}{4} t e^{t} - \frac{3}{16} e^{-3t}$$

3. $y'' + y' = 2,\ y(0) = 1,\ y'(0) = 1$

sol 양변에 라플라스 변환을 취한다.

$$\mathcal{L}(y'') + \mathcal{L}(y) = \mathcal{L}(2)$$

$$s^2 \cdot \mathcal{L}(y) - s \cdot y(0) - y'(0) + \mathcal{L}(y) = \frac{2}{s}$$

$$\mathcal{L}(y)(s^2+1) = s + \frac{2}{s} \quad \Rightarrow \quad \mathcal{L}(y) = \frac{s^2+2}{s(s^2+1)}$$

▶ 부분분수 전개 $\Rightarrow \quad \dfrac{s^2+2}{s(s^2+1)} = \dfrac{A}{s} + \dfrac{Bs+C}{s^2+1}$

$\therefore \ A = 2,\ B = -1,\ C = 0$

▶ $\dfrac{s^2+2}{s(s^2+1)} = \dfrac{2}{s} - \dfrac{s}{s^2+1}$

양변에 라플라스 역변환을 취한다.

$$\mathcal{L}^{-1}(y) = \mathcal{L}^{-1}\left(\frac{2}{s} - \frac{s}{s^2+1} \right)$$

$$\therefore \ y = 2 - \cos(t)$$

4. $y'' + y' = \cos t,\ y(0) = 1,\ y'(0) = \dfrac{1}{2}$

sol 양변에 라플라스 변환을 취한다.

$$\mathcal{L}(y'') + \mathcal{L}(y) = \mathcal{L}(\cos t)$$

$$s^2 \cdot \mathcal{L}(y) - s \cdot y(0) - y'(0) + \mathcal{L}(y) = \frac{s}{s^2+1}$$

$$\mathcal{L}(y)(s^2+1) = \frac{s}{s^2+1} + \frac{1}{2}$$

$$\mathcal{L}(y) = \frac{s}{(s^2+1)^2} + \frac{1}{2(s^2+1)}$$

양변에 라플라스 역변환을 취한다.

$$\mathcal{L}^{-1}(y) = \mathcal{L}^{-1}\left(\frac{1}{2} \cdot \frac{1}{s^2+1} + \frac{2s}{(s^2+1)^2} \right)$$

$\therefore\ y = \frac{1}{2}\sin t + \frac{1}{2} t \sin t$

5. $y'' + y' = \delta(t-\pi),\ y(0) = 0,\ y'(0) = 0$

sol 양변에 라플라스 변환을 취한다.

$\mathcal{L}(y'') + \mathcal{L}(y) = \mathcal{L}(\delta(t-\pi))$

$s^2 \cdot \mathcal{L}(y) - s \cdot y(0) - y'(0) + \mathcal{L}(y) = e^{-\pi s}$

$\mathcal{L}(y)(s^2+1) = e^{-\pi s}$

$\mathcal{L}(y) = \dfrac{e^{-\pi s}}{(s^2+1)}$

양변에 라플라스 역변환을 취한다.

$\mathcal{L}^{-1}(y) = \mathcal{L}^{-1}\left(\dfrac{e^{-\pi s}}{(s^2+1)}\right)$

$\therefore\ y = \sin(t-\pi)u(t-\pi)$

6. $y'' + y' = \delta(t-\pi) - \delta(t-2\pi),\ y(0) = 0,\ y'(0) = 0$

sol 양변에 라플라스 변환을 취한다.

$\mathcal{L}(y'') + \mathcal{L}(y) = \mathcal{L}(\delta(t-\pi) - \delta(t-2\pi))$

$s^2 \cdot \mathcal{L}(y) - s \cdot y(0) - y'(0) + \mathcal{L}(y) = e^{-\pi s} - e^{-2\pi s}$

$\mathcal{L}(y)(s^2+1) = e^{-\pi s} - e^{-2\pi s}$

$\mathcal{L}(y) = \dfrac{e^{-\pi s} - e^{-2\pi s}}{(s^2+1)}$

양변에 라플라스 역변환을 취한다.

$\mathcal{L}^{-1}(y) = \mathcal{L}^{-1}\left(\dfrac{e^{-\pi s}}{(s^2+1)} - \dfrac{e^{-2\pi s}}{(s^2+1)}\right)$

$\therefore\ y = \sin(t-\pi)u(t-\pi) - \sin(t-2\pi)u(t-2\pi)$

7. $y'' - y' = \sin t + \delta\left(t - \frac{\pi}{2}\right),\ y(0) = 1,\ y'(0) = -1$

sol 양변에 라플라스 변환을 취한다.

$\mathcal{L}(y'') - \mathcal{L}(y) = \mathcal{L}\left[\sin t + \delta\left(t - \frac{\pi}{2}\right)\right]$

$$s^2 \cdot \mathcal{L}(y) - s \cdot y(0) - y'(0) - \mathcal{L}(y) = \frac{1}{s^2+1} + e^{-\frac{\pi}{2}s}$$

$$\mathcal{L}(y)(s^2-1) = s - 1 + \frac{1}{s^2+1} + e^{-\frac{\pi}{2}s}$$

$$\mathcal{L}(y) = \frac{s}{s^2-1} - \frac{1}{s^2-1} + \frac{1}{(s^2+1)(s^2-1)} + \frac{e^{-\frac{\pi}{2}s}}{s^2-1}$$

양변에 라플라스 역변환을 취한다.

$$\mathcal{L}^{-1}(y) = \mathcal{L}^{-1}\left(\frac{s}{s^2-1} - \frac{1}{s^2-1} + \frac{1}{(s^2+1)(s^2-1)} + \frac{e^{-\frac{\pi}{2}s}}{s^2-1}\right)$$

$$\therefore\ y = \cosh t \cdot u(t) - \frac{3}{2}\sinh t \cdot u(t) - \frac{1}{2}\sin t \cdot u(t) + \sinh\left(t-\frac{\pi}{2}\right)u\left(t-\frac{\pi}{2}\right)$$

8. $y'' + 2y' + 2y = \delta(t - 2\pi),\ y(0) = 1,\ y'(0) = -1$

sol 양변에 라플라스 변환을 취한다.

$$\mathcal{L}(y'') + \mathcal{L}(2y') + \mathcal{L}(2y) = \mathcal{L}(\delta(t - 2\pi))$$

$$s^2 \cdot \mathcal{L}(y) - s \cdot y(0) - y'(0) + 2[s \cdot \mathcal{L}(y) - y(0)] + \mathcal{L}(y) = e^{-2\pi s}$$

$$\mathcal{L}(y)(s^2+2s+2) = s + 1 + e^{-2\pi s}$$

$$\mathcal{L}(y) = \frac{s+1}{(s^2+2s+2)} + \frac{e^{-2\pi s}}{(s^2+2s+2)}$$

양변에 라플라스 역변환을 취한다.

$$\mathcal{L}^{-1}(y) = \mathcal{L}^{-1}\left(\frac{s+1}{(s+1)^2+1} + \frac{e^{-2\pi s}}{(s+1)^2+1}\right)$$

$$\therefore\ y = e^{-t}\cos t \cdot u(t) + e^{-t}\sin(t-2\pi) \cdot u(t-2\pi)$$

9. $y'' + 2y' - 3y = -8e^{-t} - \delta\left(t - \frac{1}{2}\right),\ y(0) = 1,\ y'(0) = 1$

sol 양변에 라플라스 변환을 취한다.

$$\mathcal{L}(y'') + \mathcal{L}(2y') - \mathcal{L}(3y) = \mathcal{L}\left(-8e^{-t} - \delta\left(t - \frac{1}{2}\right)\right)$$

$$s^2 \cdot \mathcal{L}(y) - s \cdot y(0) - y'(0) + 2[s \cdot \mathcal{L}(y) - y(0)] + 3\mathcal{L}(y)$$

$$= -8 \cdot \frac{1}{s+1} - e^{-\frac{1}{2}s}$$

$$\mathcal{L}(y)(s^2+2s-3) = 1 - \frac{8}{s+1} - e^{-\frac{s}{2}}$$

$$\mathcal{L}(y) = \frac{1}{(s^2+2s-3)} - \frac{8}{(s^2+2s-3)(s+1)} - \frac{e^{-\frac{s}{2}}}{(s^2+2s-3)}$$

$$= \frac{1}{(s+1)^2-4} - 2\left(\frac{s+1}{(s+1)^2-4} - \frac{1}{(s+1)}\right) - \frac{e^{-\frac{s}{2}}}{(s+1)^2-4}$$

양변에 라플라스 역변환을 취한다.

$$\mathcal{L}^{-1}(y) = \mathcal{L}^{-1}\left(\frac{1}{(s+1)^2-4} - 2\left(\frac{s+1}{(s+1)^2-4} - \frac{1}{(s+1)}\right) - \frac{e^{-\frac{s}{2}}}{(s+1)^2-4}\right)$$

$$\therefore\ y = \frac{1}{2}e^{-t}\sinh 2t \cdot u(t) - 2(e^{-t}\cdot\cosh 2t - e^{-t})$$

$$\cdot\, u(t) - \frac{1}{2}e^{-\left(t-\frac{1}{2}\right)}\sinh 2\left(t-\frac{1}{2}\right)\cdot u\left(t-\frac{1}{2}\right)$$

10. $y'' + 5y' + 6y = u(t-1) + \delta(t-2),\ y(0) = 1,\ y'(0) = 1$

sol 양변에 라플라스 변환을 취한다.

$$\mathcal{L}(y'') + \mathcal{L}(5y') + \mathcal{L}(6y) = \mathcal{L}[\,u(t-1) + \delta(t-2)\,]$$

$$s^2\cdot\mathcal{L}(y) - s\cdot y(0) - y'(0) + 5[\,s\cdot\mathcal{L}(y) - y(0)\,] + 8\,\mathcal{L}(y) = \frac{e^{-s}}{s} + e^{-2s}$$

$$\mathcal{L}(y)(s^2+5s+6) = 1 + \frac{e^{-s}}{s} + e^{-2s}$$

$$\mathcal{L}(y) = \frac{1}{(s+2)(s+3)} + \frac{e^{-s}}{s(s+2)(s+3)} + \frac{e^{-2s}}{(s+2)(s+3)}$$

$$= \frac{1}{s+2} - \frac{1}{s+3} + e^{-s}\left(\frac{1}{6}\cdot\frac{1}{s} - \frac{1}{2}\cdot\frac{1}{s+2} + \frac{1}{3}\cdot\frac{1}{s+3}\right)$$

$$+ e^{-2s}\left(\frac{1}{s+2} - \frac{1}{s+3}\right)$$

양변에 라플라스 역변환을 취한다.

$$\mathcal{L}^{-1}(y) = \mathcal{L}^{-1}\left[\frac{1}{s+2} - \frac{1}{s+3} + e^{-s}\left(\frac{1}{6}\cdot\frac{1}{s} - \frac{1}{2}\cdot\frac{1}{s+2} + \frac{1}{3}\cdot\frac{1}{s+3}\right)\right.$$

$$\left. + e^{-2s}\left(\frac{1}{s+2} - \frac{1}{s+3}\right)\right]$$

$$\therefore\ y = [\,e^{-2t} - e^{-3t}\,]\cdot u(t) + \left[\frac{1}{6} - \frac{1}{2}e^{-2(t-1)} + \frac{1}{3}e^{-3(t-1)}\right]$$

$$\cdot\, u(t-1) + [\,e^{-2(t-2)} - e^{-3(t-2)}\,]\cdot u(t-2)$$

11. $y'' - 5y' + 6y = te^{-t},\ y(0) = 0,\ y'(0) = 0$

sol 양변에 라플라스 변환을 취한다.

$$\mathcal{L}(y'') - \mathcal{L}(5y') + \mathcal{L}(6y) = \mathcal{L}[te^{-t}]$$

$$s^2 \cdot \mathcal{L}(y) - s \cdot y(0) - y'(0) - 5[s \cdot \mathcal{L}(y) - y(0)] + 6\mathcal{L}(y) = \frac{1}{(s+1)^2}$$

$$\mathcal{L}(y)(s^2 - 5s + 6) = \frac{1}{(s+1)^2}$$

$$\mathcal{L}(y) = \frac{1}{(s-2)(s-3)(s+1)^2} \quad \Rightarrow \quad \frac{A}{s+1} + \frac{B}{(s+1)^2} + \frac{C}{s-2} + \frac{D}{s-3}$$

$$= \frac{7}{12} \cdot \frac{1}{s+1} + \frac{1}{12} \cdot \frac{1}{(s+1)^2} - \frac{4}{3} \cdot \frac{1}{s-2} + \frac{3}{4} \cdot \frac{1}{s-3}$$

☞ 부분분수의 전개 **<ex. 15>** 참조

양변에 라플라스 역변환을 취한다.

$$\mathcal{L}^{-1}(y) = \mathcal{L}^{-1}\left(\frac{7}{12} \cdot \frac{1}{s+1} + \frac{1}{12} \cdot \frac{1}{(s+1)^2} - \frac{4}{3} \cdot \frac{1}{s-2} + \frac{3}{4} \cdot \frac{1}{s-3}\right)$$

$$\therefore\ y = \frac{7}{12} \cdot e^{-t} + \frac{1}{12}t \cdot e^{-t} - \frac{4}{3} \cdot e^{2t} + \frac{3}{4} \cdot e^{3t}$$

12. $y'' - 3y' + 2y = 4e^{2t},\ y(0) = -3,\ y'(0) = 5$

sol 양변에 라플라스 변환을 취한다.

$$\mathcal{L}(y'') - \mathcal{L}(3y') + \mathcal{L}(2y) = \mathcal{L}[4e^{2t}]$$

$$s^2 \cdot \mathcal{L}(y) - s \cdot y(0) - y'(0) - 3[s \cdot \mathcal{L}(y) - y(0)] + 2\mathcal{L}(y) = \frac{4}{s-2}$$

$$\mathcal{L}(y)(s^2 - 3s + 2) + 3s - 14 = \frac{4}{s-2}$$

$$\mathcal{L}(y) = \frac{4}{(s-1)(s-1)^2} + \frac{14-3s}{(s-1)(s-2)}$$

$$= \frac{-3s^2 + 20s - 24}{(s-1)(s-2)^2} \quad \Rightarrow \quad \frac{A}{s-1} + \frac{B}{(s-2)} + \frac{C}{(s-2)^2}$$

$$= -\frac{7}{s-1} + \frac{4}{s-2} + \frac{4}{(s-2)^2}$$

양변에 라플라스 역변환을 취한다.

$$\mathcal{L}^{-1}(y) = \mathcal{L}^{-1}\left(-\frac{7}{s-1} + \frac{4}{s-2} + \frac{4}{(s-2)^2}\right)$$

$$\therefore\ y = -7 \cdot e^t + 4 \cdot e^{2t} + 4t \cdot e^{2t}$$

13. $y'' + 2y' + 5y = e^{-t}\sin t,\ y(0) = 0,\ y'(0) = 1$

sol 양변에 라플라스 변환을 취한다.

$$\mathcal{L}(y'') + \mathcal{L}(2y') + \mathcal{L}(5y) = \mathcal{L}[e^{-t}\sin t]$$

$$s^2\cdot\mathcal{L}(y) - s\cdot y(0) - y'(0) + 2[s\cdot\mathcal{L}(y) - y(0)] + 5\mathcal{L}(y) = \frac{1}{(s+1)^2+1}$$

$$\mathcal{L}(y)(s^2+2s+5) - 1 = \frac{4}{s-2}$$

$$\mathcal{L}(y) = \frac{1}{s^2+2s+5} + \frac{1}{(s^2+2s+2)(s^2+2s+5)}$$

$$= \frac{s^2+2s+3}{(s^2+2s+2)(s^2+2s+5)} \Rightarrow \frac{A}{s^2+2s+2} + \frac{B}{s^2+2s+5}$$

$$= \frac{1}{3}\cdot\frac{1}{s^2+2s+2} + \frac{2}{3}\cdot\frac{1}{s^2+2s+5}$$

NOTE $s^2 + 2s \Rightarrow t$로 치환

양변에 라플라스 역변환을 취한다.

$$\mathcal{L}^{-1}(y) = \frac{1}{3}\mathcal{L}^{-1}\left(\frac{1}{(s+1)^2+1}\right) + \frac{2}{3}\mathcal{L}^{-1}\left(\frac{1}{(s+1)^2+4}\right)$$

$$\therefore\ y = \frac{1}{3}\cdot e^{-t}\cdot\sin t + \frac{1}{3}\cdot e^{-t}\cdot\sin 2t$$

14. $y''' - 3y'' + 3y' - y = t^2e^t,\ y(0) = 1,\ y'(0) = 0,\ y''(0) = -2$

sol 양변에 라플라스 변환을 취한다.

$$\mathcal{L}(y''') - \mathcal{L}(3y'') + \mathcal{L}(3y') - \mathcal{L}(y) = \mathcal{L}[t^2e^t]$$

$$(s^3\cdot\mathcal{L}(y) - s^2\cdot y(0) - s\cdot y'(0) + y''(0)) - 3[s^2\cdot\mathcal{L}(y) - s\cdot y(0) - y'(0)]$$

$$+ 3[s\cdot\mathcal{L}(y) - y(0)] - \mathcal{L}(y) = \frac{2}{(s+1)^3}$$

$$\mathcal{L}(y)(s^3 - 3s^2 + 3s - 1) - s^2 + 3s - 1 = \frac{2}{(s+1)^3}$$

$$\mathcal{L}(y) = \frac{s^2-3s+1}{(s-1)^3} + \frac{2}{(s-1)^6}$$

$$\Rightarrow \frac{A}{s-1} + \frac{B}{(s-1)^2} + \frac{C}{(s-1)^3} + \frac{2}{(s-1)^6}$$

$$= \frac{1}{s-1} - \frac{1}{(s-1)^2} - \frac{1}{(s-1)^3} + \frac{2}{(s-1)^6}$$

NOTE $\dfrac{2}{(s-1)^6}$

$$\Rightarrow 2e^t\mathcal{L}^{-1}\left(\frac{1}{s^6}\right)$$

$$\Rightarrow \frac{2}{5!}\mathcal{L}^{-1}\left(\frac{5!}{s^6}\right)$$

양변에 라플라스 역변환을 취한다.

$$\mathcal{L}^{-1}(y) = \mathcal{L}^{-1}\left(\frac{1}{s-1} - \frac{1}{(s-1)^2} - \frac{1}{(s-1)^3} + \frac{2}{(s-1)^6}\right)$$

$$\therefore\ y = e^t - t \cdot e^t - \frac{1}{2}t^2 \cdot e^t + \frac{1}{60}t^5 \cdot e^t$$

15. $y'' - 3y' + 2y = 4t + 12e^t,\ y(0) = 0,\ y'(0) = 0$

sol 양변에 라플라스 변환을 취한다.

$$\mathcal{L}(y'') - \mathcal{L}(3y') + \mathcal{L}(2y) = \mathcal{L}[\,4t + 12e^t\,]$$

$$s^2 \cdot \mathcal{L}(y) - s \cdot y(0) - y'(0) - 3[\,s \cdot \mathcal{L}(y) - y(0)\,] + 2\mathcal{L}(y)$$

$$= \frac{8}{t^2} + \frac{12}{s-1}$$

$$\mathcal{L}(y)(\,s^2 - 3s + 2\,) = \frac{8}{s^2} + \frac{12}{s-1}$$

$$\mathcal{L}(y) = \frac{8}{s^2(s-1)(s-2)} + \frac{12}{(s-1)^2(s-2)}$$

$$\Rightarrow \left(\frac{A}{s} + \frac{B}{s^2} + \frac{C}{s-1} + \frac{D}{s-2}\right) + \left(\frac{E}{s-1} + \frac{F}{(s-1)^2} + \frac{G}{s-2}\right)$$

$$= \left(\frac{7}{s} + \frac{4}{s^2} - \frac{8}{s-1} + \frac{1}{s-2}\right) + \left(-\frac{12}{s-1} - \frac{12}{(s-1)^2} + \frac{12}{s-2}\right)$$

$$= \frac{7}{s} + \frac{4}{s^2} - \frac{20}{s-1} + \frac{13}{s-2} - \frac{12}{(s-1)^2}$$

양변에 라플라스 역변환을 취한다.

$$\mathcal{L}^{-1}(y) = \mathcal{L}^{-1}\left(\frac{7}{s} + \frac{4}{s^2} - \frac{20}{s-1} + \frac{13}{s-2} - \frac{12}{(s-1)^2}\right)$$

$$\therefore\ y = 7 + 4t - 20e^t + 13e^{2t} - 12t \cdot e^t$$

16. $y'' - 2y' + 5y = \sin t - \cos t,\ y(0) = 1,\ y'(0) = 1$

sol 양변에 라플라스 변환을 취한다.

$$\mathcal{L}(y'') - \mathcal{L}(2y') + \mathcal{L}(5y) = \mathcal{L}[\,\sin t - \cos t\,]$$

$$s^2 \cdot \mathcal{L}(y) - s \cdot y(0) - y'(0) - 2[\,s \cdot \mathcal{L}(y) - y(0)\,] + 5\mathcal{L}(y)$$

$$= \frac{1}{s^2+1} - \frac{s}{s^2+1}$$

$$\mathcal{L}(y)(\,s^2 - 2s + 5\,) = s - 1 - \frac{s-1}{s^2+1}$$

$$\mathcal{L}(y) = \frac{s^3 - s^2}{(s^2+2s+5)(s^2+1)}$$

$$= \frac{\frac{13}{10}s - \frac{1}{2}}{(s-1)^2+4} + \frac{-\frac{3}{10}s + \frac{1}{10}}{s^2+1}$$

$$= \frac{13}{10}\cdot\frac{(s-1)}{(s-1)^2+4} + \frac{8}{10}\cdot\frac{1}{(s-1)^2+4}$$

$$- \frac{3}{10}\cdot\frac{s}{s^2+1} + \frac{1}{10}\cdot\frac{1}{s^2+1}$$

양변에 라플라스 역변환을 취한다.

$$\mathcal{L}^{-1}(y) = \mathcal{L}^{-1}\left(\frac{13}{10}\cdot\frac{(s-1)}{(s-1)^2+4}\right) + \mathcal{L}^{-1}\left(\frac{8}{10}\cdot\frac{1}{(s-1)^2+4}\right)$$

$$- \mathcal{L}^{-1}\left(\frac{3}{10}\cdot\frac{s}{s^2+1}\right) + \mathcal{L}^{-1}\left(\frac{1}{10}\cdot\frac{1}{s^2+1}\right)$$

$$\therefore\ y = \frac{13}{10}\cdot e^t\cdot\cos 2t + \frac{4}{5}\cdot e^t\cdot\sin 2t - \frac{3}{10}\cdot\cos t + \frac{1}{10}\cdot\sin t$$

17. $y'' + 2y' - 3y = \sinh 2t,\ y(0) = 0,\ y'(0) = 0$

sol 양변에 라플라스 변환을 취한다.

$$\mathcal{L}(y'') + \mathcal{L}(2y') - \mathcal{L}(3y) = \mathcal{L}[\sinh 2t]$$

$$s^2\cdot\mathcal{L}(y) - s\cdot y(0) - y'(0) + 2[s\cdot\mathcal{L}(y) - y(0)] - 3\mathcal{L}(y) = \frac{2}{s^2-4}$$

$$\mathcal{L}(y)(s^2+2s-3) = \frac{2}{s^2-4}$$

$$\mathcal{L}(y) = \frac{2}{(s^2+2s-3)(s^2-4)}$$

$$= -\frac{1}{10}\cdot\frac{1}{s+3} - \frac{1}{6}\cdot\frac{1}{s-1} + \frac{1}{6}\cdot\frac{1}{s+2} + \frac{1}{10}\cdot\frac{1}{s-2}$$

양변에 라플라스 역변환을 취한다.

$$\mathcal{L}^{-1}(y) = \mathcal{L}^{-1}\left(-\frac{1}{10}\cdot\frac{1}{s+3}\right) - \mathcal{L}^{-1}\left(\frac{1}{6}\cdot\frac{1}{s-1}\right) + \mathcal{L}^{-1}\left(\frac{1}{6}\cdot\frac{1}{s+2}\right)$$

$$+ \mathcal{L}^{-1}\left(\frac{1}{10}\cdot\frac{1}{s-2}\right)$$

$$\therefore\ y = -\frac{1}{10}\cdot e^{-3t} - \frac{1}{6}\cdot e^t + \frac{1}{6}\cdot e^{-2t} + \frac{1}{10}\cdot e^{2t}$$

18. $y'' + 2y' - 3y = \cosh 2t,\ y(0) = 0,\ y'(0) = 0$

sol 양변에 라플라스 변환을 취한다.

$$\mathcal{L}(y'') + \mathcal{L}(2y') - \mathcal{L}(3y) = \mathcal{L}[\cosh 2t]$$

$$s^2 \cdot \mathcal{L}(y) - s \cdot y(0) - y'(0) + 2[s \cdot \mathcal{L}(y) - y(0)] - 3\mathcal{L}(y) = \frac{s}{s^2-4}$$

$$\mathcal{L}(y)(s^2+2s-3) = \frac{s}{s^2-4}$$

$$\mathcal{L}(y) = \frac{s}{(s^2+2s-3)(s^2-4)}$$

$$= \frac{3}{20} \cdot \frac{1}{s+3} - \frac{1}{12} \cdot \frac{1}{s-1} - \frac{1}{6} \cdot \frac{1}{s+2} + \frac{1}{10} \cdot \frac{1}{s-2}$$

양변에 라플라스 역변환을 취한다.

$$\mathcal{L}^{-1}(y) = \mathcal{L}^{-1}\left(\frac{3}{20} \cdot \frac{1}{s+3}\right) - \mathcal{L}^{-1}\left(\frac{1}{12} \cdot \frac{1}{s-1}\right) - \mathcal{L}^{-1}\left(\frac{1}{6} \cdot \frac{1}{s+2}\right)$$
$$+ \mathcal{L}^{-1}\left(\frac{1}{10} \cdot \frac{1}{s-2}\right)$$

$$\therefore y = \frac{3}{20} \cdot e^{-3t} - \frac{1}{12} \cdot e^{t} - \frac{1}{6} \cdot e^{-2t} + \frac{1}{10} \cdot e^{2t}$$

19. $y'' - 4y' + 4y = t^2 e^{2t},\ y(0) = 2,\ y'(0) = 4$

sol 양변에 라플라스 변환을 취한다.

$$\mathcal{L}(y'') - \mathcal{L}(4y') + \mathcal{L}(4y) = \mathcal{L}[t^2 e^{2t}]$$

$$s^2 \cdot \mathcal{L}(y) - s \cdot y(0) - y'(0) - 4[s \cdot \mathcal{L}(y) - y(0)] + 4\mathcal{L}(y) = \frac{2}{(s-2)^3}$$

$$\mathcal{L}(y)(s^2-4s+4) = 2s - 4 + \frac{2}{(s-2)^3}$$

$$\mathcal{L}(y) = \frac{2}{s-2} + \frac{2}{(s-2)^5}$$

양변에 라플라스 역변환을 취한다.

$$\mathcal{L}^{-1}(y) = \mathcal{L}^{-1}\left(\frac{2}{s-2}\right) + \mathcal{L}^{-1}\left(\frac{2}{(s-2)^5}\right)$$

$$\therefore y = 2e^{2t} + \frac{1}{12}t^4 e^{2t}$$

20. $y'' - y = 2 + e^{3t},\ y(0) = 1,\ y'(0) = -1$

sol 양변에 라플라스 변환을 취한다.

$$\mathcal{L}(y'') - \mathcal{L}(y) = \mathcal{L}[\,2 + e^{3t}\,]$$

$$s^2 \cdot \mathcal{L}(y) - s \cdot y(0) - y'(0) - \mathcal{L}(y) = \frac{2}{s} + \frac{1}{s-3}$$

$$\mathcal{L}(y)\,(\,s^2 - 1\,) = s - 1 + \frac{2}{s} + \frac{1}{s-3}$$

$$\mathcal{L}(y) = \frac{1}{s+1} + \frac{2}{s(s^2-1)} + \frac{1}{(s^2-1)(s-3)}$$

$$\Rightarrow \frac{2}{s(s^2-1)} = \frac{A}{s} + \frac{Bs+C}{s^2-1},\quad \frac{1}{(s^2-1)(s-3)} = \frac{D}{s-3} + \frac{Es+F}{s^2-1}$$

$$= \frac{1}{s+1} - \frac{2}{s} + \frac{2s}{s^2-1} - \frac{1}{8}\cdot\frac{1}{s-3} - \frac{1}{8}\cdot\frac{s}{s^2-1} - \frac{3}{8}\cdot\frac{1}{s^2-1}$$

양변에 라플라스 역변환을 취한다.

$$\mathcal{L}^{-1}(y) = \mathcal{L}^{-1}\left(\frac{1}{s+1}\right) - \mathcal{L}^{-1}\left(\frac{2}{s}\right) + \mathcal{L}^{-1}\left(\frac{2s}{s^2-1}\right) - \mathcal{L}^{-1}\left(\frac{1}{8}\cdot\frac{1}{s-3}\right)$$

$$- \mathcal{L}^{-1}\left(\frac{1}{8}\cdot\frac{s}{s^2-1}\right) - \mathcal{L}^{-1}\left(\frac{3}{8}\cdot\frac{1}{s^2-1}\right)$$

$$\therefore\ y = e^{-t} + 2 - \frac{1}{8}\cdot e^{3t} - \frac{17}{8}\cdot\cos t - \frac{3}{8}\cdot\sin t$$

※ **라플라스 변환과 고전적 해법과의 비교**

고전적 해법은 기존의 미분방정식의 해법(미정계수법, 미분연산자법 등)을 의미한다.

고전적 해법의 독립변수는 x, 라플라스 변환의 독립변수는 t 이다.

21. $y'' + 2y' + y = 3t^2,\ y(0) = 0,\ y'(0) = 0$

▶ 고전적 해법의 결과

$\Rightarrow\ \therefore\ y = y_h + y_p = C_1 e^{-t} + C_2 t e^{-t} + 3t^2 - 12t + 18$

▶ 초기조건 대입 $\Rightarrow\ C_1 = -18,\ C_2 = -6$

▶ $y = -18e^{-t} - 6te^{-t} + 3t^2 - 12t + 18$

sol 양변에 라플라스 변환을 취한다.

$$\mathcal{L}(y'') + \mathcal{L}(2y') + \mathcal{L}(y) = \mathcal{L}[\,3t^2\,]$$

$$s^2 \cdot \mathcal{L}(y) - s \cdot y(0) - y'(0) + 2[\, s \cdot \mathcal{L}(y) - y(0)\,] + \mathcal{L}(y) = \frac{6}{s^3}$$

$$\mathcal{L}(y)\,(\, s^2 + 2s + 1\,) = \frac{6}{s^3}$$

$$\mathcal{L}(y) = \frac{6}{s^3(s+1)^2} = \frac{18}{s} - \frac{12}{s^2} + \frac{6}{s^3} - \frac{18}{s+1} - \frac{6}{(s+1)^2}$$

양변에 라플라스 역변환을 취한다.

$$\mathcal{L}^{-1}(y) = \mathcal{L}^{-1}\left(\frac{18}{s} - \frac{12}{s^2} + \frac{6}{s^3} - \frac{18}{s+1} - \frac{6}{(s+1)^2} \right)$$

$\therefore\ y = 18 - 12t + 3t^2 - 18e^{-t} - 6e^{-t}$ ☞ 고전적 해법의 결과와 동일

22. $y'' + y' - 2y = 3e^x,\ y(0) = 0,\ y'(0) = 0$

▶ 고전적 해법의 결과 ⇒ $\therefore\ y = y_h + y_p = C_1 e^{-2x} + C_2 e^x + x e^x$

▶ 초기조건 대입 ⇒ $C_1 = \frac{1}{3},\ C_2 = -\frac{1}{3}$

▶ $y = \frac{1}{3}e^{-2x} - \frac{1}{3}e^x + x e^x$

sol 양변에 라플라스 변환을 취한다.

$$\mathcal{L}(y'') + \mathcal{L}(y') - \mathcal{L}(2y) = \mathcal{L}[\, 3e^x\,]$$

$$s^2 \cdot \mathcal{L}(y) - s \cdot y(0) - y'(0) + [\, s \cdot \mathcal{L}(y) - y(0)\,] - 2\mathcal{L}(y) = \frac{3}{s-1}$$

$$\mathcal{L}(y)\,(\, s^2 + s - 2\,) = \frac{3}{s-1}$$

$$\mathcal{L}(y) = \frac{3}{(s+2)(s-1)^2} \quad \Rightarrow \quad \frac{A}{s-1} + \frac{B}{(s-1)^2} + \frac{C}{s+2}$$

$$= -\frac{1}{3} \cdot \frac{1}{s-1} + \frac{1}{(s-1)^2} + \frac{1}{3} \cdot \frac{1}{s+2}$$

양변에 라플라스 역변환을 취한다.

$$\mathcal{L}^{-1}(y) = \mathcal{L}^{-1}\left(-\frac{1}{3} \cdot \frac{1}{s-1} + \frac{1}{(s-1)^2} + \frac{1}{3} \cdot \frac{1}{s+2} \right)$$

$\therefore\ y = -\frac{1}{3} \cdot e^t + t \cdot e^t + \frac{1}{3} \cdot e^{-2t}$ ☞ 고전적 해법의 결과와 동일

23. $y'' + y' + 6y = 6x^3 - x,\ y(0) = 0,\ y'(0) = 0$

▶ 고전적 해법의 결과

$$\Rightarrow \therefore y = y_h + y_p = C_1 e^{-\frac{1}{2}x} \cdot \cos\frac{\sqrt{23}}{2}x + C_2 e^{-\frac{1}{2}x} \cdot \sin\frac{\sqrt{23}}{2}x$$

$$+ x^3 - \frac{1}{2}x^2 - x + \frac{1}{3}$$

▶ 초기조건 대입 $\Rightarrow C_1 = \frac{1}{3},\ C_2 = -\frac{1}{3}$

▶ $y = \frac{1}{3} e^{-\frac{1}{2}x} \cdot \cos\frac{\sqrt{23}}{2}x - \frac{1}{3} e^{-\frac{1}{2}x} \cdot \sin\frac{\sqrt{23}}{2}x + x^3 - \frac{1}{2}x^2 - x + \frac{1}{3}$

sol 양변에 라플라스 변환을 취한다.

$$\mathcal{L}(y''') + \mathcal{L}(2y'') - \mathcal{L}(y') - \mathcal{L}(2y) = \mathcal{L}[\,1 - 2x^3\,]$$

$$(s^3 \cdot \mathcal{L}(y) - s^2 \cdot y(0) - s \cdot y'(0) + y''(0)) + 2[s^2 \cdot \mathcal{L}(y) - s \cdot y(0) - y'(0)]$$

$$-[s \cdot \mathcal{L}(y) - y(0)] - 2\mathcal{L}(y) = \frac{1}{s} - \frac{1}{3} \cdot \frac{1}{s^4}$$

$$\mathcal{L}(y)(s^3 - 3s^2 + 3s - 1) - s^2 + 3s - 1 = \frac{2}{(s+1)^3}$$

$$\mathcal{L}(y) = \frac{s^2 - 3s + 1}{(s-1)^3} + \frac{2}{(s-1)^6}$$

$$\Rightarrow \frac{A}{s-1} + \frac{B}{(s-1)^2} + \frac{C}{(s-1)^3} + \frac{2}{(s-1)^6}$$

$$= \frac{1}{s-1} - \frac{1}{(s-1)^2} - \frac{1}{(s-1)^3} + \frac{2}{(s-1)^6}$$

양변에 라플라스 역변환을 취한다.

$$\mathcal{L}^{-1}(y) = \mathcal{L}^{-1}\left(\frac{1}{s-1} - \frac{1}{(s-1)^2} - \frac{1}{(s-1)^3} + \frac{2}{(s-1)^6}\right)$$

$$\therefore y = e^t - t \cdot e^t - \frac{1}{2}t^2 \cdot e^t + \frac{1}{60}t^5 \cdot e^t$$

24. $y''' + 2y'' - y' - 2y = 1 - 2x^3,\ y(0) = 0,\ y'(0) = 0,\ y''(0) = 0$

▶ 고전적 해법의 결과 $\Rightarrow \therefore y = y_h + y_p$

$$= C_1 e^{-2x} + C_2 e^{-x} + C_3 e^x$$

$$+ x^3 - \frac{3}{2}x^2 + \frac{15}{2}x - \frac{15}{4}$$

▶ 초기조건 대입 ⇒ $C_1 = -\frac{1}{4}$, $C_2 = 6$, $C_3 = -2$

▶ $y = -\frac{1}{4}e^{-2x} + 6e^{-x} - 2e^{x} + x^3 - \frac{3}{2}x^2 + \frac{15}{2}x - \frac{15}{4}$

sol 양변에 라플라스 변환을 취한다.

$$\mathcal{L}(y''') + \mathcal{L}(2y'') - \mathcal{L}(y') - \mathcal{L}(2y) = \mathcal{L}[1 - 2x^3]$$

$$(s^3 \cdot \mathcal{L}(y) - s^2 \cdot y(0) - s \cdot y'(0) + y''(0)) + 2[s^2 \cdot \mathcal{L}(y) - s \cdot y(0) - y'(0)]$$

$$- [s \cdot \mathcal{L}(y) - y(0)] - 2\mathcal{L}(y) = \frac{1}{s} - \frac{1}{3} \cdot \frac{1}{s^4}$$

$$\mathcal{L}(y)(s^3 - 3s^2 + 3s - 1) - s^2 + 3s - 1 = \frac{2}{(s+1)^3}$$

$$\mathcal{L}(y) = \frac{s^2 - 3s + 1}{(s-1)^3} + \frac{2}{(s-1)^6}$$

$$\Rightarrow \frac{A}{s-1} + \frac{B}{(s-1)^2} + \frac{C}{(s-1)^3} + \frac{2}{(s-1)^6}$$

$$= \frac{1}{s-1} - \frac{1}{(s-1)^2} - \frac{1}{(s-1)^3} + \frac{2}{(s-1)^6}$$

양변에 라플라스 역변환을 취한다.

$$\mathcal{L}^{-1}(y) = \mathcal{L}^{-1}\left(\frac{1}{s-1} - \frac{1}{(s-1)^2} - \frac{1}{(s-1)^3} + \frac{2}{(s-1)^6}\right)$$

$$\therefore y = e^t - t \cdot e^t - \frac{1}{2}t^2 \cdot e^t + \frac{1}{60}t^5 \cdot e^t$$

25. $y''' - y'' - 4y' + 4y = -6e^{-x}$

sol $y_h = m^3 - m^2 - 4m + 4 \Rightarrow m = 1, \pm 2$

$$\Rightarrow y_h = C_1 e^{-2x} + C_2 e^{x} + C_3 e^{2x}$$

$$y_p = \frac{1}{(D^3 - D^2 - 4D + 4)} \cdot (-6e^{-x})$$

$$= \frac{1}{(-1)^3 - (-1)^2 - 4(-1) + 4} \cdot (-6e^{-x})$$

$$\therefore y_p = -e^{-x}$$

$$\therefore y = y_h + y_p = C_1 e^{-2x} + C_2 e^{x} + C_3 e^{2x} - e^{-x}$$

26. $y''' - y' - 2y = 3\cos x + \sin x + e^x$

sol $y_h = m^2 - m - 2 \Rightarrow m = -2, 1 \Rightarrow y_h = C_1 e^{-2x} + C_2 e^x$

$(D^2 - D - 2)y_p = 3\cos x + \sin x + e^x$

$$y_p = \frac{3}{(D^2 - D - 2)}\cos x + \frac{1}{(D^2 - D - 2)}\sin x + \frac{1}{(D^2 - D - 2)}e^x$$

$\Rightarrow \quad a = 1,\ D^2 = -1^2$ 를 대입

$$= \frac{3}{-1 - D - 2}\cos x + \frac{1}{-1 - D - 2}\sin x + \frac{1}{1 - 1 - 2}e^x$$

$$= \frac{3}{-3 - D}\cos x + \frac{1}{-3 - D}\sin x - \frac{1}{2}e^x$$

$$= 3 \cdot \frac{-3 + D}{(-3 - D)(-3 + D)}\cos x + \frac{-3 + D}{(-3 - D)(-3 + D)}\sin x - \frac{1}{2}e^x$$

$$= \frac{3}{10} \cdot (-3 + D)\cos x + \frac{1}{10} \cdot (-3 + D)\sin x - \frac{1}{2}e^x$$

☞ $D^2 = -1^2$ 대입

$$= \frac{3}{10}(-3\cos x - \sin x) + \frac{1}{10}(-3\sin x + \cos x) - \frac{1}{2}e^x$$

$$= -\frac{8}{10}\cos x - \frac{6}{10}\sin x - \frac{1}{2}e^x = -\frac{4}{5}\cos x - \frac{3}{5}\sin x - \frac{1}{2}e^x$$

$$\therefore\ y_p = -\frac{4}{5}\cos x - \frac{3}{5}\sin x - \frac{1}{2}e^x$$

$$\therefore\ y = y_h + y_p = C_1 e^{-2x} + C_2 e^x - \frac{4}{5}\cos x - \frac{3}{5}\sin x - \frac{1}{2}e^x$$

27. $y'' - 4y' + 3y = \sin x - \cos x$

sol $y_h = m^2 - 4m + 3 \quad \Rightarrow \quad m = 1, 3 \quad \Rightarrow \quad y_h = C_1 e^x + C_2 e^{3x}$

$(D^2 - 4D + 3)y_p = \sin x - \cos x$

$$y_p = \frac{1}{D^2 - 4D + 3} \cdot (\sin x - \cos x)$$

$\Rightarrow \quad a = 1,\ D^2 = -1^2$ 를 대입

$$= \frac{1}{2 - 4D} \cdot (\cos x - \sin x) \Rightarrow \frac{1}{2} \cdot \left(\frac{1}{1 - 2D}\right) \cdot (\sin x - \cos x)$$

$$= \frac{1}{2}\left(\frac{1 + 2D}{(1 - 2D)(1 + 2D)}\right) \cdot (\sin x - \cos x)$$

$$= \frac{1}{2} \cdot \left(\frac{1+2D}{1-4D^2} \right) (\sin x - \cos x)$$

$$= \frac{1}{10} (1 + 2D) \cdot (\sin x - \cos x)$$

$$= \frac{1}{10} (\sin x - \cos x + 2\cos x + 2\sin x)$$

$$\therefore\ y_p = \frac{3}{10} \sin x + \frac{1}{10} \cos x$$

$$\therefore\ y = y_h + y_p = C_1 e^x + C_2 e^{3x} + \frac{3}{10} \sin x + \frac{1}{10} \cos x$$

28. $y^{(4)} - 5y'' + 4y = 5\cos x$

sol $y_h = m^4 - 5m^2 + 4 \quad \Rightarrow \quad m = \pm 1\ ,\ \pm 2 \quad \Rightarrow$

$$y_h = C_1 e^{-2x} + C_2 e^{-x} + C_3 e^x + C_4 e^{2x}$$

$$(D^4 - 5D^2 + 4) y_p = 5\cos x$$

$y_p = \dfrac{1}{D^4 - 5D^2 + 4} \cdot (5\cos x) \quad \Rightarrow \quad a = 1,\ D^2 = -1^2$를 대입

$$= \frac{1}{(D^2-4)(D^2-1)} \cdot (5\cos x) \quad \Rightarrow \quad \frac{1}{(-1-4)(-1-1)} \cdot (5\cos x)$$

$$\therefore\ y_p = -\frac{1}{2} \cos x$$

$$\therefore\ y = y_h + y_p = C_1 e^{-2x} + C_2 e^{-x} + C_3 e^x + C_4 e^{2x} - \frac{1}{2} \cos x$$

29. $y'' - y' - 2y = 6e^x$

sol $y_h = m^2 - m - 2 \quad \Rightarrow \quad m = -1,\ 2 \quad \Rightarrow \quad y_h = C_1 e^{-x} + C_2 e^{2x}$

$$y_p = \frac{1}{D^2 - D - 2} \cdot (6e^{2x})$$

$= \dfrac{6}{(D-2)(D+1)} e^{2x} = \dfrac{6x^1}{3 \cdot 1!} \cdot e^{2x}$ ☞ $a = 2,\ n = 1$

$$\therefore\ y_p = 2xe^{2x}$$

$$\therefore\ y = y_h + y_p = C_1 e^{-x} + C_2 e^{2x} + 2xe^{2x}$$

30. $y''' - y'' + y' - y = x^3 + 4x^2$

sol $y_h = m^3 - m^2 + m - 1 \Rightarrow m = \pm 2,\ \pm 1$

$$\Rightarrow y_h = C_1 e^{-2x} + C_2 e^{-x} + C_3 e^{x} + C_4 e^{2x}$$

$$(D^3 - D^2 + D - 1)y_p = x^3 + 4x^2$$

$$\Rightarrow y_p = \frac{1}{D^3 - D^2 + D - 1} \cdot (x^3 + 4x^2)$$

$$\begin{array}{r|l}
 & -1 - D - D^4 \\ \hline
-1 + D - D^2 + D^3 & 1 \\
\ominus & 1 - D + D^2 - D^3 \\ \hline
\ominus & \quad D - D^2 + D^3 \\ \hline
\ominus & \quad D - D^2 + D^3 - D^4 \\ \hline
\ominus & \qquad\qquad\qquad D^4 \\ \hline
\ominus & D^4 - D^5 - D^6 - D^7 \\ \hline
 & D^5 + D^6 + D^7
\end{array}$$

$$y_p = (-1 - D - D^4 + \cdots) \cdot (x^3 + 4x^2)$$

$$\therefore\ y_p = -x^3 - 7x^2 - 8x$$

$$\therefore\ y = y_h + y_p$$

$$= C_1 e^{-2x} + C_2 e^{-x} + C_3 e^{x} + C_4 e^{2x} - x^3 - 7x^2 - 8x$$

부록

1. 삼각함수 관련 사항

1. 역수 관계

$$\operatorname{cosec}\theta = \frac{1}{\sin\theta},\ \sec\theta = \frac{1}{\cos\theta},\ \cot\theta = \frac{1}{\tan\theta}$$

2. 상제 관계

$$\tan\theta = \frac{\sin\theta}{\cos\theta},\ \cot\theta = \frac{\cos\theta}{\sin\theta}$$

3. 제곱 관계

$$\sin^2\theta + \cos^2\theta = 1,\ \tan^2\theta + 1 = \sec^2\theta,\ 1 + \cot^2\theta = \operatorname{cosec}^2\theta$$

4. sin 법칙

$$\frac{a}{\sin A} = \frac{b}{\sin B} = \frac{c}{\sin C} = 2R$$

5. cos 제1법칙

① $a = b\cos C + c\cos B$

② $b = c\cos A + a\cos C$

③ $c = a\cos B + b\cos A$

6. cos 제2법칙

① $a^2 = b^2 + c^2 - 2bc\cos A$

② $b^2 = c^2 + a^2 - 2ca\cos B$

③ $c^2 = a^2 + b^2 - 2ab\cos C$

7. 삼각함수의 덧셈정리

① $\sin(\alpha+\beta) = \sin\alpha\cos\beta + \cos\alpha\sin\beta$

② $\sin(\alpha-\beta) = \sin\alpha\cos\beta - \cos\alpha\sin\beta$

③ $\cos(\alpha+\beta) = \cos\alpha\cos\beta - \sin\alpha\sin\beta$

④ $\cos(\alpha-\beta) = \cos\alpha\cos\beta + \sin\alpha\sin\beta$

⑤ $\tan(\alpha+\beta) = \dfrac{\tan\alpha + \tan\beta}{1 - \tan\alpha\tan\beta}$

⑥ $\tan(\alpha-\beta) = \dfrac{\tan\alpha - \tan\beta}{1 + \tan\alpha\tan\beta}$

8. 삼각함수의 합성

① $a\sin\theta + b\sin\theta = \sqrt{a^2 + b^2}\sin(\theta+\alpha)$

② $a\sin\theta + b\sin\theta = \sqrt{a^2 + b^2}\cos(\theta-\beta)$

9. 배각 공식

(1) 2배각 공식

① $\sin 2\alpha = 2\sin\alpha\cos\alpha$

② $\cos 2\alpha = \cos^2\alpha - \sin^2\alpha$

$= 2\cos^2\alpha - 1$

$= 1 - 2\sin^2\alpha$

③ $\tan 2\alpha = \dfrac{\tan\alpha}{1 - \tan^2\alpha}$

(2) 3배각 공식

① $\sin 3\alpha = 3\sin\alpha - 4\sin^3\alpha$

② $\cos 3\alpha = 4\cos^3\alpha - 3\cos\alpha$

10. 반각 공식

$\sin^2\dfrac{\alpha}{2} = \dfrac{1-\cos\alpha}{2}$, $\cos^2\dfrac{\alpha}{2} = \dfrac{1+\cos\alpha}{2}$, $\tan^2\dfrac{\alpha}{2} = \dfrac{1-\cos\alpha}{1+\cos\alpha}$

11. 곱을 합 · 차로 변형하는 공식

① $\sin\alpha \cdot \cos\beta = \dfrac{1}{2}[\sin(\alpha+\beta) + \sin(\alpha-\beta)]$

② $\cos\alpha \cdot \sin\beta = \dfrac{1}{2}[\sin(\alpha+\beta) - \sin(\alpha-\beta)]$

③ $\cos\alpha \cdot \cos\beta = \dfrac{1}{2}[\cos(\alpha+\beta) + \cos(\alpha-\beta)]$

④ $\sin\alpha \cdot \sin\beta = -\dfrac{1}{2}[\cos(\alpha+\beta) - \cos(\alpha-\beta)]$

12. 합 · 차를 곱으로 변형하는 공식

① $\sin\alpha + \sin\beta = 2\sin\frac{\alpha+\beta}{2} \cdot \cos\frac{\alpha-\beta}{2}$

② $\sin\alpha - \sin\beta = 2\cos\frac{\alpha+\beta}{2} \cdot \sin\frac{\alpha-\beta}{2}$

③ $\cos\alpha + \cos\beta = 2\cos\frac{\alpha+\beta}{2} \cdot \cos\frac{\alpha-\beta}{2}$

④ $\sin\alpha - \sin\beta = -2\sin\frac{\alpha+\beta}{2} \cdot \sin\frac{\alpha-\beta}{2}$

2. 미분 관련 사항

1. 기본사항

① $f(x) = c$ ➡ $f'(x) = 0$

② $y = x^n$ ➡ $y' = nx^{n-1}$

③ $y = c \cdot f(x)$ ➡ $y' = c \cdot f'(x)$

④ $y = f(x) \pm g(x)$ ➡ $y' = f'(x) \pm g'(x)$

⑤ $y = f(x) \cdot g(x)$ ➡ $y' = f'(x) \cdot g(x) + f(x) \cdot g'(x)$

⑥ $y = \dfrac{f(x)}{g(x)}$ ➡ $y' = \dfrac{f'(x) \cdot g(x) - f(x) \cdot g'(x)}{\{g(x)\}^2}$

⑦ $y = \{f(x)\}^n$ ➡ $y' = n[f(x)]^{n-1} \cdot f'(x)$

⑧ $y = \sqrt{f(x)}$ ➡ $y' = \dfrac{1}{2\sqrt{f(x)}} \cdot f'(x)$

2. 삼각함수

① $y = \sin x$ ➡ $y' = \cos x$

② $y = \cos x$ ➡ $y' = -\sin x$

③ $y = \tan x$ ➡ $y' = \sec^2 x$

④ $y = \cot x$ ➡ $y' = -\mathrm{cosec}^2 x$

⑤ $y = \sec x$ ➡ $y' = \sec x \cdot \tan x$

⑥ $y = \mathrm{cosec}\, x$ ➡ $y' = -\mathrm{cosec}\, x \cdot \cot x$

⑦ $y = \cosh x$ ➡ $y' = \sinh x$

⑧ $y = \sinh x$ ➡ $y' = \cosh x$

⑨ $y = \tanh x$ ➡ $y' = \sec^2 h x$

⑩ $y = \coth x$ ➡ $y' = \sinh x$

⑪ $y = \mathrm{cosech}\, x$ ➡ $y' = -\mathrm{cosech}\, x \cdot \coth x$

⑫ $y = \mathrm{sech}\, x$ ➡ $y' = -\mathrm{sech}\, x \cdot \tanh x$

⑬ $y = \sin f(x)$ ➡ $y' = f'(x) \cdot \cos f(x)$

⑭ $y = \cos f(x)$ ➡ $y' = -f'(x) \cdot \sin f(x)$

⑮ $y = \tan f(x)$ ➡ $y' = f'(x) \cdot \sec^2 f(x)$

3. 지수함수와 로그함수

① $y = e^x$ ➡ $y' = e^x$

② $y = e^{f(x)}$ ➡ $y' = f'(x) \cdot e^{f(x)}$

③ $y = a^x$ ➡ $y' = a^x \cdot \ln a$

④ $y = a^{f(x)}$ ➡ $y' = f'(x) \cdot af(x) \cdot \ln a$

⑤ $y = \ln x$ ➡ $y' = \dfrac{1}{x}$

⑥ $y = \ln f(x)$ ➡ $y' = f'(x) \cdot \dfrac{1}{f(x)}$

⑦ $y = \log_a x$ ➡ $y' = \dfrac{1}{x} \cdot \dfrac{1}{\log a}$

⑧ $y = \log_a f(x)$ ➡ $y' = f'(x) \cdot \dfrac{1}{f(x)} \cdot \dfrac{1}{\log a}$

4. 역삼각함수 공식

① $y = \dfrac{d}{dx}(\sin^{-1}u)$ ➡ $y' = \dfrac{1}{\sqrt{1-u^2}} \cdot \dfrac{du}{dx}$

② $y = \dfrac{d}{dx}(\cos^{-1}u)$ ➡ $y' = -\dfrac{1}{\sqrt{1-u^2}} \cdot \dfrac{du}{dx}$

③ $y = \dfrac{d}{dx}(\tan^{-1}u)$ ➡ $y' = \dfrac{1}{1+u^2} \cdot \dfrac{du}{dx}$

④ $y = \dfrac{d}{dx}(\mathrm{cosec}^{-1}u)$ ➡ $y' = -\dfrac{1}{u\sqrt{1-u^2}} \cdot \dfrac{du}{dx}$

⑤ $y = \dfrac{d}{dx}(\sec^{-1}u)$ ➡ $y' = \dfrac{1}{u\sqrt{1-u^2}} \cdot \dfrac{du}{dx}$

⑥ $y = \dfrac{d}{dx}(\cot^{-1}u)$ ➡ $y' = -\dfrac{1}{1-u^2} \cdot \dfrac{du}{dx}$

5. 쌍곡선 함수와 지수함수와의 관계

① $\sinh x = \dfrac{e^{x} - e^{-x}}{2}$

② $\cosh x = \dfrac{e^{x} + e^{-x}}{2}$

③ $\tanh x = \dfrac{e^{x} - e^{-x}}{e^{x} + e^{-x}}$

④ $\operatorname{cosech} x = \dfrac{2}{e^{x} - e^{-x}}$

⑤ $\operatorname{sech} x = \dfrac{2}{e^{x} - e^{-x}}$

⑥ $\coth x = \dfrac{e^{x} + e^{-x}}{e^{x} - e^{-x}}$

3. 편미분의 기초

주어진 미분방정식이 완전미분방정식 여부를 확인하기 위해서 편미분을 통해 확인하는 과정이 필요하다. 편미분은 미분과 비교하여 더욱 간단하다.

① 함수 $f(x, y)$ 편미분의 기호: $\frac{\partial}{\partial x} f(x,y)$, $f_x(x, y)$ $\Rightarrow$ x에 대한 편미분

$\frac{\partial}{\partial y} f(x,y)$, $f_y(x, y)$ $\Rightarrow$ y에 대한 편미분

② 편미분하고자 하는 미분식에서 독립변수를 제외한 나머지는 상수로 취급

다음의 예제를 통해 편미분 방법에 대해서 살펴보도록 하자.

ex. 1 $f(x,y) = 2xy$ ☞ $f_x = y$ (x에 대한 편미분)

$f_y = x$ (y에 대한 편미분)

ex. 2 $f(x,y) = 2x^2 + 7xy + 5y^2$

☞ $f_x = \frac{\partial}{\partial x}(2x^2 + 7xy + 5y^2) = 4x + 7y$

⇒ 변수x를 제외한 나머지변수 y는 상수 취급

$f_x = \frac{\partial}{\partial x}(2x^2 + 7xy + 5y^2) = 7x + 10y$

⇒ 변수x를 제외한 나머지변수 y는 상수 취급

ex. 3 $f(x,y) = e^{xy}$ ☞ $f_x = \frac{\partial}{\partial x}(xy)\, e^{xy} = y \cdot e^{xy}$

$f_y = \frac{\partial}{\partial y}(xy)\, e^{xy} = x \cdot e^{xy}$

ex. 4 $f(x,y) = e^{2x+3y}$ ☞ $f_x = \frac{\partial}{\partial x}(2x+3y)\, e^{2x+3y} = 2 \cdot e^{2x+3y}$

$f_x = \frac{\partial}{\partial y}(2x+3y)\, e^{2x+3y} = 3 \cdot e^{2x+3y}$

ex. 5 $f(x,y) = \sin(xy)$ ☞ $f_x = \dfrac{\partial}{\partial x}(xy)\cos(xy) = y \cdot \cos(xy)$

$$f_y = \frac{\partial}{\partial y}(xy)\cos(xy) = x \cdot \cos(xy)$$

ex. 5 $f(x,y) = \sin(2x+3y)$

☞ $f_x = \dfrac{\partial}{\partial x}(2x+3y)\cos(2x+3y) = 2 \cdot \cos(2x+3y)$

$$f_x = \frac{\partial}{\partial y}(2x+3y)\cos(2x+3y) = 3 \cdot \cos(2x+3y)$$

ex. 6 $f(x,y,z) = e^{xyz}$ ☞ $f_x = \dfrac{\partial}{\partial x}(xyz) \cdot e^{xyz} = yz \cdot e^{xyz}$

$$f_z = \frac{\partial}{\partial y}(xyz) \cdot e^{xyz} = xz \cdot e^{xyz}$$

$$f_z = \frac{\partial}{\partial z}(xyz) \cdot e^{xyz} = xy \cdot e^{xyz}$$

4. 적분 관련 사항

1. $\int (a \cdot f(x)+b \cdot g(x))\,dx = a\int f(x)dx + b\int g(x)dx$

2. $\int x^n\,dx = \frac{x^{n+1}}{n+1} + C,\ (n \neq -1),\ \int \frac{1}{x}dx = \ln|x| + C$

3. 치환적분 공식

$u=g(x)$, $F'(u)=f(u)$이고, $g(x)$가 미분 가능하면,

$$\int f(g(x))\,g'(x)dx = \int f(u)\,du = F(u) + C = F(g(x)) + C$$

① 삼각치환

㉠ $\int f(x, \sqrt{a^2-x^2})dx$ ➡ $x = a\sin\theta$ $(a>0,\ -\frac{\pi}{2} \le \theta \le \frac{\pi}{2})$ 치환

㉡ $\int f(x, \sqrt{a^2+x^2})dx$ ➡ $x = a\tan\theta$ $(a>0,\ -\frac{\pi}{2} < \theta < \frac{\pi}{2})$ 치환

㉢ $\int f(x, \sqrt{x^2-a^2})dx$ ➡ $x = a\sec\theta$ $(a>0,\ 0 \le \theta < \frac{\pi}{2},\ \pi \le \theta < \frac{3}{2}\pi)$ 치환

② 부분적분법

$$\int f(x)g'(x)dx = f(x)g(x) - \int f'(x)\,g(x)\,dx$$

③ 삼각함수의 변환

$\int \sin ax \cos bx\,dx,\ \int \sin ax \sin bx\,dx,\ \int \cos ax \cos bx\,dx$ 형태

㉠ $\sin\alpha\cos\beta = \frac{1}{2}[\sin(\alpha+\beta) + \sin(\alpha-\beta)]$

㉡ $\sin\alpha\sin\beta = -\frac{1}{2}[\cos(\alpha+\beta) - \cos(\alpha-\beta)]$

㉢ $\cos\alpha\cos\beta = \frac{1}{2}[\cos(\alpha+\beta) + \cos(\alpha-\beta)]$

④ $\int \sin^m x \cos^n x\,dx$ 형태

㉠ n: 홀수 ➡ $\sin x = u$로 치환

㉡ m: 홀수 ➡ $\cos x = u$로 치환

㉢ m, n: 짝수 ➡ cos 배각 공식을 이용

⑤ $\int \tan^m x \sec^n x \, dx$ 형태

㉠ n: 홀수 ➡ $\tan x = u$로 치환

㉡ m: 홀수 ➡ $\sec x = u$로 치환

㉢ m, n: 짝수 ➡ $\sec x$의 제곱으로 변형

⑥ $ax^2 + bx + c$을 포함하는 형태 ➡ 완전제곱 형태로 변형한다.

⑦ $R(\sin x, \cos x)$의 적분법 (R 은 유리함수) ➡ $\tan\frac{x}{2} = u$로 치환

⑧ 무리함수의 치환

㉠ $R\left(x, \sqrt[n]{\frac{ax+b}{cx+d}}\right)$의 적분법 ($R$은 유리함수) ➡ $\sqrt[n]{\frac{ax+b}{cx+d}} = u$로 치환

특히, $\int R(x, \sqrt[n]{ax+b}, \sqrt[m]{ax+b})dx$ (R은 유리함수)

➡ n, m의 최소공배수 l을 구하여 $\sqrt[l]{ax+b} = u$로 치환.

㉡ $R(x, \sqrt{ax^2+bx+c})$의 적분 ($a \neq 0$, R 은 유리함수)

ⓐ $a > 0$ ➡ $\sqrt{ax^2+bx+c} = u - \sqrt{a}\,x$로 치환하여 유리함수 형태로 변형

ⓑ $a < 0$, $b^2 - 4ac > 0$일 때, $ax^2+bx+c=0$의 두 근을 α, β $(\alpha < \beta)$

➡ $\sqrt{ax^2+bx+c} = \sqrt{-a}\sqrt{(x-\alpha)(\beta-x)}$

이므로 $x - \alpha = u^2(\beta - x)$로 치환

5. 적분표

1. $\int [f(x) \pm g(x)]\, dx = \int f(x)\, dx \pm \int g(x)\, dx$

2. $\int c\ f(x)dx = c\int f(x)dx$

3. $\int f(g(x))g'(x)dx = \int f(u)du]_{u=g(x)}$

4. $\int x^n dx = \frac{1}{n+1}x^{n+1} + c,\ (n \neq -1)$

5. $\int f(x)g'(x)\, dx = f(x) \cdot g(x) - \int g(x)f'(x)dx$ ☞ 부분적분

6. $\int \frac{1}{x}dx = \ln|x| + c$

7. $\int \sin x dx = -\cos x + c$

8. $\int \cos x dx = \sin x + c$

9. $\int \sec^2 x dx = \tan x + c$

10. $\int \csc^2 x dx = -\cot x + c$

11. $\int \sec x \tan x\, dx = \sec x + c$

12. $\int \csc x \cot x\, dx = -\csc c + c$

13. $\int e^x\, dx = e^x + c$

14. $\int \frac{1}{\sqrt{a^2 - x^2}}dx = \sin^{-1}\frac{x}{a} + c$

15. $\int \frac{1}{a^2 + x^2}dx = \frac{1}{a}\tan^{-1}\frac{x}{a} + c$

16. $\int \frac{1}{x\sqrt{x^2-a^2}}dx = \frac{1}{a}\sec^{-1}\frac{x}{a} + c$

17. $\int \frac{1}{x\sqrt{ax+b}}dx = \frac{1}{\sqrt{b}}\ln\left|\frac{\sqrt{ax+b}\sqrt{b}}{\sqrt{ax+b}+\sqrt{b}}\right| + c,\ (b>0)$

18. $\int \frac{1}{x\sqrt{ax+b}}dx = \frac{2}{\sqrt{-b}}\tan^{-1}\sqrt{\frac{ax+b}{-b}} + c,\ (b<0)$

19. $\int \frac{1}{x^n\sqrt{ax+b}}dx = -\frac{1}{b(n-1)}\frac{\sqrt{ax+b}}{x^{n-1}} - \frac{(2n-3)a}{(2n-2)b}\int \frac{1}{x^{n-1}\sqrt{ax+b}}dx,$
$(n \neq 1)$

20. $\int \frac{\sqrt{ax+b}}{x}dx = 2\sqrt{ax+b} + b\int \frac{1}{x\sqrt{ax+b}}dx$

21. $\int \frac{1}{x^2-a^2}dx = \frac{1}{2a}\ln\left|\frac{x-a}{x+a}\right| + c$

22. $\int \frac{1}{(ax+b)(cx+d)}dx = \frac{1}{bc-ad}\ln\left|\frac{cx+d}{ax+b}\right| + c,\ (bc-ad\neq 0)$

23. $\int \frac{x}{(ax+b)(cx+d)}dx = \frac{1}{bc-ad}\left\{\frac{b}{a}\ln|ax+b| - \frac{d}{c}\ln|cx+d|\right\} + c,$
$(bc-ad\neq 0)$

24. $\int \frac{1}{(ax+b)^2(cx+d)}dx = \frac{1}{bc-ad}\left\{\frac{1}{ax+b} + \frac{c}{bc-ad}\ln\left|\frac{cx+d}{ax+b}\right|\right\} + c,$
$(bc-ad\neq 0)$

25. $\int \frac{x}{(ax+b)^2(cx+d)}dx = -\frac{1}{bc-ad}\left\{\frac{b}{a(ax+b)} + \frac{d}{bc-ad}\ln\left|\frac{cx+d}{ax+b}\right|\right\} + c,$
$(bc-ad\neq 0)$

26. $\int \sqrt{x^2\pm a^2}\,dx = \frac{x}{2}\sqrt{x^2\pm a^2} \pm \frac{a^2}{2}\ln\left|x+\sqrt{x^2\pm a^2}\right| + c$

27. $\int \frac{1}{\sqrt{x^2\pm a^2}}dx = \ln\left|x+\sqrt{x^2\pm a^2}\right| + c$

28. $\int x^2\sqrt{x^2 \pm a^2}\,dx = \frac{x}{8}(2x^2 \pm a^2)\sqrt{x^2 \pm a^2} - \frac{a^4}{8}\ln\left|x + \sqrt{x^2 \pm a^2}\right| + c$

29. $\int \frac{x^2}{\sqrt{x^2 \pm a^2}}\,dx = \frac{x}{2}\sqrt{x^2 \pm a^2} \mp \frac{a}{2}\ln\left|x + \sqrt{x^2 \pm a^2}\right| + c$

30. $\int (x^2 \pm a^2)^{\frac{3}{2}}\,dx = x(x^2 \pm a^2)^{\frac{3}{2}} - 3\int x^2\sqrt{x^2 \pm a^2}\,dx$

31. $\int \frac{1}{(x^2 \pm a^2)^{\frac{3}{2}}}\,dx = \frac{\pm x}{a^2\sqrt{x^2 \pm a^2}} + c$

32. $\int \frac{x^2}{(x^2 \pm a^2)^{\frac{3}{2}}}\,dx = \frac{-x}{\sqrt{x^2 \pm a^2}} + \ln\left|x + \sqrt{x^2 \pm a^2}\right| + c$

33. $\int \frac{1}{x^2\sqrt{x^2 \pm a^2}}\,dx = \mp\frac{\sqrt{x^2 \pm a^2}}{a^2 x} + c$

34. $\int \frac{\sqrt{x^2 \pm a^2}}{x^2}\,dx = -\frac{\sqrt{x^2 \pm a^2}}{x} + \ln\left|x + \sqrt{x^2 \pm a^2}\right| + c$

35. $\int \frac{\sqrt{x^2 \pm a^2}}{x}\,dx = \sqrt{x^2 \pm a^2} \pm a^2\int \frac{1}{x\sqrt{x^2 \pm a^2}}\,dx$

36. $\int \frac{1}{x\sqrt{x^2 \pm a^2}}\,dx = -\frac{1}{a}\ln\left|\frac{a + \sqrt{x^2 + a^2}}{x}\right| + c$

37. $\int \sqrt{a^2 - x^2}\,dx = \frac{x}{2}\sqrt{a^2 - x^2} + \frac{a^2}{2}\sin^{-1}\frac{x}{a} + c$

38. $\int x^2\sqrt{a^2 - x^2}\,dx = -\frac{x}{4}(a^2 - x^2)^{\frac{3}{2}} + \frac{a^2}{4}\int \sqrt{a^2 - x^2}\,dx$

39. $\int \frac{x^2}{\sqrt{a^2 - x^2}}\,dx = -\frac{x}{2}\sqrt{a^2 - x^2} + \frac{a^2}{2}\sin^{-1}\frac{x}{a} + c$

40. $\int (a^2-x^2)^{\frac{3}{2}}dx = \frac{x}{4}(a^2-x^2)^{\frac{3}{2}} + \frac{3a^2}{4}\int \sqrt{a^2-x^2}\,dx$

41. $\int \frac{1}{(a^2-x^2)^{\frac{3}{2}}}dx = \frac{x}{a^2\sqrt{a^2-x^2}} + c$

42. $\int \frac{x^2}{(a^2-x^2)^{\frac{3}{2}}}dx = \frac{x}{\sqrt{a^2-x^2}} - \sin^{-1}\frac{x}{a} + c$

43. $\int \frac{1}{x\sqrt{a^2-x^2}}dx = -\frac{1}{a}\ln\left|\frac{a+\sqrt{a^2-x^2}}{x}\right| + c$

44. $\int \frac{1}{x^2\sqrt{a^2-x^2}}dx = -\frac{\sqrt{a^2-x^2}}{a^2x} + c$

45. $\int \frac{\sqrt{a^2-x^2}}{x}dx = \sqrt{a^2-x^2} - a\ln\left|\frac{a+\sqrt{a^2-x^2}}{x}\right| + c$

46. $\int \frac{\sqrt{a^2-x^2}}{x^2}dx = -\frac{\sqrt{a^2-x^2}}{x} - \sin^{-1}\frac{x}{a} + c$

47. $\int \frac{1}{(x^2-a^2)^n}dx = \frac{1}{2(n-1)a^2}\left\{\frac{x}{(x^2+a^2)^{n-1}} + (2n-3)\int \frac{1}{(x^2+a^2)^{n-1}}dx\right\},$
$(n \neq 1)$

48. $\int x\sin x\,dx = \sin x - x\cos x + c$

49. $\int x^n \sin x\,dx = -x^n\cos x + nx^{n-1}\sin x - n(n-1)\int x^{n-2}\sin x\,dx$

50. $\int x\cos x\,dx = \cos x + x\sin x + c$

51. $\int x^n\cos x\,dx = x^n\sin x + nx^{n-1}\cos x - n(n-1)\int x^{n-2}\cos x\,dx$

52. $\displaystyle\int \sin^m x \cos^n x\, dx = \begin{cases} \dfrac{-\sin^{m-1} x \cos^{n+1} x}{m+n} + \dfrac{(m-1)}{m+n}\displaystyle\int \sin^{m-2} x \cos^n x\, dx \\ \dfrac{\sin^{m+1} x \cos^{n-1} x}{m+n} + \dfrac{(n-1)}{m+n}\displaystyle\int \sin^m x \cos^{n-2} x\, dx \end{cases},$

$(m+n \neq 0)$

53. $\displaystyle\int \sin^n x dx = -\frac{1}{n}\sin^{n-1} x \cos x + \frac{n-1}{n}\int \sin^{n-2} x dx,\ (n \geqq 2)$

54. $\displaystyle\int \sin^2 x\, dx = -\frac{1}{2}\sin x \cos x + \frac{x}{2} + c$

55. $\displaystyle\int \cos^n x dx = \frac{1}{n}\sin x \cos^{n-1} x + \frac{n-1}{n}\int \cos^{n-2} x\, dx,\ (n \geqq 2)$

56. $\displaystyle\int \cos^2 x dx = \frac{1}{2}\sin x \cos x + \frac{x}{2} + c$

57. $\displaystyle\int \sin^2 x \cos^2 x dx = -\frac{1}{4}\sin x \cos^3 x + \frac{1}{8}\sin x \cos x + \frac{x}{8} + c$

58. $\displaystyle\int \tan x dx = \ln|\sec x| + c$

59. $\displaystyle\int \tan^2 x dx = \tan x - x + c$

60. $\displaystyle\int \tan^n x dx = \frac{1}{n-1}\tan^{n-1} x - \int \tan^{n-2} x dx,\ (n \geqq 2)$

61. $\displaystyle\int \cot x\, dx = \ln|\sin x| + c$

62. $\displaystyle\int \cot^2 x dx = -\cot x - x + c$

63. $\displaystyle\int \cot^n x\, dx = -\frac{1}{n-1}\cot^{n-1} x - \int \cot^{n-2} x\, dx,\ (n \geqq 2)$

64. $\displaystyle\int \sec x\, dx = \ln\{\sec x + \tan x\} + c$

65. $\displaystyle\int \sec^n x\, dx = \frac{1}{n-1}\left\{\sec^{n-2} x \tan x + (n-2)\int \sec^{n-2} x\, dx\right\},\ (n \geqq 2)$

6. 식의 형태에 따른 적분표

A. $a + bu$ 형태

1. $\int (a+bu)^n du = \frac{(a+bu)^{n+1}}{b(n+1)}, \; n \neq -1$

2. $\int \frac{du}{a+bu} = \frac{1}{b}\ln(a+bu)$

3. $\int \frac{udu}{a+bu} = \frac{1}{b^2}[(a+bu) - a\ln(a+bu)]$

4. $\int \frac{u^2du}{a+bu} = \frac{1}{b^3}\left[\frac{1}{2}(a+bu)^2 - 2a(a+bu) + a^2\ln(a+bu)\right]$

5. $\int \frac{du}{u(a+bu)} = -\frac{1}{a}\ln\frac{a+bu}{u}$

6. $\int \frac{du}{u^2(a+bu)} = -\frac{1}{au} + \frac{b}{a^2}\ln\frac{a+bu}{u}$

7. $\int \frac{udu}{(a+bu)^2} = \frac{1}{b^2}\left[\frac{a}{a+bu} + \ln(a+bu)\right]$

8. $\int \frac{u^2du}{(a+bu)^2} = \frac{1}{b^3}\left[(a+bu) - \frac{a^2}{a+bu} - 2a\ln(a+bu)\right]$

9. $\int \frac{du}{u(a+bu)^2} = \frac{1}{a(a+bu)} - \frac{1}{a^2}\ln\frac{a+bu}{u}$

10. $\int \frac{du}{u^2(a+bu)^2} = -\frac{a+2bu}{a^2u(a+bu)} + \frac{2b}{a^3}\ln\frac{a+bu}{u}$

B. $\sqrt{a + bu}$ 형태

11. $\int u\sqrt{a+bu}\,du = -\frac{2(2a-3bu)(a+bu)^{\frac{3}{2}}}{15b^2}$

12. $\int u^n \sqrt{a+bu}\, du = \dfrac{2u^n (a+bu)^{\frac{3}{2}}}{b(2n+3)} - \dfrac{2an}{b(2n+3)}\int u^{n-1}\sqrt{a+bu}\, du$

13. $\int \dfrac{u\, du}{\sqrt{a+bu}} = -\dfrac{2(2a-bu)\sqrt{a+bu}}{3b^2}$

14. $\int \dfrac{u^2\, du}{\sqrt{a+bu}} = \dfrac{2u^n\sqrt{a+bu}}{b(2n+1)} - \dfrac{2an}{b(2n+1)}\int \dfrac{u^{n-1}\, du}{\sqrt{a+bu}}$

15. $\int \dfrac{du}{u\sqrt{a+bu}} = \begin{cases} \dfrac{1}{\sqrt{a}} \ln\left(\dfrac{\sqrt{a+bu}-\sqrt{a}}{\sqrt{a+bu}+\sqrt{a}}\right), & a>0 \\ \dfrac{2}{\sqrt{-a}} \tan^{-1}\sqrt{\dfrac{a+bu}{-a}}, & a<0 \end{cases}$

16. $\int \dfrac{du}{u^n\sqrt{a+bu}} = -\dfrac{\sqrt{a+bu}}{a(n-1)u^{n-1}} - \dfrac{b(2n-3)}{2a(n-1)}\int \dfrac{du}{u^{n-1}\sqrt{a+bu}}$

17. $\int \dfrac{\sqrt{a+bu}}{u}\, du = 2\sqrt{a+bu} + a\int \dfrac{du}{u\sqrt{a+bu}}$

18. $\int \dfrac{\sqrt{a+bu}}{u^n}\, du = -\dfrac{(a+bu)^{\frac{3}{2}}}{a(n-1)u^{n-1}} - \dfrac{b(2n-5)}{2a(n-1)}\int \dfrac{\sqrt{a+bu}}{u^{n-1}}\, du$

C. $\sqrt{u^2 \pm a^2}$ 형태

19. $\int \dfrac{du}{u^2+a^2} = \dfrac{1}{a}\tan^{-1}\dfrac{u}{a}$

20. $\int \dfrac{du}{u^2-a^2} = \dfrac{1}{2a}\ln\dfrac{u-a}{u+a}$

21. $\int \dfrac{du}{\sqrt{u^2\pm a^2}} = \ln(u+\sqrt{u^2\pm a^2})$

22. $\int \dfrac{u^2 du}{\sqrt{u^2\pm a^2}} = \dfrac{1}{2}u\sqrt{u^2\pm a^2} \mp \dfrac{1}{2}a^2\ln(u+\sqrt{u^2\pm a^2})$

23. $\int \dfrac{du}{u\sqrt{u^2+a^2}} = -\dfrac{1}{a}\ln\left(\dfrac{a+\sqrt{u^2+a^2}}{u}\right)$

24. $$\int \frac{du}{u\sqrt{u^2-a^2}} = \frac{1}{a}\sec^{-1}\frac{u}{a}$$

25. $$\int \frac{du}{u^2\sqrt{u^2 \pm a^2}} = \mp\frac{\sqrt{u^2 \pm a^2}}{a^2 u}$$

26. $$\int \sqrt{u^2 \pm a^2}\,du = \frac{1}{2}u\sqrt{u^2 \pm a^2} \pm \frac{1}{2}a^2 \ln(u+\sqrt{u^2 \pm a^2})$$

27. $$\int u^2\sqrt{u^2 \pm a^2}\,du$$

$$= \frac{1}{4}u(u^2 \pm a^2)^{\frac{3}{2}} \mp \frac{1}{8}a^2u\sqrt{u^2 \pm a^2} - \frac{1}{8}a^4\ln(u+\sqrt{u^2 \pm a^2})$$

28. $$\int \frac{\sqrt{u^2+a^2}}{u}du = \sqrt{u^2+a^2} - a\ln\left(\frac{a+\sqrt{u^2+a^2}}{u}\right)$$

29. $$\int \frac{\sqrt{u^2-a^2}}{u}du = \sqrt{u^2-a^2} - a\sec^{-1}\frac{u}{a}$$

30. $$\int \frac{\sqrt{u^2 \pm a^2}}{u^2}du = -\frac{\sqrt{u^2 \pm a^2}}{u} + \ln(u+\sqrt{u^2 \pm a^2})$$

31. $$\int (u^2+a^2)^{\frac{3}{2}}du = \frac{1}{4}u(u^2 \pm a^2)^{\frac{3}{2}} \pm \frac{3}{8}a^2u\sqrt{u^2 \pm a^2} + \frac{3}{8}a^4\ln(u+\sqrt{u^2 \pm a^2})$$

32. $$\int \frac{(u^2+a^2)^{\frac{3}{2}}}{u}du = \frac{1}{3}(u^2+a^2)^{\frac{3}{2}} + a^2\sqrt{u^2+a^2} - a^3\ln\left(\frac{a+\sqrt{u^2+a^2}}{u}\right)$$

33. $$\int \frac{(u^2-a^2)^{\frac{3}{2}}}{u}du = \frac{1}{3}(u^2-a^2)^{\frac{3}{2}} - a^2\sqrt{u^2-a^2} + a^3\sec^{-1}\frac{u}{a}$$

34. $$\int \frac{du}{(u^2 \pm a^2)^{\frac{3}{2}}} = \pm\frac{u}{a^2\sqrt{u^2 \pm a^2}}$$

35. $$\int \frac{u^2du}{(u^2 \pm a^2)^{\frac{3}{2}}} = -\frac{u}{\sqrt{u^2 \pm a^2}} + \ln(u+\sqrt{u^2 \pm a^2})$$

36. $$\int \frac{du}{u(u^2+a^2)^{\frac{3}{2}}} = \frac{1}{a^2\sqrt{u^2+a^2}} - \frac{1}{a^3}\ln\left(\frac{a+\sqrt{u^2+a^2}}{u}\right)$$

37. $$\int \frac{du}{u(u^2-a^2)^{\frac{3}{2}}} = -\frac{1}{a^2\sqrt{u^2-a^2}} - \frac{1}{a^3}\sec^{-1}\frac{u}{a}$$

D. $\sqrt{a^2 - u^2}$ 형태

38. $\displaystyle\int \frac{du}{a^2 - u^2} = \frac{1}{2a} \ln \frac{a+u}{a-u}$

39. $\displaystyle\int \frac{du}{\sqrt{a^2 - u^2}} = \sin^{-1} \frac{u}{a}$

40. $\displaystyle\int \frac{u^2\, du}{\sqrt{a^2 - u^2}} = -\frac{1}{2} u \sqrt{a^2 - u^2} + \frac{1}{2} a^2 \sin^{-1} \frac{u}{a}$

41. $\displaystyle\int \frac{du}{u\sqrt{a^2 - u^2}} = -\frac{1}{a} \ln \left(\frac{a + \sqrt{a^2 - u^2}}{u} \right)$

42. $\displaystyle\int \frac{du}{u^2 \sqrt{a^2 - u^2}} = -\frac{\sqrt{a^2 - u^2}}{a^2 u}$

43. $\displaystyle\int \sqrt{a^2 - u^2}\, du = \frac{1}{2} u \sqrt{a^2 - u^2} + \frac{1}{2} a^2 \sin^{-1} \frac{u}{a}$

44. $\displaystyle\int u^2 \sqrt{a^2 - u^2}\, du = -\frac{1}{4} u (a^2 - u^2)^{\frac{3}{2}} + \frac{1}{8} a^2 u \sqrt{a^2 - u^2} + \frac{1}{8} a^4 \sin^{-1} \frac{u}{a}$

45. $\displaystyle\int \frac{\sqrt{a^2 - u^2}}{u}\, du = \sqrt{a^2 - u^2} - a \ln \left(\frac{a + \sqrt{a^2 - u^2}}{u} \right)$

46. $\displaystyle\int \frac{\sqrt{a^2 - u^2}}{u}\, du = -\frac{\sqrt{a^2 - u^2}}{u} - \sin^{-1} \frac{u}{a}$

47. $\displaystyle\int \frac{du}{(a^2 - u^2)^{\frac{3}{2}}} = \frac{u}{a^2 \sqrt{a^2 - u^2}}$

48. $\displaystyle\int \frac{u^2\, du}{(a^2 - u^2)^{\frac{3}{2}}} = \frac{u}{\sqrt{a^2 - u^2}} - \sin^{-1} \frac{u}{a}$

49. $\displaystyle\int \frac{du}{u\, (a^2 - u^2)^{\frac{3}{2}}} = \frac{1}{a^2 \sqrt{a^2 - u^2}} - \frac{1}{a^3} \ln \left(\frac{a + \sqrt{a^2 - u^2}}{u} \right)$

50. $$\int \frac{du}{u^2\,(a^2-u^2)^{\frac{3}{2}}} = -\frac{\sqrt{a^2-u^2}}{a^4\,u} + \frac{u}{a^4\,\sqrt{a^2-u^2}}$$

51. $$\int (a^2-u^2)^{\frac{3}{2}}\,du = \frac{1}{4}\,u\,(a^2-u^2)^{\frac{3}{2}} + \frac{3}{8}\,a^2\,u\,\sqrt{a^2-u^2} + \frac{3}{8}\,a^4\sin^{-1}\frac{u}{a}$$

52. $$\int \frac{(a^2-u^2)^{\frac{3}{2}}}{u}\,du = \frac{1}{3}\,(a^2-u^2)^{\frac{3}{2}} + a^2\,\sqrt{a^2-u^2} - a^3\ln\left(\frac{a+\sqrt{a^2-u^2}}{u}\right)$$

E. 삼각함수 형태

53. $$\int \sin u\,du = -\cos u$$

54. $$\int \sin^2 u\,du = \frac{1}{2}u - \frac{1}{2}\sin u\cos u$$

55. $$\int \sin^3 u\,du = -\cos u + \frac{1}{3}\cos^3 u$$

56. $$\int \sin^n u\,du = -\frac{1}{n}\sin^{n-1} u\cos u + \frac{n-1}{n}\int \sin^{n-2} u\,du$$

57. $$\int \cos u\,du = \sin u$$

58. $$\int \cos^2 u\,du = \frac{1}{2}u + \frac{1}{2}\sin u\cos u$$

59. $$\int \cos^3 u\,du = \sin u - \frac{1}{3}\sin^3 u$$

60. $$\int \cos^n u\,du = \frac{1}{n}\cos^{n-1} u\sin u + \frac{n-1}{n}\int \cos^{n-2} u\,du$$

61. $$\int \tan u\,du = \ln\sec u$$

62. $$\int \tan^n u\,du = \frac{\tan^{n-1} u}{n-1} - \int \tan^{n-2} u\,du$$

63. $$\int \cot u\,du = \ln\sin u$$

64. $$\int \cot^n u\,du = -\frac{\cot^{n-1} u}{n-1} - \int \cot^{n-2} u\,du$$

65. $$\int \sec u\,du = \ln(\sec u + \tan u)$$

66. $$\int \sec^2 u\,du = \tan u$$

67. $\int \sec^n u\, du = \frac{\sec^{n-2} u \tan u}{n-1} + \frac{n-2}{n-1}\int \sec^{n-2} u\, du$

68. $\int \csc u\, du = \ln(\csc u - \cot u)$

69. $\int \csc^2 u\, du = -\cot u$

70. $\int \csc^n u\, du = -\frac{\csc^{n-2} u \cot u}{n-1} + \frac{n-2}{n-1}\int \csc^{n-2} u\, du$

71. $\int \sec u \tan u\, du = \sec u$

72. $\int \csc u \cot u\, du = -\csc u$

73. $\int \sin au \sin bu\, du = \frac{\sin(a-b)u}{2(a-b)} - \frac{\sin(a+b)u}{2(a+b)}$

74. $\int \sin au \cos bu\, du = -\frac{\cos(a-b)u}{2(a-b)} - \frac{\cos(a+b)u}{2(a+b)}$

75. $\int \cos au \cos bu\, du = -\frac{\sin(a-b)u}{2(a-b)} + \frac{\sin(a+b)u}{2(a+b)}$

76. $\int \sin^m u \cos^n u\, du = \frac{\sin^{m+1} u \cos^{n-1} u}{m+n} + \frac{n-1}{m+n}\int \sin^m u \cos^{n-2} u\, du$

77. $\int \sin^m u \cos^n u\, du$

$$= -\frac{\sin^{m-1} u \cos^{n+1} u}{m+n} + \frac{n-1}{m+n}\int \sin^{m-2} u \cos^n u\, du$$

$$\int \sin^m x \cos^n x\, dx$$

$$= \begin{cases} \frac{-\sin^{m-1} x \cos^{n+1} x}{m+n} + \frac{(m-1)}{m+n}\int \sin^{m-2} x \cos^n x\, dx \\ \frac{\sin^{m+1} x \cos^{n-1} x}{m+n} + \frac{(n-1)}{m+n}\int \sin^m x \cos^{n-2} x\, dx \end{cases}, \quad (m+n \neq 0)$$

F. 기타 형태

78. $\int e^u\, du = e^u$

79. $\int a^u\, du = \frac{a^u}{\ln a}$

80. $\int u e^{au}\, du = \frac{e^{au}(au-1)}{a^2}$

81. $\int u^2 e^{au}\, du = \dfrac{e^{au}(a^2 u^2 - 2au + 2)}{a^3}$

82. $\int u^n \ln u\, du = u^{n+1}\left[\dfrac{\ln u}{n+1} - \dfrac{1}{(n+1)^2}\right]$

83. $\int u \sin u\, du = \sin u - u \cos u$

84. $\int u^2 \sin u\, du = 2u \sin u - (u^2 - 2)\cos u$

85. $\int u \cos u\, du = \cos u + u \sin u$

86. $\int u^2 \cos u\, du = (u^2 - 2)\sin u + 2u \cos u$

87. $\int e^{au} \sin bu\, du = \dfrac{e^{au}(a \sin bu - b \cos bu)}{a^2 + b^2}$

88. $\int e^{au} \cos bu\, du = \dfrac{e^{au}(a \cos bu + b \sin bu)}{a^2 + b^2}$

89. $\int \sin^{-1} u\, du = u \sin^{-1} u + \sqrt{1 - u^2}$

90. $\int \tan^{-1} u\, du = u \tan^{-1} u - \dfrac{1}{2}\ln(1 + u^2)$

91. $\int \sinh u\, du = \cosh u$

92. $\int \cosh u\, du = \sinh u$

93. $\int \tanh u\, du = \ln \cosh u$

94. $\int \coth u\, du = \ln \sinh u$

95. $\int \operatorname{sech} u\, du = 2 \tan^{-1} e^u$

96. $\int \operatorname{csch} u\, du = \ln \tanh \dfrac{1}{2} u$

찾아보기

저자와의
합의하에
인지를
생략합니다

공업수학

미분방정식의 이해

지은이 김동균 · 김동률
펴낸이 조경희
펴낸곳 경문사
펴낸날 2023년 9월 1일 1판 1쇄
등 록 1979년 11월 9일 제1979-000023호
주 소 04057, 서울특별시 마포구 와우산로 174
전 화 (02)332-2004 팩스 (02)336-5193
이메일 kyungmoon@kyungmoon.com

값 25,000원

ISBN 979-11-6073-172-9

★ 경문사의 다양한 도서와 콘텐츠를 만나보세요!

홈페이지 www.kyungmoon.com	페이스북 facebook.com/kyungmoonsa
포스트 post.naver.com/kyungmoonbooks	블로그 blog.naver.com/kyungmoonbooks
북이오 buk.io/@pa9309	인스타그램 instagram.com/kyungmoonsa

도서 중 **정오표** 및 **학습자료**가 있는 경우 홈페이지 내 해당 도서 상세 페이지의 **자료** 탭에 업로드됩니다.